高等院校纺织服装类"十三五"部委级规划教材

新编服装材料学

(第四版)

张怀珠　袁观洛　王利君　编著

東華大學出版社
·上海·

内 容 提 要

本书对纱线、机织物、针织物、裘皮和皮革、衬布等常用服装材料的组成、性能和使用知识作了系统的介绍,特别对服装材料的分析、鉴别和选择以及服装的使用、保养等有关知识作了系统的介绍。还附有部分传统面料及衬布的实物照片。

本书可作为高等院校服装专业学生的专业教科书,也可作为服装设计人员,服装企业技术人员等从事服装工作的科技人员的参考书。

图书在版编目(CIP)数据

新编服装材料学/张怀珠,袁观洛,王利君编著.—4版.
—上海:东华大学出版社,2017.3

ISBN 978-7-5669-1198-8

Ⅰ.①新… Ⅱ.①张… ②袁… ③王… Ⅲ.①服装-材料-高等学校-教材 Ⅳ.①TS941.15

中国版本图书馆CIP数据核字(2017)第047599号

责任编辑 吴川灵
封面设计 雅 风

新编服装材料学(第四版)
张怀珠 袁观洛 王利君 编著
东华大学出版社出版
(上海市延安西路1882号 邮政编码:200051)
新华书店上海发行所发行 句容市排印厂印刷
开本:710mm×1000mm 1/16 印张:15.25 字数:300千字
2017年3月第4版 2023年3月第5次印刷
ISBN 978-7-5669-1198-8
定价:39.80元

第四版前言

《新编服装材料学》1993 年面市以来,承蒙广大读者及同仁的厚爱,印刷多次,2001 年出了第二版,2004 年出了第三版,今又作了些修改,作为第四版。

随着科学技术的发展,新型的服装材料不断出现;也随着经济和贸易的不断发展,人们对服装材料的认识不断提高。特别是互联网 + 的兴起,更需要有一个统一的技术术语在网上交流。作者对此又作了些修改补充。但本书也只能介绍一些基本的、常用的知识和术语,以供读者参考。

作　者

2017 年 1 月

第三版前言

服装的材料、款式、工艺是服装的三大要素。人们总希望自己的服装是一件面料舒适、款式夺目、做工讲究的服装。随着生活水平的提高,人们对回归自然的愿望日趋强烈,对人体环境的要求日趋苛刻,对舒适性的要求也越来越高。因此,服装材料这门学科也越来越受重视。服装设计、制作人员为了选择人们喜欢的面料,需要了解服装材料,消费者希望选择既美观又舒适的服装,也需要认识面料,服装材料学已成了人们必修的课程。

《新编服装材料学》1993 年面市以来,承蒙广大读者厚爱,重印多次。2001 年出了第二版,今又作了修改,出了第三版。由于作者水平有限,书中的不足之处恳请读者批评指正。

作 者

2004 年 7 月于杭州

第二版前言

《服装材料》是服装学科中的一门主课,无论是服装设计也好,服装工程也好,是一门不可缺少的课程。但是它又是一门发展、变化迅速的学科。本书自1993年公开出版、全国发行以来,虽经多次印刷,需要量大,仍然满足不了我国服装教育的需要。今为适应服装教育的发展,同时为紧跟服装材料本学科的迅猛发展,特作修订和补充,再版《新编服装材料学》,以飨读者。由于作者水平有限,难免还有不足之处,望批评指正。

作　者

2001年7月于西子湖畔

第一版前言

近几年来，随着我国的科学技术和国民经济的迅猛发展，我国的服装工业和服装教育有了飞速的前进，人们的穿着也起了巨大的变化。对服装的款式、服装的面料、服装的工艺以及服装的使用和保养都提出了新的要求。

随着人们衣着水平的提高，对服装的要求也越来越高，不仅要求经济实惠，还要求美观如意，并具有各种功能。也就是对于服装来说，不仅要有经济性，还要有装饰美观和功能性。同时随着高档时装的出现，对服装材料的选择、使用、保养的知识也日趋迫切。

为了满足当前服装生产迅速发展的需要，和人们对服装及服装材料知识的迫切要求，重新修改编写了服装材料学，不仅系统地介绍了服装材料的种类、性能和各种使用知识，而且根据当前发展情况，增加了有关衬布的种类、性能和使用知识，也补充了衣料的分析、鉴别和选择，特别是衬布的分析和鉴别更有新意。

本书可作为服装专业学生的教科书，也可作为从事服装工作的科技人员、服装设计人员、服装厂技术人员的参考书。

由于水平有限，会有不当之处，欢迎批评指正。

作者

1993 年

目 录

第一章　概　述

服装为人们衣、食、住、行之首,是生活中必不可少的东西。无论在个人生活、家庭生活还是社会生活中,都离不开它。服装又是随着人类历史的发展而发展的,在人类社会由低级到高级的历史演变过程中,服装也由简单到复杂,由低档到高档,由单功能到多功能不断地变化着,成为人类社会生活中文化、经济水准的象征。本章就服装和服装材料的基础知识作一简单介绍。

1.1　服装及服装材料

1.1.1　服装(Dressed attire)

所谓服装,就是包覆人体各个部位的物体的总称,包括各种装饰品,而且指人体的着装状态。换句话说,服装是指身上穿的衣服,头上戴的帽子,手上戴的手套,脚上穿的鞋袜以及各种必要的附属品、装饰品的总称。

下面再就常常接触到的几个概念加以阐述,以便能区别使用。

衣服(Clothes or Garments)——通常指包覆人体躯干及四肢的物品。不包含头上戴的、脚上穿的以及各种附属装饰品。

服饰(Dress and personal adornment)——指衣服和装饰品的总称,但目前常常单指装饰品。

1.1.1.1　服装的种类

服装的种类很多,分类方法也很多。按穿着位置分,有外衣(Outer garment)、中衣(Intermediate garment)和内衣(Under wear);按穿着对象分,有男子服、女子服、儿童服和婴儿服等;按穿着时间、场合和环境分,有工作服、上街服、家庭服、礼服、校服、运动服、旅游服以及特殊用途服装;按穿着季节分,有春秋装、夏装、冬装等。

不同的服装,穿着对象、时间、场合不同,所适应的社会环境和自然环境不同,则所选用的服装款式不同,所用的服装材料也必须与之相适应。

1.1.1.2 服装的功能

前面已经指出,人类生活是离不开服装的。其原因主要有:一是服装能帮助人体适应气候的变化,在气候条件发生变化时,能帮助人体维持体温,以使人体保持正常生理状态;同时起到保护人体的安全,不受或少受外界伤害的作用。二是人们作为社会的一员,服装可帮助人们表达身份、地位、工作性质以及爱好、文化修养、审美观念,甚至还反映个人的性格。

因此要求服装设计者在进行设计时,必须使所设计的服装具有以下功能:

(1) 保健卫生方面的功能

这是服装必须具备的功能之一。人体在新陈代谢过程中,不断地产生热量,同时又不断地把热量散发到周围环境中去。人体正常体温的维持,是产热和散热两个过程动态平衡的结果。然而人们生活在大自然中,气候条件常常变化,这时人体本身虽然也能作出相应的反应以适应气候的变化,但是在严酷多变的气候条件下,单靠人体生理机能是无法维持体温的。只有借助服装来适应外界气候变化,以防风、寒、暑、雨对人体的侵袭,协助人体的生理作用,调节适宜的体温。

此外防护皮肤(防止外伤、虫害、尘埃、病菌等的侵害),吸收身体的分泌物,保持皮肤清洁,也是服装必须具有的功能。

(2) 适应活动的功能

人类离不开服装,而服装的功能也只有在人们穿着时才能发挥。穿着服装的人们,在白天工作时,处在不断活动状态中,即使晚上休息时,或睡眠中,四肢、身体仍要活动,因此,设计合理的服装必须满足人们活动要求,即必须对人们的活动没有阻碍,要能伸、能缩、能弯、能直。工作服、运动服有这种要求,其他各类服装也必须具备这一功能,即使是睡衣也该有这样的要求。

(3) 装饰、美观方面的功能

除了上述保健卫生、适应活动方面的功能外,还要求服装有适应社会环境的装饰、美观方面的功能。服装的色彩、款式、大小合体都反映了穿着者的个性和审美观。同时为了显示穿着者的身份和社会地位,还要求不同的社交场合必须穿着与之相适应的服装,佩带合适的服饰配件。

(4) 耐用方面的功能

这方面的功能主要要求服装能保持初始状态的性能。服装在使用过程中,经受了外来的物理、化学和微生物等的作用后,要保持初始状态的保健卫生的功能,适应活动的功能和装饰美观的功能。要使服装具有耐用方面的功能，必须在材料选择、加工工艺，以及穿着、整理保存方面加以考虑。

这些功能的优劣决定于服装材料的选择，服装的款式、色彩、大小合体以及服装加工的精致程度等因素，这些因素与功能间的关系是服装设计的重要课题。服装材料学所讨论的主要内容之一是服装材料与这些功能间的关系，这也是每个服装设计师应该掌握的内容。

1.1.2 服装材料(Clothing materials)

凡是用来制作服装的材料统称为服装材料。要求服装材料既能使其所制成的服装给穿着者有舒适的享受，又能适应穿着服装的自然环境和社会环境，也就是说所制成的服装必须具备上述四方面的功能。

1.1.2.1 服装材料的地位和作用

一件理想的高品位的服装必须有完美的设计，理想的服装材料和精致的服装工艺。而完美的服装设计不单要有满意的款式，和谐的色彩，还必须选择合适的服装材料。由此可见，服装材料在服装的制作中是最基本的物质条件，没有合适的服装材料，无法体现设计者的意图，也无法实现所设计款式的结构和特色，也很难实现色彩的运用和搭配，当然也无法反映该服装的功能好坏和完善与否，无法达到预期的穿着效果。因而服装材料在服装制作中起着重要的作用，服装材料的开发和生产直接影响着服装业的发展。

1.1.2.2 服装材料的分类

服装材料根据其主次可分为面料和辅料两种。面料指构成服装的基本用料或主要用料，是制作服装所不可缺少的材料，在制作服装时，除面料以外的其他的辅助材料都称为辅料。如里料、衬料、垫料、填充料、缝纫线、纽扣、拉链和花边等都属辅料。

在研究服装材料时，通常以其原料、形态和用途来加以分类，可分为纤维制品，皮革制品和其他三大类，见表1-1。

(1) 纤维制品：服装材料中用量最大的一种。它的最基本的原料为纤维。有纺织制品、集合制品和复合制品三种。

① 纺织制品：是以纺织纤维为原料，经纺织加工而成，是纤维制品中量最大，应用最广的一种制品，纺织制品按其形态，可分为织物类、绳子类和纱线类。

织物类(fabric)——以纺织纤维为原料，由纺纱加工成纱线，再由纱线加工成平面状织物。按织造加工方法不同，织物有机织物(woven fabric)、针织物(knitted fabric)和编结物(lace)，其中机织物类服装材料的应用量最大。

绳子类(string)——呈细而长形态的物体。是由纱线加工而成,按其加工方法有三类绳子:纱线多次并捻而成;用特殊的机械织成袋状的绳子;用三根以上的线斜向编结而成的绳子等,通常用作服装装饰及室内的装饰物。

纱线类(yarn thread)——由纤维原料经纺纱工艺加工而成,大部分用作生产机织物、针织物和编结物的原料,少部分用以制作绣花线、缝纫线和手工编结线,用毛纤维或毛型化学纤维纺制成的绒线,既可用作机器编织的原料,又可用作手工编结线,还可作为服装的装饰物。

表 1-1　服装材料的分类表

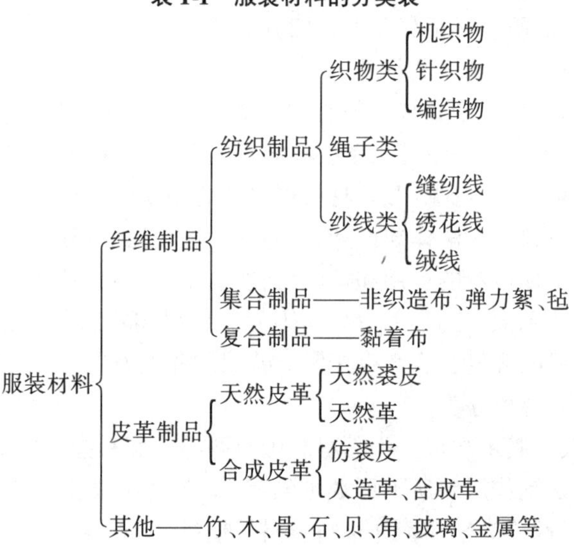

② 集合制品:以纺织纤维为原料,不经过纺织加工,有时使用机械加工,有时使用黏合剂,有时利用纤维本身的性能(如羊毛纤维的缩绒性)使纤维原料集合成较均匀、较稳定的平面状产品。也是一种常用的服装材料,如非织造布(non-woven fabric),毡(felt)以及各种用作服装填充衬的絮类(wadding)。

③ 复合制品:把机织物和针织物或针织物和针织物应用一定的黏合剂粘接在一起,形成一块既作面料又作里料的材料,这种材料组合得好,可获得由一块织物所无法获得的性能,是一种新型的服装材料。也有的用聚氨基甲酸乙酯泡沫薄层与机织物或针织物粘合在一起,制成既轻保暖性又好的冬季服装面料,如采用较厚的织物粘接,还可制成厚暖的毯子等。

(2) 皮革制品:有天然皮革和人造皮革两种。

① 天然皮革:常见的有天然裘皮和天然革,是由动物毛皮鞣制加工而成。

② 人造皮革:有仿裘皮、人造革和合成革三种。仿裘皮有针织起毛织物和机织起毛织物两种。人造革和合成革都以机织物、针织物、非织造布和纸为基布涂以聚氯乙烯或聚氨酯而成,这些材料除用以制作仿皮革服装外,还可作箱包鞋等的材料。

(3) 其他材料:用作服装材料的物品非常多,除上述纤维制品和皮革制品外,还有竹、木、角、骨、石、贝、玻璃、金属和塑料等,但后者大都用来制作装饰品或纽扣等辅料。

1.1.2.3 服装各组成部分对服装材料的要求

一件服装最多可以包含五个组成部分:面料、里料、衬料、填料、胆料,各个部分各有其用途。有的服装必须具备五个部分,有的服装可以只有两三个部分,甚至也可以只有一个部分。但面料部分是必不可少的,由于各部分功用不同,因此对材料性能要求也不同。

(1) 面料部分　是服装必不可少的主要部分,一件服装,首当其冲是面料,它对色彩、花纹、造型性能、悬垂性、弹性、强力、耐磨性、吸湿透气、透湿、保暖性能都有一定的要求。目前作面料的材料主要是机织物、针织物、皮革、裘皮等。

(2) 里料部分　对里料的要求是滑爽、耐磨、耐脏、易洗涤、不褪色、轻软、舒适等。通常西装之类高档的用绸缎,次之用羽纱,差的也有用尼丝纺、涤丝纺。当然如棉袄之类低档冬衣的里料也有用棉平布、绒布之类。

(3) 衬料部分　衬料处于面料与里料之间,有服装骨架之称。在服装中常用的有领衬、胸衬、肩衬、袖衬、腰衬等。对衬的要求是保形性好、弹性好、黏合强度高、稳定性好、厚薄适当。由于各部位对衬的要求不同,所以目前常用的衬也各种各样,有热熔衬、毛衬、麻衬、非织造布衬、化纤衬等。

(4) 填料部分　填料主要是保暖用,是冬季棉衣中不可缺少的部分。它要求轻、软、暖、吸湿性好等。目前常用的填料有棉、丝绵、骆驼毛、羽绒、各种化纤的弹力絮等。

(5) 胆料部分　胆料是在面料和填料中间的材料。通常的棉衣中用填料,可以不用胆料,但高档棉衣中如使用丝绵、羽绒、骆驼毛的填料时,设计制作以配上胆料为好,这样既可使填料定位,不会因钻到面料外而影响外观,同时对拆洗、保养也较方便。常要求胆料柔软、滑爽、色牢度好,耐用程度要与面料、里料相当,且以纤维不易外钻的为好。

1.1.2.4 服装材料的发展概况

服装材料的发展是与纺织工业的发展紧密相连的。早在原始社会,服装尚未形成,为了生存,为了御寒和遮羞,人类把树叶继而把兽皮直接披挂在身上。树叶和兽皮是最早的服装材料。随着历史的发展,社会生产力也逐渐发展,人类能制作石针、骨针,并用之于穿“线”(动物的筋腱或状似绳子的东西)把树叶、兽皮或羽毛串成简单的服装,形成了最早的“缝纫”。随着社会的发展,出现了纺纱织布,制作服装的材料也逐渐发展到真正的纺织品,所用原料也逐渐由采集野生纤维到学会种植麻、棉花、育蚕抽丝和养羊剪毛,所使用的都是天然材料。直到19世纪末研制成功了黏胶人造丝,20世纪初英国正式投入工业化生产。1938年美国杜邦公司又生产了尼龙纤维,并于1950年和1953年分别生产了腈纶和涤纶纤维,从此服装的纤维原料开始使用人造材料,近几十年来,涤纶、腈纶和锦纶已成为非常普通的服装原料,使用比例愈来愈高,品种也愈来愈多,而且服用性能也正在不断完善,尤其是近十年来,人们对服装的要求日趋提高,新型化学纤维也愈来愈多,出现了新的吸湿、保暖、高弹性、耐高温、透气防雨等材料。用化学纤维模拟天然纤维的产品不但愈来愈多,而且在外观上,穿着舒适程度上也逐步达到“以假乱真”的地步。

此外在其他服装辅料上也有了相当大的改观。如衬料由原来的硬厚的麻布发展到目前的热熔黏合衬,不但简化工艺,而且能维持并改善服装外观,又能便于服装的工业化生产。再如连接件纽扣,所用材质起了非常大的变化,而且扣子的功能也从简单的连接作用发展到现在的装饰作用。其他如拉链、勾襻等也有很大的发展。

1.2 服装用纤维制品的生产系统

服装材料中,用量最大的是纤维制品。从纤维原料开始到制成纤维制品需要经过许许多多的工序,图1-1只是一个简单的示意图,其中短纤维原料必须经纺纱织布才能制成机织物、针织物、花边、绳子等纤维制品,长纤维原料则可直接织造成制品,但如果制品为絮类、毡类或非织造布则短纤维也无须经纺纱,可直接生产成平面状制品。

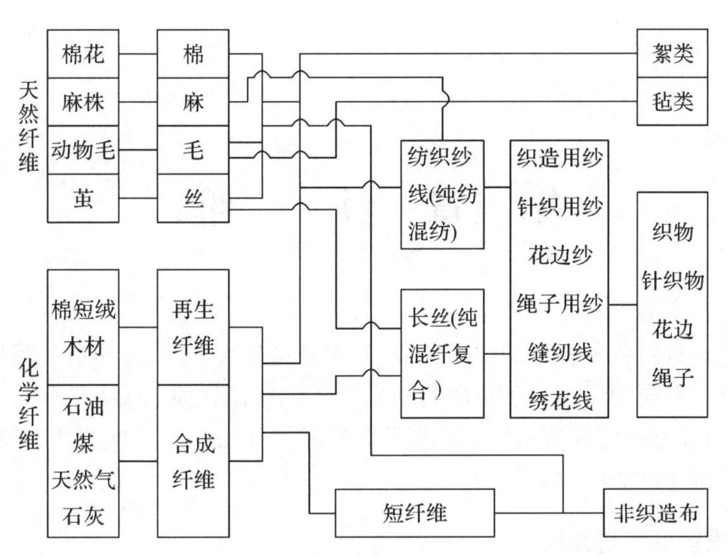

图 1-1　纤维制品的生产系统[1]

第二章　纤　　维

服装材料由各种各样的原料构成,其中数量最大、与服装质量关系最密切的是纤维。不同的纤维由于组成物质和分子结构的区别,而具有不同的特点和性能,而纤维的性能直接影响着服装的穿着性能。学习纤维的基本知识,是掌握服装材料性能的重要环节。

2.1　纤维的形成与结构

2.1.1　纤维的形成

纤维是一种细而长的物体,它的直径细到几微米,而长度则为几毫米、几十毫米甚至上千米,因而长度与细度之比很大,纤维具有一定的强度,柔软性和一定的服用性能。

从纤维的下列结构特点来了解纤维的形成:

a）纤维是由多个单基结合起来的高分子物质构成。单基是由原子结合起来的纤维分子的最小单位。这些单基结合成高分子的过程称为聚合或缩聚。普通化合物的分子量较小,一般在1 000以下,而高分子化合物的分子量很大。大都在10 000以上,纤维就是这种高分子化合物。

b）纤维是由单基链状结合而成的长链分子所组成,如图 2-1 所示。高分子化合物的结构除了链状结构外,还有枝形和网状两种。

c）高分子化合物中含有单基的数目称为聚合度。纤维分子的聚合度相当大,聚合度愈大,纤维的强度也愈大。天然生长的纤维的聚合度,决定于纤维的生长条件和纤维的品种。而化学纤维的聚合度,可以通过生产工艺进行调节。实际上每根纤维是由许多纤维分子组成的,每一条纤维分子的聚合度都不相同,平时说的纤维的聚合度,只是平均聚合度。

d）每根纤维都是由许多根长链分子组成,长链分子依靠相互之间的作用力聚集起来,排列堆砌成为整根纤维。

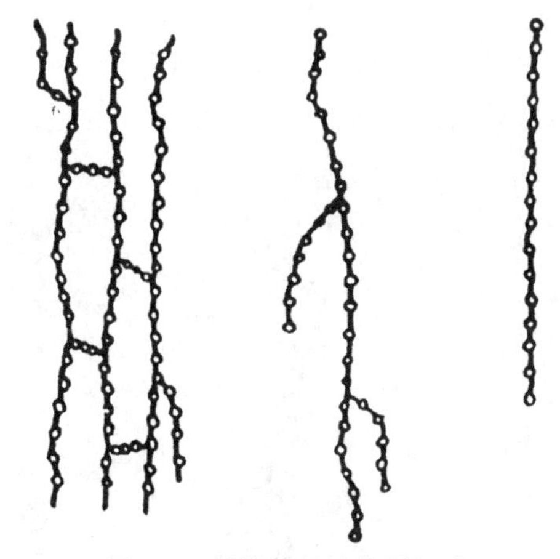

图 2-1　纤维的长链分子组成

2.1.2　纤维的结构

2.1.2.1　纤维微细结构

天然纤维在自然生长过程中分子相互排列,在某些部位排列较为整齐,形成所谓的结晶结构;而在另一部位,排列却不整齐,称为非结晶结构,如图 2-2 所示。结晶结构部分的体积占纤维体积的百分比称为结晶度。纤维分子按纤维轴向排列的一致程度称为定向度。纤维的结晶度和定向度对纤维性能影响较大,结晶度高,定向度好的纤维强度也较大,但变形能力较差。

化学纤维在加工成形过程中,都要施以拉伸,使原来排列不整齐的纤维分子在拉伸作用下,趋向于拉伸力的方向而整齐地排列起来,提高了纤维的结晶度和定向度,如图 2-3 所示。如果在纺丝过程中引入拉伸作用,使丝条获得高取向度和中等结晶度的全拉伸丝,这就是通常所说的 FDY 丝。黏胶纤维内部结构皮芯有差别,皮层由于凝固时受拉伸,所以分子排列整齐,定向度也较好,芯层因凝固缓慢,所以分子的排列不整齐,定向度较差,如图 2-4[3] 所示。

2.1.2.2　纤维的形态特征

纤维由于其品种和形成条件的差异,表面形态和横截面形态都有不同的特征。

(1) 纤维的表面形态

纤维的表面形态与纤维的可加工性、摩擦、光泽以及手感都有较密切的关系。最近几年对材料的改性,如改善吸水性、吸湿性,以及外观风格,都是对纤维表面结构所进行的各种加工。目前,涤纶仿真丝的一种常用加工方法,是用碱对涤纶产品进行处理,使涤纶纤维部分受到破坏,在表面形成大小不等的空穴,既减轻了重量、改善了手感,又改善了染色性能。

目前常用纤维的表面结构有如下几种(图 2-5):

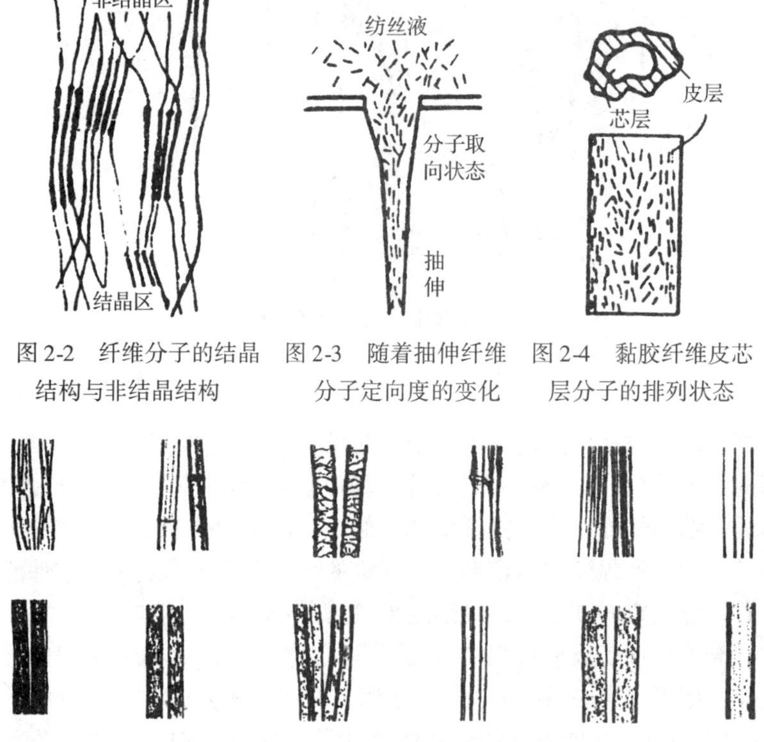

图 2-2　纤维分子的结晶结构与非结晶结构　图 2-3　随着抽伸纤维分子定向度的变化　图 2-4　黏胶纤维皮芯层分子的排列状态

图 2-5　纤维的各种纵向形态

a）表面粗细不匀,有转曲,或有横节,或有各类细小突起。这种结构有利于纺纱加工中纤维与纤维的互相啮合,能形成连续条网。

b）鳞片状结构。这种结构出现在大部分的动物毛发中,羊毛纤维是最常见的一种。这种结构也有利于纺纱加工,纤维易在加工中毡合,而形成特有的毛呢表面风格。

c）条筋结构。纤维的表面呈现纵向的细沟槽,最典型的是普通黏胶纤维的表面细沟槽,这种结构也有利于纺纱加工。

d）平滑结构。熔融纺丝制成的合成纤维和精炼蚕丝具有这种表面结构,最典型的是锦纶纤维。这种结构表面平滑,不利于纤维之间的互相啮合,纺纱加工较为困难。

e）表面多孔结构。这种结构多见于涤纶和腈纶纤维经改性处理后的纤维表面,有利于改善吸水、吸湿、染色和手感。但这种加工一般是在织物中进行,因而这种多孔结构存在于已加工成的织物中。

(2) 纤维的横截面形态

各种纤维都有其横截面形态特征,归纳起来有以下 6 种(图 2-6):

a）横截面带中腔的。天然纤维素纤维的截面都有中腔。如棉纤维是腰圆形带中腔,麻纤维为多角形带中腔。

b）横截面呈半椭圆形成三角形。天然蚕丝的截面就是这种特征。

c）横截面呈锯齿形,且有皮芯结构的。黏胶纤维的横截面为这种特征。

d）横截面呈花生果形。维纶纤维和某些变化腈纶纤维具有这种特征。

e）横截面呈圆形或近似圆形的。羊毛纤维的横截面为近似圆形,涤纶纤维、锦纶纤维、丙纶纤维、氯纶纤维、富强纤维和铜氨纤维等都是圆形横截面。

f) 其他横截面形态。化学纤维的横截面形态还可由喷丝孔的形状来调节改变,所以除上述 5 种横截面形状外,还有多种横截面形态。

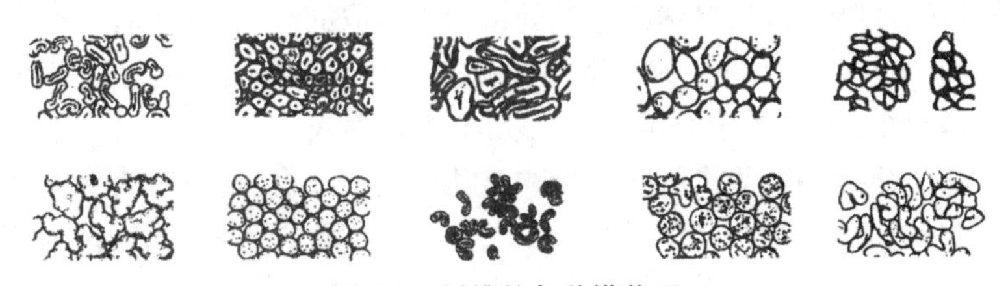

图 2-6　纤维的各种横截面

2.2　纤维的分类

纤维的分类,按其来源一般可分为天然纤维和化学纤维两类。天然纤维是来源于天然资源,不加任何其他的物体,只是稍微进行初步加工,而化学纤维是必须通过化学加工才能形成的。化学纤维在有些国家也称为人造纤维,简称化纤。表 2-1 为纤维分类表。

表 2-1　纤维分类表

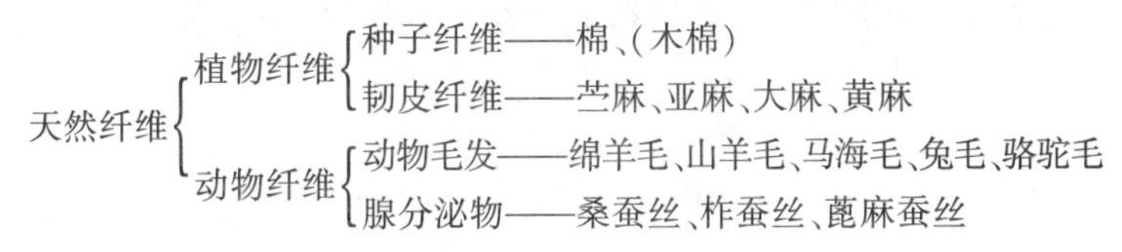

天然纤维
- 植物纤维
  - 种子纤维——棉、(木棉)
  - 韧皮纤维——苎麻、亚麻、大麻、黄麻
- 动物纤维
  - 动物毛发——绵羊毛、山羊毛、马海毛、兔毛、骆驼毛
  - 腺分泌物——桑蚕丝、柞蚕丝、蓖麻蚕丝

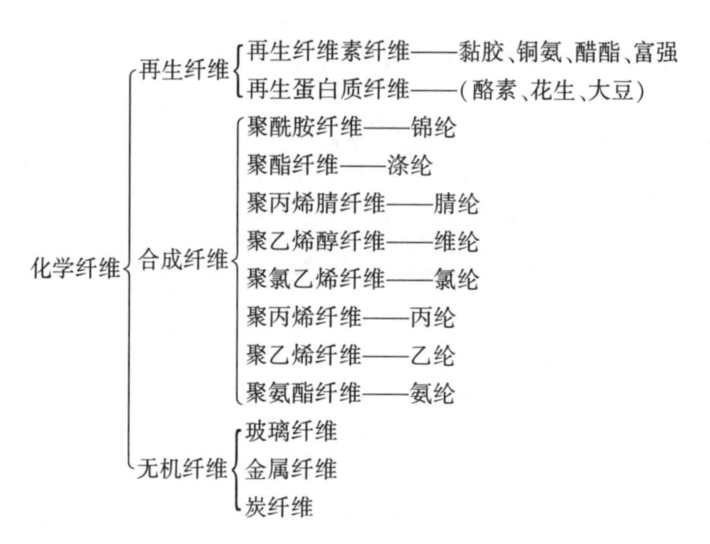

2.2.1 天然纤维

天然纤维分为植物纤维和动物纤维两类。

1）植物纤维是指从自然界生长的植物中提取的纤维,其中有从种子的毛采取的棉纤维,有从植物茎或叶取得的韧皮纤维和叶纤维(由于叶纤维品质较差,资源也少,未能用于服装,所以表2-1中未列入)。

2）动物纤维是从动物的腺分泌物或动物毛中取得,茧是蚕为保护其蛹体而由体内绢丝腺分泌做成的。人们抽取其丝,把蛹体留作他用,获得品质极高、性能优良的蚕丝。羊毛则是动物毛发,直接从羊体剪取而得。

2.2.2 化学纤维

化学纤维可分为再生纤维和合成纤维两大类。

1）再生纤维是用天然的原料(这些原料往往具有与棉、毛相同的化学组成,但其外形尺寸不能进行纺织加工;或含有较多的其他物质而不能直接进行纺织加工),经过适当的化学处理,使之能进行纺织加工,在我国也常称之为人造纤维。

这类纤维是由天然物质加工制成,但化学组成和化学结构不变,所以又称为再生纤维。人造纤维按照原料、化学组成和结构的不同,分类如下:

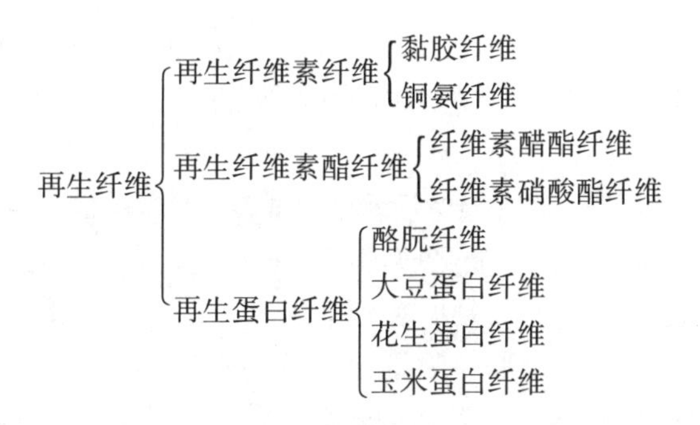

硝酸酯纤维易爆、易燃，纤维质量较差，故没有发展。再生蛋白质纤维因强度较差，且原料是人类的食物，所以发展也受到限制。

2）合成纤维是采用低分子物质作为原料，用化学合成方法，把低分子物合成为高分子物。

人们在研究与生命直接有关的天然有机化合物（蛋白质、淀粉和纤维素等）的性质和结构时，建立了聚合物科学，它使有机合成和纺织科学相结合，出现了合成纤维。合成纤维是用人工合成的高分子化合物为原料，经纺丝和后加工而制得的化学纤维。合成纤维种类很多，常用服装原料有锦纶、涤纶、腈纶、维纶、丙纶、氯纶及氨纶。

2.3 纤维的性能

服装的外观、特性及其缝制加工的难易，很大程度上决定于服装材料的特性，而材料的特性又决定于其所采用的纤维原料特性和结构。因此人类对服装的各种要求，最终也体现在对纤维原料的要求上。由此可见，从事服装专业的人，必须对纤维原料的性能有所了解。

纤维的性能从物理性能和化学性能两方面进行介绍。

2.3.1 纤维的物理性能

2.3.1.1 可纺性

可纺性主要指短纤维被进行纺纱加工时，能纺制成具备一定性能的纱的性能。与可纺性关系密切的是纤维的长度*、粗细程度**以及纤维的形状和表

---

* 纤维长度除蚕丝用“米”来衡量外，其余纤维的长度都以“毫米”衡量。

** 纤维的粗细程度用“线密度”表示。线密度的定义、计算方法详见第三章3.5介绍。

面结构。一般纤维愈细、愈长、表面不平滑、有转曲或卷曲的,可纺性好。此外如纤维较为柔软的可纺性也较好。可纺性的好坏,通常用该种纤维所能纺制最细的纱线的粗细来区别。可纺性好的纤维所纺成的纱的性能也较好。

2.3.1.2 吸湿性

服装在穿用过程中,常常会遇到受潮、洗涤、干燥等的变化,在这些变化中,制成服装的纤维原料有时能吸收液态水(常称之为吸水性),有时会吸收气态水,有时也能放出气态水,使服装逐渐干燥。这种吸收和放出气态水的能力称为纤维的吸湿性。纤维原料吸湿性的好坏,对所制成服装的穿着舒适性影响很大。现就吸湿的机理、指标、吸湿前后纤维性能的变化等问题作些介绍。

1) 吸湿机理

纤维吸收空气中水分子的最主要原因,在于纤维的分子结构中,存在着亲水性的化学基团,在常用纤维中,亲水基团有以下几种:

—OH、—COOH、$—NH_2$、—CONH—、—CN 等

亲水基团的极性愈强,吸引力愈强,吸收水分子能力愈强,吸湿性愈好。当然亲水基团的数量愈多,吸湿性也愈强。此外,纤维的结晶区内因分子排列整齐,空隙较小,水分子难以进入;而非结晶区分子排列不规整,空隙较大,水分子较易进入,所以结晶度高,纤维的吸湿性差。纤维所吸收的部分水分子,是被纤维的表面或内部空隙的表面吸附着,所以纤维的表面积愈大,能吸附的水分子也愈多。涤纶纤维内部不存在亲水性基团,它的吸湿仅靠表面吸附。天然纤维在生长过程中还存在一些糖类、胶质,这些物质的吸湿能力较大,所以这些物质在被分离前后,纤维的吸湿能力也有所不同。

2) 吸湿指标

常用回潮率 $W(\%)$ 表示。

回潮率 $W(\%)$ 表示纤维吸湿多少,计算式如下:

$$W(\%) = \frac{G - G_0}{G_0} \times 100\% \tag{2-1}$$

G——含水湿重(g)

G_0——干燥重量(g)

在我国现行标准中,棉纤维是采用另外一个指标——含水率 $M(\%)$ 来表示其含水数量。

$$含水率 M(\%) = \frac{G - G_0}{G} \times 100\% \tag{2-2}$$

纤维吸湿量的多少,除与纤维本身的结构性能有关外,还与纤维所处的环境的湿度有关。如图 2-7 所示,环境相对湿度愈高,纤维的回潮率也愈大,吸湿性愈好的纤维,愈容易受环境相对湿度的影响。

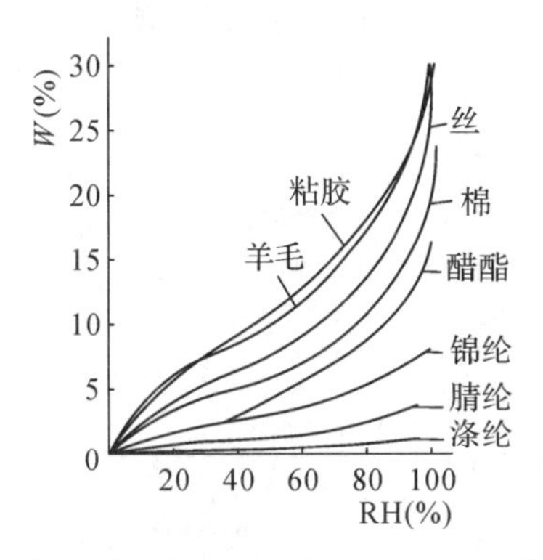

图 2-7 常用纤维在不同相对湿度(RH)下的回潮率

纤维吸湿量的多少,对纤维性能影响较大,所以,测定纤维的性能必须在恒温恒湿室内进行。此外,相同量的纤维,在不同相对湿度条件下的回潮率不同,从而具有不同的重量,因此,各个国家为了买卖交易公平起见,都以标准状态下的回潮率为依据,确定公定回潮率 $W_k(\%)$,见表 2-2。在公定回潮率 $W_k(\%)$时的重量是公定重量 G_k(g)。买卖交易的重量都指的是公定重量 G_k。

$$W_k = \frac{G_k - G_0}{G_0} \times 100\% \tag{2-3}$$

$$所以 \quad G_k = G_0\left(1 + \frac{W_k}{100}\right) \tag{2-4}$$

3) 吸湿平衡

实践证明,纤维原料的含湿量,随所处的大气条件而变化。具有一定回潮率的纤维,放到一个新的大气条件下,回潮率立即开始变化,并逐渐趋于稳定,这种现象称为吸湿平衡或放湿平衡(图 2-8)。表 2-2 的数据都是指在20℃、RH65% 或20℃、RH100% 时的平衡回潮率。需指出的是在回潮率趋于稳定的过程中,纤维吸湿或纤维放湿,水分子不是绝对地由大气环境进入纤维,或只从纤维内回到大气环境中去,而是同时存在着上述两种情况。回潮率达到稳定，并不是没有水分子进入纤维或离开纤维，而是在单位时间内进出纤维的水分子数相等。

表 2-2　常用纤维的回潮率

纤维	20℃65%时(%)	20℃100%时(%)	公定回潮率(%)
棉	7~8	23~27	8.5
苎麻	12~13	—	12.0
羊毛	15~17	33~36	15.0
丝	9	36~39	11.0
黏胶	13~15	35~45	13.0
铜氨	12~14	—	13.0
锦纶	3.5~5.0	8~13	4.5
涤纶	0.4~0.5	1.0~1.1	0.4
腈纶	1.2~2.0	5.0~6.5	2.0
维纶	4.5~5.0	26~30	5.0
丙纶	0	0.1~0.2	0

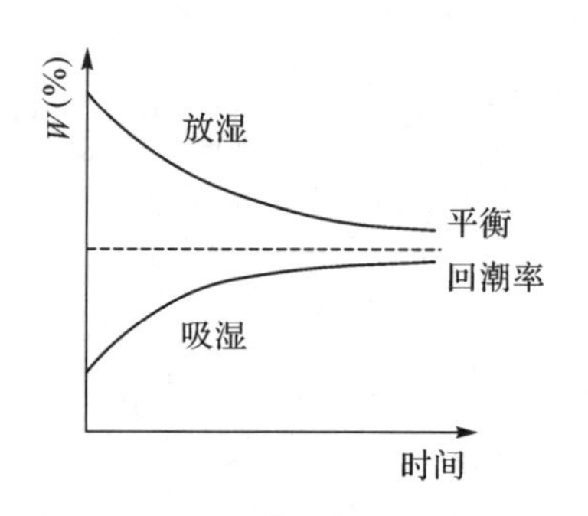

图 2-8　吸湿、放湿与时间的关系

纤维在空气中吸湿经过的路径与放湿返回的路径不相同，如图 2-9 所示。被纤维吸收了的水分，在放湿时有一部分要残留在纤维内，称此现象为吸湿滞后现象，吸湿愈多的纤维，吸湿滞后也愈大。从图 2-8 中也可看到这点。

4）吸湿放湿时的热效应

纤维吸湿时，气态分子进入纤维后变为液态水，分子运动能量会转变为热能释放,所以吸湿时要放热;相反,纤维在放湿时,要吸收水分的气化热,所以放湿要吸热。这种热效应会延缓吸湿和放湿过程中服装材料的温度变化,在穿着服装的人体的体温变化上也起到调节作用。

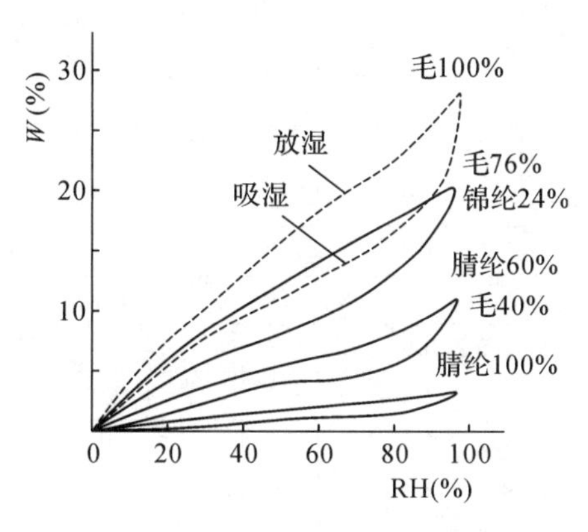

图 2-9　不同纤维的放湿与吸湿途径

5）纤维吸湿后性能的变化

纤维吸湿后,其性能会发生以下变化:

吸湿后,导热系数增大,保暖性下降;

吸湿后,大部分纤维强度下降,伸长增大,弹性下降,柔软性增加;

吸湿后,纤维体积增大,易引起纤维制品的长度缩短;

吸湿后,纤维的导电性能改善,绝缘性下降;

纤维吸湿后还会导致光泽等物理性能的变化,所以对纤维性能的测定,特别要注意纤维的回潮率,即要注意纤维所在环境的温湿度的变化。

6）纤维回潮率的测定

测定纤维回潮率的方法有很多,但最稳定的方法是用电热烘箱测定干重,然后根据式(2-1)计算回潮率。

2.3.1.3　力学性能

1）强伸度

通常把纤维的拉伸强度和伸长统称为强伸度,拉伸强度也称绝对强度,纤维拉伸强度的高低,直接影响服装面料织物的强度,所以必须掌握纤维的拉伸强度(表 2-3)。

纤维受外力直接拉伸到断裂时所需的力,称为绝对强度,单根纤维的拉伸强度常用 P(N)表示。

表 2-3 常用纤维的强伸度表

纤维			拉伸强度(cN/dtex)		伸长率(%)		打结强度(cN/dtex)	勾结强度(cN/dtex)
			标准时	湿润时	标准时	湿润时		
亚麻			4.9~5.5	5.1~5.8	1.8	2.2		
苎麻			4.9~5.7	5.1~6.8	1.8	2.2		
棉(美棉)			2.0~4.3	2.9~5.6	6~10	7~11	2.4~4.3	1.8~3.0
羊毛			0.88~1.5	0.67~1.43	25~35	25~50	0.8~1.5	0.7~1.4
蚕丝			2.6~3.5	1.8~2.5	15~25	27~33	2.6~3.6	3.9~5.6
黏胶纤维	普通	短纤维	2.2~2.7	1.2~1.8	16~22	21~29	1.1~1.5	1.1~1.6
		长丝	1.5~2.0	0.7~1.1	18~24	24~35	1.2~1.8	2.6~3.6
	强力	短纤维	3.2~3.7	2.4~2.9	19~24	21~29	1.8~2.2	1.6~2.3
		长丝	3.0~4.2	2.2~3.3	7~15	20~30	1.7~2.3	4.4~5.1
	富纤	短纤维	3.1~4.6	2.3~3.7	7~14	8~15	0.88~2.2	0.88~1.9
铜氨纤维		短纤维	2.6~3.0	1.8~2.2	14~16	25~28	2.1~2.3	2.5~2.6
		长丝	1.6~2.4	1.0~1.7	10~17	15~27	1.3~2.1	2.4~3.4
醋酯纤维		短纤维	1.1~1.4	0.7~0.88	25~35	35~50	0.88~1.1	0.88~1.2
		长丝	1.1~1.2	0.6~0.8	25~35	30~45	1.0~1.1	1.9~2.3
三醋酯纤维		长丝	1.1~1.8	0.7~0.88	25~35	30~40	0.88~1.1	1.8~2.1
锦纶6纤维		短纤维	4.0~6.6	3.3~5.6	25~60	27~63	3.3~4.8	6.1~9.7
		长丝	4.2~5.6	3.7~5.2	28~42	36~52	3.8~5.3	7.5~10.1
涤纶纤维		短纤维	4.1~5.7	4.1~5.7	30~50	30~50	3.5~4.4	6.0~8.8
		长丝	3.8~4.8	3.8~4.8	20~32	20~32	3.3~3.9	6.1~8.8
腈纶纤维		短纤维	2.2~4.4	1.8~4.0	25~50	25~60	1.8~3.5	2.1~5.3
腈纶系列		短纤维	1.9~3.5	1.8~3.5	25~45	25~46	1.7~3.5	1.8~4.0
维纶纤维		短纤维	3.3~5.5	2.8~4.4	12~16	12~26	2.4~3.5	2.6~4.6
		长丝	2.6~3.5	1.8~2.8	17~22	17~25	1.9~2.6	4.0~5.33
氨纶纤维		长丝	0.44~0.88	0.35~0.88	450~800			
乙纶纤维		长丝	4.4~7.9	4.4~7.9	8~35	8~35	3.1~5.0	5.5~11.4
氯纶纤维		短纤维	1.8~2.5	1.8~2.5	70~90	70~90	1.6~2.2	2.6~3.5
		长丝	2.4~3.3	2.4~3.3	20~25	20~25	1.8~2.4	3.8~4.4

同一品种纤维,粗细不同时,绝对强度不同,所以不同粗细纤维的绝对强度指标没有可比性。为便于比较,常常把绝对强度折合成规定粗细时的强度,这就是相对强度,按照折合的标准粗细,相对强度有断裂应力 σ(N/mm^2),相

对强度 p_0(N/tex 或 cN/dtex)和断裂长度 L_R(km)三种指标。

这三种指标的计算公式如下:

断裂应力 $$\sigma = \frac{p}{S}(\mathrm{N/mm^2}) \tag{2-5}$$

相对强度 $$p_0 = \frac{p}{N_t}(\mathrm{N/tex}) \tag{2-6}$$

断裂长度 $$L_R = \frac{pN_m}{9.8}(\mathrm{km}) \tag{2-7*}$$

又因为:$N_t = \dfrac{1\,000}{N_m}$, 所以 $$L_R = \frac{1\,000p}{9.8Nt}(\mathrm{km}) \tag{2-8}$$

$$L_R = \frac{1\,000}{9.8}p_0(\mathrm{km}) \tag{2-9}$$

$$\sigma = p/S = 9.8L_R \cdot \gamma(\mathrm{N/mm^2}) \tag{2-10**}$$

式中:S——被拉断纤维的截面积 mm^2

p——绝对强度,以 N 表示

N_m——1 克重被拉断纤维所具有的长度,m/g

N_t——被拉断纤维的细度,以 tex 表示

γ——被拉断纤维的比重,以 mg/mm^3 或 g/cm^3 表示

断裂伸长也是影响纤维制品的耐用性和服用性的重要指标。

纤维被拉伸到断裂时,所产生的伸长值称为断裂伸长,常用 ΔL(mm)表示,为比较不同纤维的伸长能力,常用断裂伸长率 $\varepsilon\%$ 表示。

$$\varepsilon = \frac{\Delta L}{L} \times 100\% \tag{2-11}$$

式中:L——纤维被拉伸前的长度,即原长(mm)

纤维被拉伸时,一加上外力,就产生变形,外力继续增加,变形也随着逐渐增加。如把外力和变形的变化过程记录下来,就得到"拉伸曲线",如图 2-10。

---

* 因为 N_m 表示 1 克重纤维长度米数,所以 $p/9.8$ 千克重纤维长度为 $pN_m/9.8$(km),由此可见,$L_R = \dfrac{pN_m}{9.8}$ 即为重量刚好是拉断该纤维的绝对强度时的纤维长度,常以 km 表示。

** 纤维的体积重量为 $\gamma(g/cm^3)$,则每米重量为 $\dfrac{1}{N_m}(g/m)$ 时,有 $S = \dfrac{1}{\gamma N_m}$,所以,$\sigma = \dfrac{p}{S} = pN_m\gamma = 9.8L_R \cdot \gamma(\mathrm{N/mm^2})$。

图中曲线的终点为纤维的断裂点,断裂的纵横坐标值,分别表示断裂时的强度与伸长率。曲线的斜率开始变化的转折点称为屈服点,屈服点所对应的应力称为屈服应力。整个拉伸过程中,屈服点以前,拉伸曲线斜率较大,屈服点以后,拉伸曲线斜率变小,常常把屈服点前的拉伸曲线的斜率 tg α 值称为此纤维的拉伸弹性模量 E,又称初始模量,它表示纤维在拉伸力很小时的变形能力。

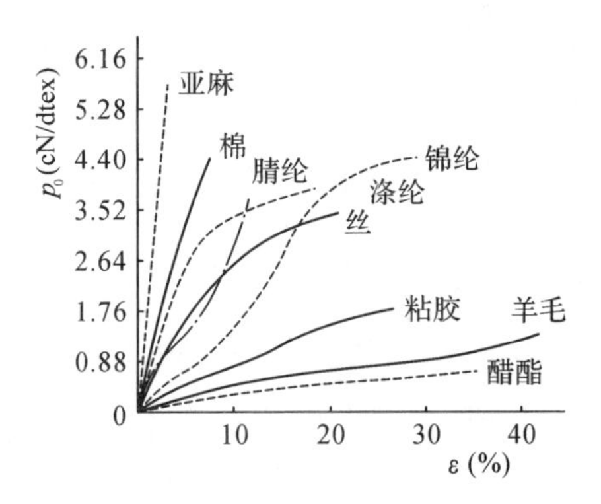

图 2-10　常用纤维的拉伸曲线

表 2-4 中列出了常用纤维的拉伸弹性模量 E 值。

2）纤维的伸长弹性

纤维受到外力作用产生伸长,外力去除,伸长也部分回复。回复得愈多,弹性愈好。

表 2-4　纤维的弹性模量和弹性回复率

<table>
<tr><th colspan="3">纤　　维</th><th>弹性模量
(N/mm^2)</th><th>伸长弹性回复率(%)
(3%伸长时)</th></tr>
<tr><td colspan="3">麻(亚麻、苎麻)</td><td>24 500 ~ 53 900</td><td>48(2)</td></tr>
<tr><td colspan="3">棉(美棉)</td><td>9 310 ~ 12 740</td><td>74(2)　45(5)</td></tr>
<tr><td colspan="3">羊　　毛</td><td>1 274 ~ 2 940</td><td>99(2)　63(20)</td></tr>
<tr><td colspan="3">蚕　　丝</td><td>6 370 ~ 11 760</td><td>54 ~ 55(8)</td></tr>
<tr><td rowspan="5">黏胶纤维</td><td rowspan="2">普通</td><td>短纤维</td><td>3 920 ~ 9 310</td><td>55 ~ 80</td></tr>
<tr><td>长　丝</td><td>8 330 ~ 11 270</td><td>60 ~ 80</td></tr>
<tr><td rowspan="2">强力</td><td>短纤维</td><td>6 370 ~ 11 760</td><td>55 ~ 80</td></tr>
<tr><td>长　丝</td><td>1 470 ~ 21 560</td><td>60 ~ 89</td></tr>
<tr><td>富纤</td><td>短纤维</td><td>7 840 ~ 13 720</td><td>60 ~ 85</td></tr>
</table>

续 表

纤维		弹性模量 (N/mm^2)	伸长弹性回复率(%) (3%伸长时)
铜氨纤维	短纤维	7 840～9 800	55～60
	长 丝	6 860～9 800	55～80
醋酯纤维	短纤维	2 940～4 900	70～90
	长 丝	3 430～5 390	80～95
三醋酯纤维	长 丝	2 940～4 900	88
锦纶6纤维	短纤维	784～2 940	95～100
	长 丝	1 960～4 410	98～100
涤纶纤维	短纤维	3 038～6 076	90～95
	长 丝	10 780～19 600	95～100
腈纶纤维	短纤维	2 548～6 370	90～95
腈纶系列	短纤维	2 450～5 880	85～95
维纶纤维	短纤维	2 940～7 840	70～85
	长 丝	6 860～9 310	70～90
氯纶纤维	长 丝		95～99(50)
乙纶纤维	长 丝	2 940～8 330	85～97
氯纶纤维	短纤维	1 960～2 940	70～85
	长 丝	4 410～4 998	80～90

纤维弹性好，纺织品弹性也好，服用性能也好。

纤维在一定拉伸外力作用下，一般按一定的比例产生相应的伸长，但如此力保持不变并连续作用，则变形量并不固定，而是随此力作用时间的延续而增长，如图2-11所示。几乎在P_1力作用的瞬间，就产生变形ε_1，随着P_1力作用时间的增长，变形也一直在增加，如图2-11中的ε_2，如果外力不去除，继续作用，那么变形仍然不断增加，如图2-11中虚线所示。但如果在时间t_2时，把外力去除，则几乎在去除的瞬间，立即产生固缩ε_3，在t_2后的时间内（$P=0$），纤维的变形仍不断地回缩，如ε_4，直到最后（经过极长时间）仍有一些变形量不能回缩而剩余，这就是ε_5。

由图 2-11 中可见，纤维受力而产生的变形可分为三种类型：

急弹性变形——加拉伸力几乎立即产生的伸长变形 ε_1，而除去拉伸力，又几乎立即回缩的变形 ε_3；

缓弹性变形——它是在拉伸力不变的情况下，产生的伸长或回缩变形，在不变外力作用时的 ε_2 以及外力为 0 时的 ε_4，这是随时间变化而变化的量；

塑性变形——受拉伸力作用时产生，但拉伸力去除后不能回缩，如图 2-11 中的 ε_5。

纤维变形的回缩能力，通常用弹性恢复率 R 表示

$$R = \frac{\varepsilon_3 + \varepsilon_4}{\varepsilon_3 + \varepsilon_4 + \varepsilon_5} \times 100\% \tag{2-12}$$

R 数值高，纤维变形回复能力高，弹性好。

R 数值低，纤维变形回复能力低，弹性差。

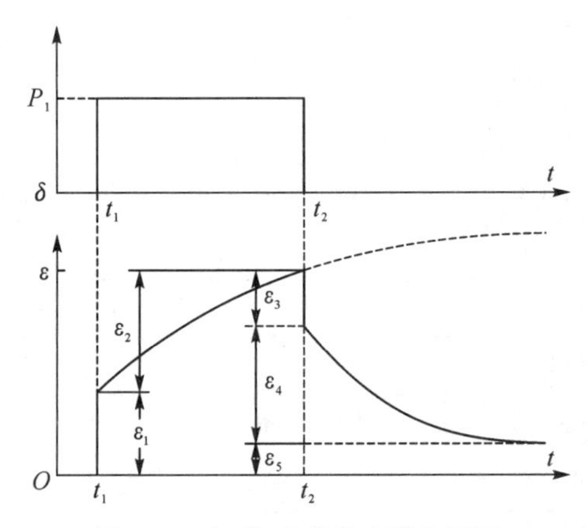

图 2-11　加载、去载的变形和回复

纤维的弹性回复率还可用图 2-12 来说明，如 P 力作用于纤维，产生伸长 ΔL(mm)，即 OA 曲线中的 l，外力去除，纤维回缩，得 AD 曲线，弹性回复率也可如下式计算：

$$R = \frac{l_e}{l} \times 100 = \frac{BD}{OB} \times 100\% \tag{2-13}$$

由图 2-12 还可计算拉伸功恢复系数 R_w

$$R_w = \frac{\text{面积 } ABD}{\text{面积 } OAB} \times 100\% \tag{2-14}$$

一般讲，弹性好的纤维，较为耐磨、耐疲劳。表 2-4 列出了各种纤维的弹

性回复率。

图 2-11 还表明了一种现象,即在一个固定不变的外力作用下,纤维的变形会随作用时间的增加而增加,这种现象称为蠕变。

因为有蠕变现象,所以在较小的拉伸力较长时间的作用下,也会使纤维断裂,这是一种“疲劳”现象。如果在重复外力(逐步增加拉伸力到某一固定值后,停顿一段时间;接着逐步减小拉伸力到零,再停顿一段时间;然后不断重复上述作用力周期)作用下,同样呈现这种蠕变的疲劳现象。如在生产和使用中,创造卸除载荷和停顿的条件,则能使纤维获得更长的使用寿命。尤其在回缩停顿过程中创造缓弹性变形回缩的条件,热和湿会加速缓弹性变形,所以如果在缓弹性回缩时提供湿热条件,会使纺织品更耐用。

3)刚硬度

纤维的刚硬度是在受拉伸力、弯曲力以及扭转力作用初期的抵抗能力的综合反映。弹性模量 E 即其中之一。纤维种类相同,愈粗的,抵抗拉伸的刚硬度愈大。弯曲和扭转的刚硬度,不但与断面积的大小有关,也与断面的形状有关。扁平断面的纤维,弯曲和扭转的刚硬度较小,圆形或接近圆形的较为刚硬。

起绒织物表面的纤维都竖立在织物表面,纤维的刚硬度会直接影响到织物的风格。同种纤维制织的起绒织物的风格与绒毛纤维的长度有关,纤维愈长,手感愈柔软。

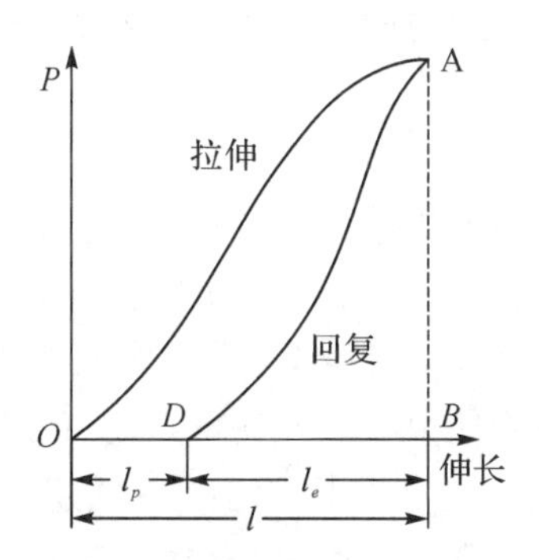

图 2-12　纤维的拉伸回复曲线

4)表面摩擦性能

纤维的表面摩擦性能与纺织加工的难易程度关系较大,纤维间表面摩擦较大,纤维不易滑脱,纺织加工较为容易。纤维和其他物体的表面摩擦反映了服装面料的表面摩擦性能及里料的摩擦性能。

表面摩擦的大小,通常用摩擦系数μ表示。

$$\mu = \frac{F}{P} \tag{2-15}$$

式中:F——两物体移动时的切向阻力(N)

P——两物体间的正压力(N)

由上式可见,两物体之间的压力P一定的话,移动时摩擦力愈大,摩擦系数愈高,移动的阻力就愈大。

摩擦系数有静摩擦系数与动摩擦系数两种。静摩擦系数又较动摩擦系数大。纤维的表面特征不同,摩擦系数也不同,羊毛纤维的表面有鳞片,鳞片的走向不同(鳞片是沿着毛干,依次由毛根向毛尖排列),所以在一束羊毛纤维中从不同方向抽拔纤维时,其摩擦系数不同。如从根部抽出动摩擦系数为0.11,静摩擦系数为0.13;而从毛尖抽出时,动摩擦系数为0.38,静摩擦系数为0.61。当然这种特点只有动物毛纤维才具有。

纤维的表面与其他物质连续地摩擦,纤维表面会被逐渐磨耗,最后被磨断。即使相同种类的纤维,与其摩擦的另一物体的表面粗糙度、硬度、压力以及摩擦速度不同,被磨耗的情况也不相同。这种情况可以说时时存在于我们穿着的服装上,特别是外衣表面的纤维和我们所接触的各种物体,如木材、金属、石块等相摩擦;而内衣表面的纤维则与人体皮肤不断地摩擦着;穿着在中间的衣服的表面纤维则不断地与同种或不同种纤维摩擦着,所以纤维不时地被磨耗而逐步地损坏。

2.3.1.4 热学性能

纤维及其制品在加工和使用过程中,经常要受到不同温度的作用,如生丝的精炼、染色、浸泡与烘干,化纤丝的上浆和干燥,半制品的定型,织物后整理加工以及服装使用中的洗涤和熨烫,都会受到热的作用,甚至在服装加工中,缝纫机高速运转的缝针也能使温度上升到300℃左右的高温。

对纤维热学性能的研究一般从服用卫生的角度出发,着重研究它们的热传导,以便考虑改善它们的保暖性;也有从加工和使用的角度出发,研究纤维的耐热性和防火性;现在更进一步发展到利用纤维的热性能,使纤维的制品,纱线或织物获得某种特殊的加工效应,如变形丝、水洗布等。服装加工中也常常利用纤维的热性能,达到服装定型的要求,特别是合成纤维,热加工更为重要。

在此,主要讨论与服装性能密切相关的性能,如纤维制品的保暖性、耐热性、热塑性、防火性。

1）纤维制品的保暖性

在有温差的情况下,热量总是从高温部位向低温部位传递,这种性能称为导热性,而抵抗这种传递的能力则称为保暖性。评价材料这一性能的指标很多,最常见的是导热系数 λ(W/m·℃)。表示当材料两表面的温差为1℃,距离为 1 米时,1 小时内通过每平方米截面积所传导的热量焦耳数,用 λ 表示。λ 值愈大,表示导热性能愈好,保暖性能愈差。

$$\lambda = \frac{Ql}{S \cdot \Delta T \cdot t}(\mathrm{W/m \cdot ℃}) \tag{2-16}$$

式中:Q——通过制品的热量(J)

l——制品的厚度(m)

S——制品的截面积(m^2)

ΔT——制品两表面间的温差(℃)

(见图 2-13 中 $\Delta T = T_A - T_B$)

t——时间(h)

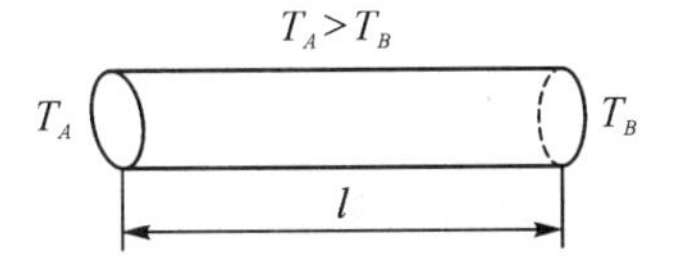

图 2-13 导热系数计算示意图

表示材料保暖性能的指标,还有热传导率、绝热指数和绝热率,但最常用的是导热系数 λ。表 2-5 给出各种纤维的导热系数 λ 值。

我们知道,空气和水的导热系数值分别为 0.026 和 0.697。由表可见,在室温20℃时水的导热系数值与纤维相比,约大 10 倍,因此干纤维与湿纤维的导热系数也相差很大,也即,随着纺织纤维的回潮率增加,导热系数也随之增高,保暖性下降。如测定时的室温不同,纺织纤维的导热系数也不同,室温高,导热系数增高。从表 2-5 中还可见静止空气的导热系数很低,因此静止空气的热传导性能较差。纺织材料内部如适当地增加静止空气层,或适当地降低纤维制品的体积重量,也能降低其导热系数(图 2-14)。但空气层如产生流动,会加速热的传导,会使材料保暖性恶化,所以材料内的空气层必须是静止空气层,才能改善制品的保暖性。

表 2-5　各种纤维的导热系数表(室温20℃时)

纤维	λ(W/m·℃)	纤维	λ(W/m·℃)
蚕丝	0.05～0.055	锦纶	0.244～0.337
棉	0.071～0.075	涤纶	0.084
羊毛	0.052～0.055	腈纶	0.051
黏胶	0.055～0.07	丙纶	0.221～0.302
醋酯	0.05	氨纶	0.042

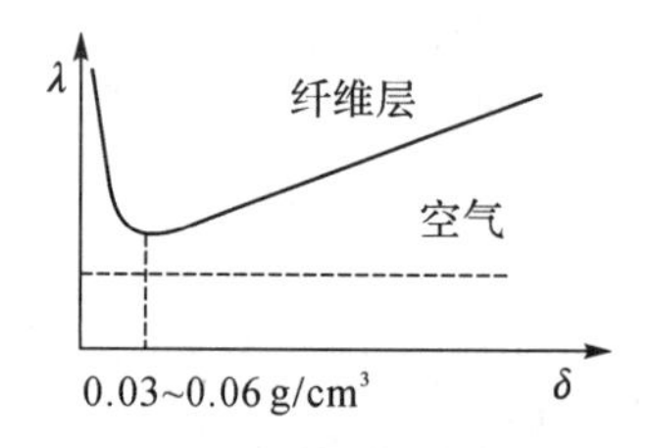

图 2-14　纤维层的体积重量与导热系数

2）纤维的耐热性

当纤维较长时间受到低于熔点或分解点的高温处理时,纤维的机械性质会逐渐恶化,表现出强度降低,弹性消失等不良现象。恶化的程度随温度的高低,热作用时间的长短而不同。在相同的温度下作用相等的时间,恶化程度又随纤维品种的不同而不同。在室温下,纤维内部大分子排列,部分形成整齐的结晶区,这部分的大分子被紧束在一起,使纤维强度高,变形能力差,有类似金属的机械性能;而另一部分为大分子纷乱排列的无定型区,正是这部分的存在,才使纤维具有弹性和韧性。温度升高,纤维内部结晶部分消减,无定型部分增大,且使纤维大分子上部分化学键断裂,大分子间的作用力也减弱,使纤维的强度下降,机械性能恶化。各种主要纺织纤维的耐热性的参考数据,列于表 2-6。

表 2-6 各种纤维的耐热性

纤维	热老化情况(剩余强度,%)					耐热与燃烧	洗涤最佳温度(℃)
	20℃	100℃		130℃			
		20 天	80 天	20 天	80 天		
棉	100	92	68	38	10	150℃ 分 解, 275 ~ 456℃燃烧	90 ~ 100
亚麻	100	70	41	24	12	130℃ 5 小 时 变 黄, 200℃分解	90 ~ 100
苎麻	100	62	26	12	6	130℃ 5 小 时 变 黄, 200℃分解	90 ~ 100
蚕丝	100	73	39	—	—	120℃ 5 小 时 变 黄, 235℃分解	30 ~ 40
羊毛	—	—	—	—	—	130℃分解,205℃焦化	30 ~ 40
黏胶纤维	100	90	62	44	32	150 ~ 开始分解	90 ~ 100
锦纶	100	82	43	21	13	锦 6,215 ~ 220℃熔融 锦 66,250 ~ 260℃熔融	80 ~ 85
涤纶	100	100	96	95	75	255 ~ 260℃熔融	70 ~ 100
腈纶	100	100	100	91	55	190 ~ 240℃软化	40 ~ 50
玻璃纤维	100	100	100	100	100	—	—

从表中可见,棉纤维与黏胶纤维的耐热性比亚麻和苎麻好。蚕丝的耐热性比羊毛好。在合成纤维中,涤纶和腈纶的耐热性比较好,不仅熔点和分解点较高,而且长时间受到较高温度的作用时,强度损失比较少,尤其涤纶的耐热性是很好的。在150℃左右加热 168 小时,颜色不变,强度损失不超过 30%,就是在150℃左右加热1 000小时,也只稍有变色,强度为原有的 50%。锦纶的耐热性是比较差的。维纶纤维的耐热水性能差,而丙纶却是耐干热的性能差,这些必须在纺织和服装加工中引起注意。

3)热塑性

合成纤维受热后,除强度下降外,还会引起热收缩,收缩的大小与纤维种类及其所处的条件不同而有所差异。如锦纶 6 和锦纶 66 在饱和蒸汽中的收缩率最大,沸水收缩率次之,在干热空气中收缩率最小;而涤纶却在干热空气中收缩率最大,饱和蒸汽中的收缩率次之,沸水收缩率最小,如图 2-15 所示。所以原料检验时,单用沸水的收缩率来表示材料的热收缩是不够全面的。

因为在生产使用过程中不可避免地要遇到湿热条件,为防止热收缩,对合

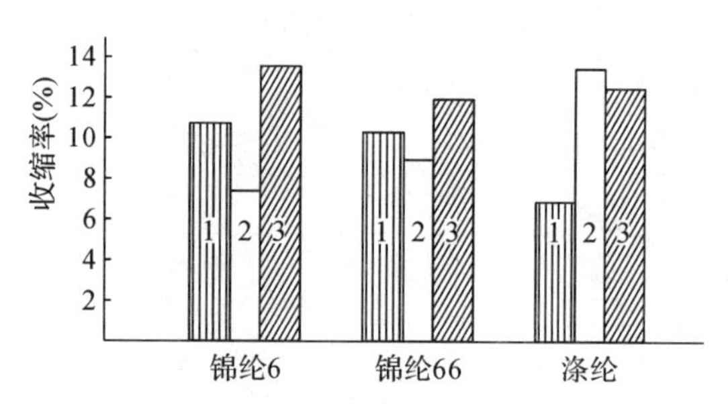

图 2-15　锦纶 6、锦纶 66 和涤纶长丝的热收缩

1. 沸水　2. 热空气(190℃,15 分钟)　3. 饱和蒸汽
[125℃(锦纶 6),130℃(锦纶 66 和涤丝),3 分钟]

成纤维必须进行热定型。把合成纤维加热到玻璃化温度*以上并给以一定外力作用,纤维内部大分子之间作用力减小,分子链段开始自由转动,变形能力增大,再冷却并解除外力作用,合成纤维就可在新的分子排列状态下稳定下来,这种加工称为热定型。热定型效果如何,主要取决于温度和时间。合适的温度在玻璃化温度和软化点之间。

4）防火性

纤维按其燃烧能力的大小可以分为:易燃的(如纤维素纤维、腈纶),可燃的(如蚕丝、羊毛、锦纶、涤纶、维纶),难燃的(如氯纶)和不燃的(如石油、玻璃丝)等四种。易燃纤维制成纺织物容易引起火灾。燃烧时聚合物的熔融会严重伤害皮肤。各种纤维可能造成的危害程度与纤维的点燃温度、火焰传播的速度和范围以及燃烧时所产生的热量有关。表达纤维及其制品燃烧性能的指标一般有两种:一种表示纤维容不容易燃烧;另一种表示纤维能否经得起燃烧。前者为评定纤维可燃性指标,如纤维的点燃温度和发火点,后者为评定纤维的耐燃性指标如极限氧指数,极限氧指数 *LOI* 是材料点燃后在氧—氮大气里维持燃烧所需要的最低含氧量体积百分数。

$$LOI = \frac{O_2\text{ 的体积}}{O_2\text{ 的体积} + N_2\text{ 体积}} \times 100\% \tag{2-17}$$

表 2-7 为纤维的点燃温度,表 2-8 为纤维的发火点,表 2-9 为纤维的极限氧指数。

---

* 大多数合成纤维随温度的升高,形态由玻璃态(比较硬)向高弹态、黏流态变化,由玻璃态向高弹态转变的温度称为玻璃化温度。

表 2-7 纤维的点燃温度

纤维	点燃温度(℃)	纤维	点燃温度(℃)	纤维	点燃温度(℃)
棉	400	羊毛	600	涤纶	450
黏胶	420	锦纶 6	530	腈纶	560
醋酯	475	锦纶 66	532	丙纶	570
三醋酯	540				

表 2-8 纤维的发火点

纤维	发火点(℃)	纤维	发火点(℃)
桑蚕茧层	190	柞蚕丝	190
柞蚕茧层	195	黏胶	165
生丝	185	羊毛	165
精炼丝	180	棉花	160

点燃温度愈低,愈易燃烧;发火点愈低,也表示材料易燃,极限氧指数小,材料易燃。在普通空气中,氧气的体积比例接近 20%。从理论上讲,纺织纤维的极限氧指数只要超过 21%,在空气中就有自灭作用。但实际上,发生火灾时,由于空气对流等作用的存在,要达到自灭作用,纤维的氧指数要在 27%以上。

提高纤维制品的防燃性有两种途径,一是进行防火整理,二是制造难燃纤维。各种纺织物的防火整理中,棉和涤纶的防火整理发展最快,主要原因是这两种纤维产量大,且极易燃烧。现在棉防火整理剂常用四羟甲基氯化磷(THPC)、四羟甲基氢氧化磷(THPOH)和 N-甲醇基丙酰胺基磷酸二甲酯(Pyrovatex-cp),它们都是反应型阻燃整理剂。用这三种整理剂处理后的棉织物,耐洗涤性很好,其他性能下降也很少。涤纶纤维的难燃整理,主要在制造中解决,即在熔体中加入难燃剂。难燃纤维有两类:一类是在纺丝原液中加入防火剂,混合纺丝制成,如黏胶纤维、腈纶、涤纶的改性防火纤维;另一类是由合成的难燃聚合物纺制而成,如诺梅克斯(Nomax)、库诺尔(Kynol)、杜勒特(Dunette)。

诺梅克斯是一种芳香聚酰胺耐高温合成纤维的商品名称,学名为聚间苯二甲酰间苯二胺纤维，简称 HT-1 纤维。库诺尔是一种有机防火纤维，这种纤维不溶解不熔融，耐热性和难燃性很好，在2 500℃的乙炔焰中仅收缩 15%，比玻璃纤维的防火性还好，是防火织物理想原材料，杜勒特是一种聚酰亚胺纤维，聚酰亚胺是已撑二胺与苯均四酸的聚合物，为提高难燃性，将这种纤维再进行防火整理。这种纤维在短时间内可耐648℃的高温，广泛用作消防服装、工作服、军用服装、帷幕和装饰品等。

表 2-9　由不同纤维制成织物的极限氧指数

纤　维	织物重量(g/m^2)	氧指数(%)
棉	220	20.1
黏胶纤维	220	19.7
羊　毛	237	25.2
锦　纶	220	20.1
涤　纶	220	20.6
腈　纶	220	18.2
维　纶	220	19.7
三醋酯纤维	220	18.4
丙烯腈共聚纤维	220	26.7
丙　纶	220	18.6
聚氯乙烯	220	37.1
棉	153	16～17
棉(防火整理)	153	26～30
诺梅克斯	220	27～30
库诺尔	238	29～30
杜勒特	160	35～38

由涤纶、锦纶等制成的合成纤维织物或针织物，穿着过程中如接触到烟灰的火星、电焊火花或砂轮火花等热体时，可能在织物上熔成孔洞，这种性能，叫熔孔性。织物抵抗熔孔现象的性能叫抗熔性。这一指标是织物或针织物的坚

牢耐用的一个指标,是织物服用性能的一项内容。

2.3.1.5 耐光性

纤维及纤维制品在阳光下被照射后,会变黄发脆,强力下降。所以纤维的耐光性能如何,对于室外或野外工作服装特别重要。对一般民用服装也具有一定重要性。因为洗涤后干燥,民间习惯依靠阳光晒干。

日光中,紫外线约占5%,可见光约占40%,红外线约占55%。其中紫外线对纤维的破坏较厉害,尤以波长为290~400 nm部分紫外线破坏更大。

日光对纤维的破坏,还视所处季节、海拔高度、离赤道远近而不同。纤维耐光性又视纤维的化学组成、内部结构、吸湿性大小、化学纤维所加的消光剂多少、染料种类、有无颜料和添加剂及断面形状而异。日光对纤维的影响大致有三种情况:

a) 对强度影响不大的有:涤纶、腈纶、醋酯、维纶等;

b) 强度明显下降的有:黏胶、铜氨、高模量黏胶纤维、丙纶和氨纶纤维等;

c) 强度下降且色泽变黄的有:锦纶(变黄)、棉(变黄)、羊毛(染色性减弱)、蚕丝(强度显著下降,且变黄)。

纤维制品的耐光性与厚度关系不大,而与是否受日光直接照射关系极大,如日光照射不直接,而是隔一层玻璃,则日光内波长较短的紫外线被滤,所以对纤维损伤就少。纤维制品在屋外使用,除受阳光直接照射外,还受风雪、雨露、霉菌、昆虫、大气中各种微粒的磨损以及风吹拂而使纤维制品反复弯曲等等的作用,也会使纤维制品老化,以致机械性能恶化,纤维制品这种抵抗此类破坏的性能称为耐气候性(Weather resistance)。

2.3.1.6 带电性

两个物体互相接触,摩擦,会产生静电现象,特别是纤维、塑料等电的不良导体之间的摩擦更引起静电现象。由于静电现象,使衣服穿、脱时产生放电;步行时裤脚之间、裙子下摆间会相互产生静电吸附而影响步行;由于静电吸附,也使服装容易吸尘、玷污;纺织加工中,如有静电现象,往往会增加生产的困难,影响产品质量和产量,还会恶化织物的服用性能。

影响静电的因素有以下几种:

a) 摩擦次数越多,带电量就越多。

b) 随着正压力的增加而增加带电量,摩擦速度增高,带电量也会增加,但并不是无限制地增加,正压力和摩擦的面积也与带电量成正比。

c) 两种纤维摩擦,它们所带电荷的种类与它们在纤维静电电位序列表

(表2-10)所处的位置有关,在表中左方的带正电,右方则带负电,且两种纤维距离愈远(在表2-10中距离),摩擦后的带电量愈大。

表2-10　纤维静电电位序列表

正 ←——————→ 负													
羊毛	锦纶	黏胶纤维	棉	蚕丝	醋酯纤维	聚乙烯醇	涤纶	腈纶	氯纶	腈氯纶	偏氯纶	聚乙烯	氟纶

d）空气的相对湿度增加,带电量下降。由于纤维吸湿量增加,纤维电阻值下降,导电性改善,静电现象改善。

e）空气温度低,纤维的电阻高;温度上升,电阻下降。因此温度低时,带电量高,静电现象厉害;温度高时,静电现象不明显。此外纤维被玷污后,导电性改善,静电现象改善。

锦纶、涤纶等合成纤维,本身电阻高,导电性差,加之吸湿性差,较易产生静电现象,尤其在低温干燥的冬季,静电现象尤为严重。这点,在日常生活中常会感受到。

为了解决静电现象,常常采用下列措施:

a）对合成纤维进行暂时性的表面处理,以消除纺织加工中的静电干扰,常用表面抗静电剂,即表面活性剂,它在纤维表面形成一层薄膜,一方面降低表面摩擦系数,另一方面增强纤维表面的吸湿性,以降低纤维表面的电阻,使产生的电荷易于逸散,减少或防止静电现象。因此这种措施必须在车间空气相对湿度充分大时,纤维表面活性剂才能充分发挥抗静电作用。

b）为使合成纤维织物在穿用过程中无静电干扰,必须使合成纤维及其织物具有耐久性抗静电性能。常采用混入亲水性纤维进行混纺、含两种以上纤维的复合纺丝、制成外层有亲水性的复合纤维、合纤纺丝时加入亲水性聚合物、将合成纤维织物进行耐久性的亲水性树脂整理等方法来改善纤维的抗静电性能。

c）在纺纱时,以很小的比例混入金属纤维或导电纤维,抗静电效果较好。金属纤维就是用金属杆抽伸而成直径为8 μm或12 μm的金属纤维,现在所用的铬镍不锈钢纤维以低于0.5%的比例混入纺织纤维进行混纺,抗静电的效果就很好。但如果直径过粗,效果就不理想,曾以直径为35 μm的金属纤维,以相同的混纺比进行混纺,但收不到抗静电效果。所以金属纤维粗细,必须符合易于均匀混合的要求，经实践证明，直径为8 μm或12 μm的金属纤维能符合要求。导电纤维是把碳粉的微粒嵌入涤纶、锦纶等合成纤维表面试制而成，有长丝和短纤维。短纤维可以任何比例与任何天然纤维或合成纤维混纺。这种纤维在空气相对湿度极低的条件下也能发挥抗静电作用，且抗静电作用是永久性的。

2.3.2 纤维的化学性能

从两方面来讨论纤维的化学性能。

2.3.2.1 染色性

纤维能否被染成各种鲜艳、美丽的色彩，是能否作为服装用原料的一个重要方面。如丙纶纤维价格较低廉，加工也较简单，但由于染色较为困难和纺纱加工也较困难，而不能被广泛使用，即使在纺纱工艺问题被解决后，也不能为穿着者所接受，所以不能大量发展，表2-11为各种常用纤维的染色性能。

表2-11 纤维染色性

纤 维	棉、黏胶	蚕丝、羊毛	醋酯	锦纶	涤纶	腈纶	维纶
直接染料	○	△	×	△	×	△	△
碱性染料	△	○	△	△	×	○	△
酸性染料	×	○	△	○	×	○	△
酸性媒染染料	×	○	×	○	×	△	△
络合染料	×	○	×	○	×	△	△
还原染料	○	△	△	△	△	△	○
硫化染料	○	×	×	△	×	×	○
纳芙妥染料	○	△	○	○	△	△	○
活性染料	○	○	×	△	×	△	△
分散染料	×	×	○	○	○	○	○

注：○为可染，×为不可染，△为需用特殊方法才能染。

2.3.2.2 耐药品性

纤维被加工成服装后，穿用过程中须经受洗涤、去污、漂白等处理，有必要了解各种纤维材料对各种化学药剂的抵抗性能。

一般动物纤维较为耐酸,不耐碱,在较稀的碱溶液内就要被破坏;植物纤维耐碱不耐酸;再生纤维素纤维的耐酸碱的能力又视纤维品种而异;锦纶较为耐碱,不耐酸;涤纶较为耐酸而不耐碱;对于有机溶剂(乙醇、乙醚、苯、丙酮、汽油和四氯甲烷等)都比较稳定,仅醋酯纤维能溶于丙酮。各种漂白剂对纤维的影响不同,表2-12为常用的各种漂白剂对各种纤维强力的影响。

表2-12 漂白剂对纤维强力的影响(处理10小时)

漂白剂		涤纶	锦纶	腈纶	强力黏胶	醋酯	棉	蚕丝	羊毛
未经处理纱线强度(cN/dtex)		5.4	6.8	2.0	3.6	1.1	1.8	3.3	1.1
双氧水	0.29% pH11 21℃	5.2	6.3	1.9	3.1	脆化	1.8	3.3	1.0
	0.2% pH11 71℃	5.3	2.0	1.7	1.7	脆化	0.8	1.1	溶解
	3.0% pH6 21℃	4.8	6.5	2.1	2.8	1.0	1.6	3.0	1.1
	3.0% pH10 71℃	5.6	1.8	1.5	1.5	溶解	0.8	1.5	脆化
过硼酸钠	1.0% 21℃	5.5	6.4	2.2	3.4	1.0	1.4	3.4	1.4
	1.0% 99℃	6.3	6.3	1.9	3.4	0.9	1.6	0.8	溶解
次氯酸钠	0.4% pH11 21℃	5.3	6.2	1.9	2.2	1.0	1.1	脆化	1.1
	0.4% pH11 71℃	5.7	0.5	1.8	脆化	溶解	脆化	溶解	0.4
亚氯酸钠	0.7% pH8 99℃	4.6	3.5	2.0	1.7	0.9	1.0	1.3	0.6
	0.7% pH4 21℃	5.6	6.2	2.0	3.3	1.0	1.3	2.77	0.6
	0.7% pH4 99℃	5.4	1.1	1.9	1.6	0.8	1.1	脆化	0.6
亚硫酸氢盐	1.0% 71℃	5.3	6.4	2.1	3.3	1.0	1.8	2.6	0.6
亚硫酸氢钠	1.0% pH4 99℃	5.5	6.4	2.2	3.1	1.0	1.9	2.6	0.9

2.4 各类纤维介绍

纤维制成的服装材料——纱线与衣料,它的性能与组成服装材料的纤维性能有关,也与服装材料本身的结构有关,如纱线的加捻与否,加捻的强弱,纱线的粗细,织物的稀密、厚薄等。但是最基本的性能主要取决于组成材料的纤维性能，因此有必要对当前常用的纤维作一介绍，只有这样才能更好地了解服装面料的性能。现在对天然纤维棉、麻、毛、丝，化学纤维中的人造纤维如黏胶纤维、醋酯纤维、铜氨纤维，化学纤维中的合成纤维如锦纶（尼龙）、涤纶（的确良）、腈纶（人造毛）、维纶、丙纶、氯纶、氨纶的基本性能进行一一介绍。

2.4.1 棉纤维

2.4.1.1 棉纤维的生长

一根棉纤维是一个植物单细胞，是从胚珠的表皮细胞，经过伸长和加厚而成的。成熟的棉纤维是长在棉籽上的种子毛，经采集轧制加工而成的。

2.4.1.2 棉纤维的成分和结构

棉纤维的主要成分是纤维素，此外还有脂肪、糖类、灰分和一些水溶性物质。生长日子愈长，纤维素含量愈高，成熟棉纤维中的纤维素含量高达90%以上。棉纤维由两个互相倒置的葡萄糖组成一单元，反复而成，分子式如下：

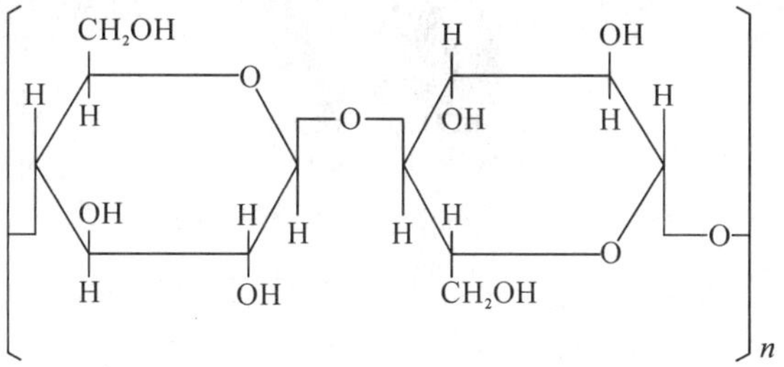

其结构单元为（$C_6H_{10}O_5$），棉的聚合度约2 000 ~ 3 000。

图2-16是棉纤维的模型，由图2-16可见，纤维素大分子组成微原纤，微原纤又组成原纤，再形成纤维。其中1为棉纤维的初生层，2为次生层，3为原纤，4为微原纤，5为纤维大分子，6为棉纤维的中腔。从图2-16和图2-17还可看到棉纤维由纤维素沉积的日轮层。

2.4.1.3 棉纤维的形态

棉纤维的横截面呈腰圆形，内有中腔（必须借助显微镜才能观察到），沿着纤维轴向，可在显微镜下看到有天然的转曲（Convolution）的扁带状，如图2-17所示。纤维的长度和粗细度不均一。

2.4.1.4 棉纤维的主要性能

1）长度。棉纤维的长度是棉纤维品级的主要依据，也是决定棉纤维价格的主要依据。棉纤维长度愈长，用它纺成的纱线无论在强度、弹性上都较好，而且在成纱均匀度和可纺棉纱的细度上也可达更高的要求。棉纤维的长度决

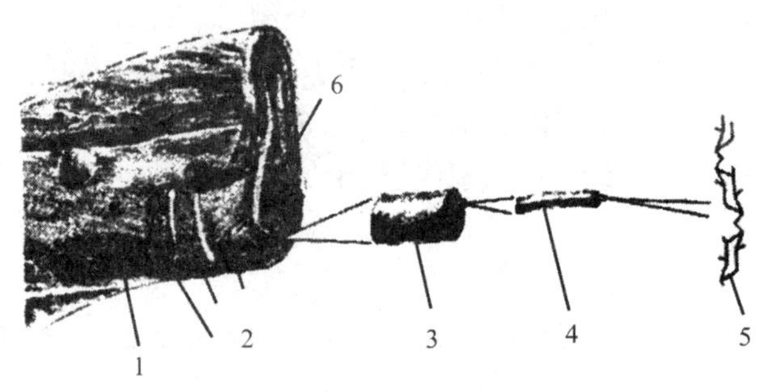

图 2-16　棉纤维模型图

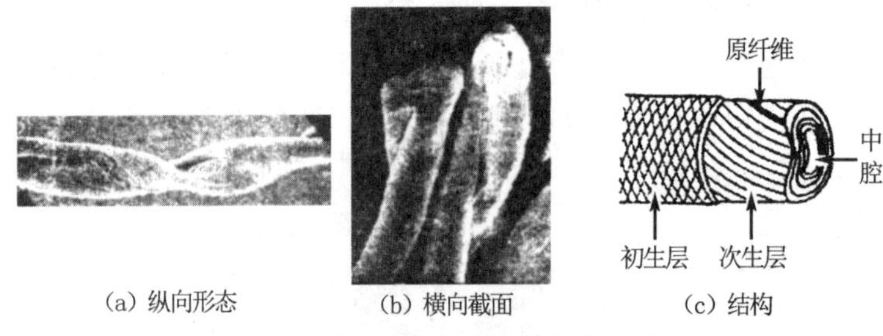

图 2-17　棉纤维横截面结构和纵向形态

定于棉花的品种,也决定于棉花的生长条件及当时的气候。一般棉花的长度在 23 ~ 38 mm之间,比羊毛短。

2）细度。其重要性仅次于长度。棉纤维细度与成纱细度、成纱强度、成纱均匀度也有密切关系,成熟的棉纤维一般以稍细一些为宜,不成熟的棉纤维虽细但脆,所以并不是理想的纺纱原料。棉的细度一般在 1.3 ~ 1.7 dtex之间,比毛、丝纤维都细。

3）棉纤维的成熟度。是指棉纤维胞壁加厚程度,胞壁愈厚,成熟度愈好。正常成熟的棉纤维,横截面呈扁平或腰圆,内有中腔,强度高,弹性好,有丝光,有较多的天然转曲(图 2-17),且有较好的吸色性,所制成的织物染色均匀。不成熟或过度成熟的棉纤维,在上述性能上都有不良影响。平时所说的棉纤维的成熟度只是指一批棉纤维的平均成熟度。

4）天然转曲(Natural convolution)。这是棉纤维的生长过程中自然形成的,是棉纤维区别于其他纤维的形态特征。一般以单位长度内(1 cm)扭转 180°的次数表示。转曲的方向沿纤维轴方向不断改变,有时左旋,有时右旋,称为转曲的反向,反向数约为10 ~ 17 次/cm。

天然转曲是棉纤维具有良好的抱合性能和可纺性的原因之一,天然转曲愈多,棉纤维的品质愈好。

5）强度和伸长率。棉纤维的强力较高,干态强力约为 2.6 ~ 4.9 cN/dtex,湿态强力约为 2.9 ~ 5.6 cN/dtex,与其他纤维不同,吸湿后强力稍有上升。目前测量棉纤维的强力常和细度测定结合进行,用束纤维强力仪进行。

棉纤维断裂伸长率较低,约为 3% ~7%,变形能力较差,棉纤维的弹性模量也较高,由此也反映出棉纤维的变形能力较差。

6）吸湿性。棉纤维吸湿能力虽不如羊毛、蚕丝,也不如黏胶,但也能算在较好之列,所以穿着棉纤维制成的服装较为吸湿、透气,无闷热感,也无静电现象。在20℃,65%时 W 为 7%;在20℃,95%时 W 为 24% ~27%。棉纤维湿润后,体积会膨胀。已制成织物的棉纤维的吸湿膨胀,会导致织物长、宽尺寸缩小,引起“缩水”而影响服装尺寸的稳定。

7）耐热、耐光等物理性能。棉纤维的耐热不如涤纶、腈纶,但优于羊毛、蚕丝,处于第三或第四位,和黏胶接近,耐光性也居中。150℃分解,275 ~ 456℃燃烧,160℃为发火点。

8）化学性质。棉纤维具有天然纤维素纤维的特点,对酸的抵抗力极差,对碱抵抗力稍强,在碱溶液内不溶解,但能膨润。棉纤维如在张力和碱液同时作用下,会产生丝光效应。氧化剂能使棉纤维生成氧化纤维素,强力下降,甚至发脆。棉纤维可溶于铜氨溶液,利用这一性能制造铜氨纤维。

20 世纪 70 年代以来,美国、苏联、秘鲁和埃及等国家开始研究开发天然彩色棉,我国自 90 年代起,也开始天然彩色棉的开发研究,现有浅绿色、浅黄色和棕色三种。因为天然彩色棉可省去染色加工,所以被称为“绿色纤维”。但由于天然彩色棉的培育改良只有 30 多年的历史,它的色素遗传还不稳定,所以在加工过程中,色素也还不稳定,故目前只少量试用浅绿色和棕色两个系列。天然彩色棉的彩色饱和度非常低,色彩之间的区分也很微妙,实际生产中常用二到三种彩色棉进行配合,以达典雅朦胧的效果。天然彩色棉纤维的次生胞壁薄,纤维素含量低,尺寸稳定性差,收缩率大,在湿热或化学、机械处理时,易发生收缩,导致起皱,影响成品外观。天然彩色棉的纤维长度较短,所以纤维强力较低,可纺性差且易起毛。

2.4.2 麻纤维

麻纤维是一年或多年生草本双子叶植物的韧皮纤维和单子叶植物的叶纤

维的总称。麻类植物很多,纺织用的有亚麻、苎麻、槿麻、黄麻等,其中亚麻织物和苎麻织物能作衣料用。麻纤维也是由纤维素组成,其分子模型和图 2-16 相同。

2.4.2.1 亚麻(flax)

亚麻纤维为两端尖细的瘦长细胞,约 17 ~ 20 mm,宽约为(单纤维)12 ~ 17 μm,纤维纵向表面有细纹路,称为竖纹,还有横节或 X 形节(160 ~ 320 个/cm),横截面呈多角形,以五角形或六角形为多,有明显的中腔,细胞壁较厚,中腔较小,图 2-18(a)为亚麻茎的断面[4],从中可见亚麻纤维的多角形中腔的断面。图 2-18(b)为亚麻纵横形态图。

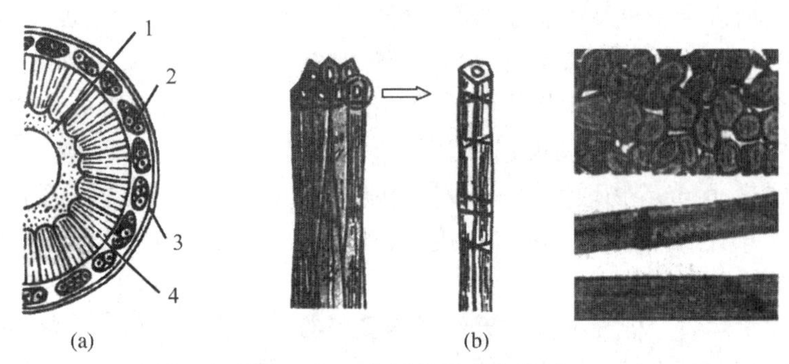

图 2-18 亚麻纤维的形态特征

优良的亚麻纤维为淡黄色,强度约 4.9 ~ 5.5 cN/dtex,比棉高,伸长率非常低,这与它的微细构造有关。弹性模量很高,约为19 600 N/mm^2。所以亚麻纤维的抗弯刚度很大,表现为相当硬直。亚麻纤维光泽较好,吸湿、放湿容易,速度也快,对紫外线的透过率也较大,对人体皮肤的卫生保健有一定作用,有一定的耐光性,导热性能好,所以冷感强,适于夏季服用。亚麻纤维所制成的织物以它独特的“爽”“清凉感”,通气性好,耐洗且缩水少,不易污染,污染后又极易洗去,日光照射下不变色等等良好的服用性能,使其深受人喜爱。

亚麻纤维不仅有中腔,而且它的表面还有许多细孔与中腔相连,这些细孔能很快地吸收水分,并很快地使水分散发,同时也能很快地传递皮肤的热量,而使人有清凉的感觉。又由于亚麻纤维很刚硬,所以与相同平方米重量的棉织物相比,亚麻织物的透气率要高。从服用要求来看,这些性能都较理想。但亚麻纤维也具有弹性差,制成织物易起皱,悬垂性较差的缺点。

亚麻主要成分是纤维素、果胶、木质素等,它的化学性质与棉相近,对酸的抵抗力极差，对碱的抵抗力稍强，在含氯的氧化剂作用下，也会使纤维性能恶化。

亚麻纤维主要用作衣料、渔网线和耐水要求高的场合，如消防管等。

2.4.2.2 苎麻（ramie）

苎麻属荨麻科苎麻属，是多年生宿根植物，一年能收获多次。苎麻分白叶苎麻（white ramie）和绿叶苎麻（green ramie）两种，白叶苎麻的叶背有白色茸毛，这种苎麻起源于我国南部山区，在我国栽培历史最悠久，有“中国草”（china grass）之称。绿叶苎麻起源于东南亚热带地区，叶背呈绿色，无白色茸毛，产量、质量都差。我国目前种的是白叶种苎麻，产地主要集中在长江流域一带。

苎麻栽一年后，即能收获，一般一年三次，三次收获的苎麻分别称为头麻、二麻、三麻。苎麻纤维是初生韧皮纤维，存在于麻茎的初生韧皮内部。苎麻纤维束约为 200 ~ 400 cm，单纤维也很长，约 60 ~ 250 mm，最长可达550 mm，宽为20 ~ 45 μm。纤维的纵向表现有节状凸起，细胞壁厚，截面呈扁圆形、椭圆形、半圆形、菱形、多角形不一，有明显的中腔（图 2-19）[5]。

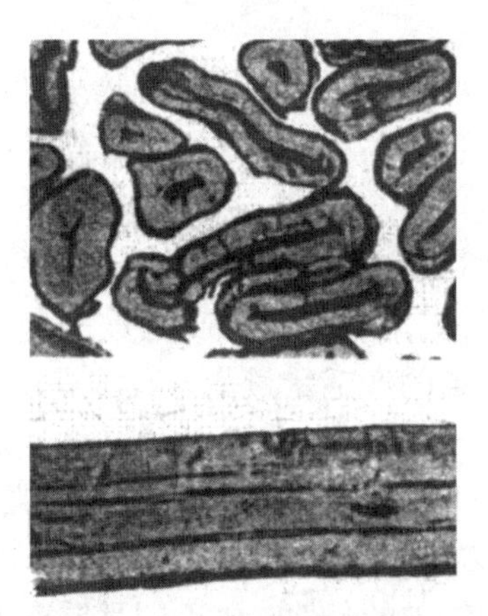

图 2-19 苎麻纤维的纵横向形态图

苎麻纤维是植物纤维中强力最高，断裂伸长率最低，弹性模量高的一种纤维。它的弹性模量约比涤纶短纤维大六倍，比强力黏胶纤维大二倍。根据 X 射线分析可知，它的微胞沿纤维轴向配置，整列度和定向度均很好。苎麻吸湿后强力上升，同时也具有如上述亚麻纤维的特性。

苎麻是麻纤维中品质最好的纤维，且具有丝样的光泽，在日本有“绢麻”的别名。且刚度高、硬挺、不粘身，适宜制作夏季衣料。苎麻与涤纶混纺的“麻的确良”具有挺爽的风格，很受欢迎。

2.4.3　毛纤维

2.4.3.1　羊毛

动物毛纤维有绵羊毛、山羊绒、马海毛、骆驼绒、驼羊毛、兔毛等，这里主要就产量最多、应用最广的绵羊毛为例进行说明。

羊毛即绵羊毛是纺织服装工业的重要原料，它具有许多优良的特性，如弹性好、吸湿性强、保暖性好、不易玷污、光泽柔和。这些性能使毛织物和毛料服装具有独特的风格。

2.4.3.1.1　绵羊毛的品种

a）国内绵羊毛

① 土种毛：未经改良的我国土种羊的羊毛属土种毛。由于羊种、产地和饲养条件不同，土种毛的品质和性能有很大差别。如西藏种绵羊毛，羊毛细度均匀，有毛辫，毛的强度大，弹性好，光泽亮，长度也长，可作长毛绒、毛毯、地毯和精纺呢绒原料。而哈萨克毛为异质粗毛，质量较差，作为纺织原料使用也有一定影响。

② 改良毛：我国各主要产毛区进行了羊种培养和改良工作，培育成了改良细羊毛和改良半细毛。目前仍在不断努力培育新品种，以提供数量更多、品质更好的细毛。

b）国外绵羊毛：澳大利亚、新西兰、阿根廷和乌拉圭是世界羊毛的主要输出国，这些国家的产毛量和南非地区的产毛量一起共占世界总产毛量的60%。以澳大利亚和新西兰的产毛量最高。我国进口的羊毛，也大部分是由这些国家进口的。以澳大利亚为例，主要品种是优良的美利权，羊毛细而均匀，毛丛长而整齐，一般约长 35 ~ 75 mm，卷曲正常，强度高，弹性好，色泽洁白，光泽好，杂质少，油汗多，是毛纺工业的优良原料。

绵羊品种、羊的生长、饲养的条件对羊毛的品质有很大影响。

羊毛可分为细绒毛、粗绒毛、粗毛、发毛、两型毛和死毛。

2.4.3.1.2　羊毛的成分和结构

羊毛由 α 氨基酸缩聚而成的蛋白质组成。其结构相当复杂，到目前为止，还不能说已经非常清楚，只是知道组成蛋白质分子的 α 氨基酸的种类和各种 α 氨基酸的比例，具体的排列还不清楚。α 氨基酸的分子式如下：

$$\begin{array}{c} \text{H} \\ | \\ \text{H}_2\text{N—C—COOH} \\ | \\ \text{R} \end{array}$$

R 为各种各样的原子团。

羊毛是由许多细胞聚集构成,从径向看,可分成三个组成部分:包覆在毛干外部的鳞片层;组成羊毛实体主要部分的皮质层;由毛干中心不透明的毛髓组成的髓质层。髓质层只存在于较粗的纤维中,细毛无髓质层。图 2-20 为细羊毛结构模型,其中可见组成羊毛纤维的纺垂细胞和螺旋形大分子。

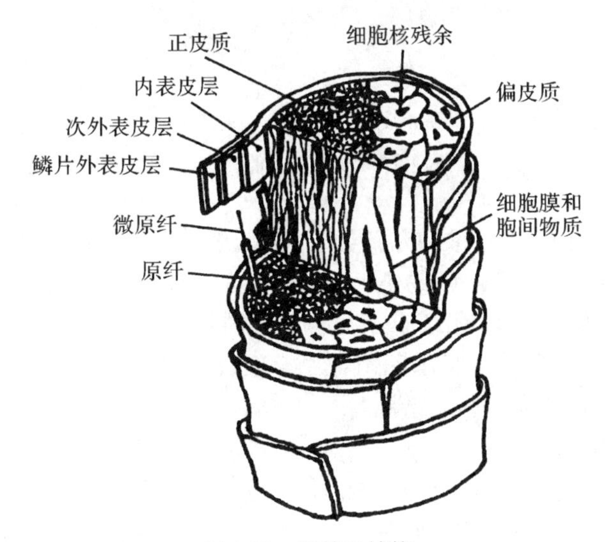

图 2-20　细羊毛结构

1) 鳞片层。在毛干的最外部,保护羊毛,使其不受外界条件的影响而引起性质的变化。由电子显微镜观察得知,在纤维的最外层有一层外表皮细胞薄膜,这层薄膜厚度约为 5 ~ 10 nm,但具有较大的化学稳定性,不易被化学试剂所破坏。外表皮细胞薄膜的里面是鳞片层,它是由片状角朊细胞组成,似鱼鳞状或瓦片状重叠覆盖,包覆在毛干外部,根部附着于毛干(图 2-20),梢部伸出毛干表面,并指向毛尖。

鳞片层又可分为外层和内层。鳞片外层紧接外表皮细胞薄膜,根据化学组成也可分为 a、b 两层。整个鳞片外层都是无定型结构。再向内部是鳞片内层,这层化学稳定性极差,易被化学试剂所破坏。

2）皮质层。在鳞片层里面,是羊毛的主要组成部分,也是决定羊毛物理、化学性质的基本物质。依靠细胞间质与鳞片紧密联结在一起。细胞间质为非角朊物质,充满在细胞的所有缝隙中,易被酸、碱、氧化剂、还原剂和酶所破坏。皮质层由许多稍扁略呈转曲的纺锤形细胞组成,这些细胞间由细胞间质紧密相连,从羊毛横截面观察还能发现皮质细胞有两类,正皮质细胞和副皮质细胞。它们的染色性、机械性能都不一样,由于这两种皮质细胞的分侧分布,也就是双侧结构,使羊毛有卷曲的外形,如图2-21所示。

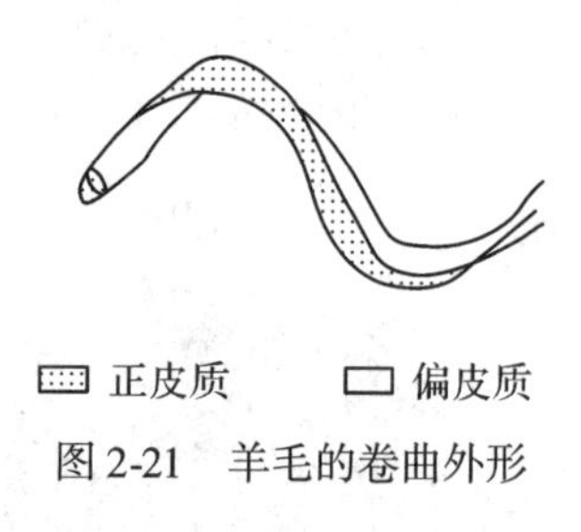

图2-21　羊毛的卷曲外形

3）髓质层。由结构松散和充满空气的角朊细胞组成,细胞间联系较差。含髓质层多的羊毛,脆而易断,不易染色。细羊毛内没有髓质层。

可见,羊毛为根部粗,梢部细,表面覆盖着鳞片,沿纤维长度方向呈现卷曲的纤维。截面接近圆形,中部有毛髓(细绒毛没有毛髓),手感柔软,是富有弹性的纤维。常用作高级纺织服装原料。

2.4.3.1.3　羊毛的性能

1）细度。羊毛的细度指标常用品质支数,平均直径和dtex表示。羊毛的细度和它的各种性质有密切的关系。一般地讲,羊毛愈细,细度离散小,相对强度高。卷曲度大,鳞片密,光泽柔和,脂汗含量高,惟长度偏短。因此细度是决定羊毛品质好坏的重要指标。它对成纱性质和加工工艺也有很大影响。羊毛一般细度为3.3～5.6 dtex。

2）长度。由于天然卷曲的存在,毛纤维长度可分为自然长度和伸直长度。长度在工艺上的意义仅次于细度,是决定纺纱系统和选择工艺参数的依据。羊毛长度一般为60～120 mm。

3）羊毛的卷曲。羊毛的自然形态,并非直线,而是沿长度方向有自然的周期性卷曲。一般以每厘米的卷曲数来表示羊毛卷曲程度,叫卷曲度。卷曲是羊毛的重要工艺特性。羊毛卷曲排列愈整齐,愈能使毛被形成紧密的毛丛结构,可以更好地预防外来杂质和气候的影响,羊毛的卷曲度越高,品质愈好。

4）吸湿性。羊毛吸湿性很好，标准状态下回潮率可达15%左右，但手触摸，仍无潮湿感觉。和其他纤维一样，羊毛吸湿能放热，它的吸湿积分热为112.4 J/g（干纤维），为常用纤维中最大的，所以羊毛织物调节体温能力是较大的。

5）机械性能。强力很低，仅0.9～1.5 N/dtex，但伸长能力却很大，断裂伸长率可达25%～40%，弹性模量E很小，仅9.7～22 cN/dtex，因此拉伸变形能力很大，特别在伸长率大于3%时，变形能力更为显著。这是毛料服装穿用时不易损坏的原因。羊毛的弹性很好，不论拉伸、弯曲、压缩弹性都很好，因此毛料服装的"顺应性"好。羊毛表面有鳞片，沿着不同方向——顺鳞片或逆鳞片的摩擦系数截然不同。在毛织物整理中，常利用羊毛的缩绒性，使毛织物获得外观优美，手感丰厚柔软和保暖性好的独特风格。但作为精纺产品，缩绒是要避免的。

6）羊毛纤维的热定型性。定型是描述纺织材料的一种特定形式的结构稳定性。羊毛纤维在一定温度、湿度、外力作用下，经过一定时间，会使其形状稳定下来，称之为羊毛的热定型性。但这"形状稳定下来"，只是相对的，也就是说只能在某一特定条件下，如条件变了，或经多次洗涤后，形状还是可能改变的。

7）羊毛的化学性质。羊毛的耐酸性比丝、棉强，在稀硫酸内煮沸几个小时也无大损伤，在毛纺厂中，常用稀酸洗毛，以除去夹杂在羊毛中的细小物质。有机酸对羊毛的作用更缓和，染整中常用醋酸和蚁酸作为助染剂。碱对羊毛作用比较剧烈，碱的作用使盐式键断开，多缩氨酸链缩短，胱氨酸发生水解。随着碱的浓度增加，温度升高，处理时间延长，羊毛损伤程度加剧。氧化剂主要用于羊毛的漂白，也会使胱氨酸分解，使羊毛性质发生变化。卤素对羊毛作用，会使其缩绒性降低，并增加染色速度。

8）羊毛的生物性能。羊毛易受虫蛀，也易霉变、发黄而使强力下降，进而被破坏，所以保管须特别小心。

2.4.3.2 其他种类的动物毛

1）山羊绒（Cashmere）

山羊绒是从山羊身上梳取下来的绒毛，其中以开司米山羊所产的绒毛质量最好。这种羊原生长在西藏一带的高原地区，现逐渐向四方传播繁殖。山羊为了适应气候的变化，全身长有粗长的外层毛被和细软的绒毛，以防风雪严寒。绒毛纤维由鳞片层和皮质层组成，没有髓质层，平均长30～40 mm，平均直径为15～16 μm。山羊绒的强伸度、弹性变形比绵羊毛好，具有细、轻、柔软、保暖性好等优良特性。既可作粗纺高级服装原料，也可作精纺高级服装原料。山羊的粗毛纤维有髓质层，只能制作低级粗纺产品、制毡原料及服装衬料。

2）马海毛（mohair）

马海毛就是安哥拉山羊毛，原产土耳其的安哥拉省。南非、土耳其和美国为马海毛的三大产地。马海毛是异质毛，夹有髓毛和死毛，所夹的比例，随羊种好坏而异，好的仅1%左右，差的可达20%以上。马海毛直径为10～90 μm，长约120～150 mm，鳞片平阔，紧贴于毛干，很少重叠，使纤维表面光滑，光泽也强。马海毛的皮质层内几乎都由正皮质细胞所组成，纤维很少卷曲，纤维强度较高，回弹性也高，不易收缩，也难成毡。容易洗涤，适于作提花毛毯、长毛绒、顺毛大衣呢。

3）兔毛

有普通兔毛和安哥拉兔毛两种。有绒毛和粗毛，绒毛直径在5～30 μm，多数在10～15 μm，粗毛直径为30～100 μm。长度最小为10 mm，最长可达115 mm，多数在25～45 mm之间。兔毛无论是绒毛还是粗毛，都有髓质层，绒毛的毛髓呈单列断续状或窄块状，粗毛的毛髓层较宽，呈多列块状。在兔毛中，以安哥拉兔毛质量最好。兔毛的横截面，绒毛呈非圆形或不规则四边形，粗毛为腰子形或椭圆形。兔毛比重较小，约为1.10，绒毛呈波形卷曲，吸湿性比其他纤维都高，纤维细而蓬松。轻、软、暖、吸湿性好是兔毛的特点。但兔毛抱合力差，强度较低，所以单独纺纱有一定困难，多和羊毛或其他纤维混纺作针织品。

4）骆驼绒（Camel hair）

骆驼有单峰驼和双峰驼两种，双峰驼毛的品质较好，单峰驼毛没有纺纱价值。我国骆驼毛多产于内蒙、新疆、甘肃、青海、宁夏等地，是世界上最大的驼绒产地之一。毛的质量以宁夏回族自治区较好，骆驼毛被中有细毛和粗毛纤维，粗毛纤维构成外层保护毛被，通称驼毛。细短纤维构成内层保暖毛被，通称驼绒。骆驼绒主要由鳞片层和皮质层组成，有的纤维也有呈细窄条连续分布的髓质层，驼毛髓质层较细，且为不间断裂。驼绒的强度大，光泽好，御寒保温性能很好。

5）牦牛毛

牦牛毛毛被由粗毛和绒毛组成，我国西藏、青海、四川、甘肃等地大量饲养牦牛，约占世界总头数85%以上。牦牛绒很细，平均直径约为20 μm，长约30 mm。鳞片呈环状，鳞片边缘整齐，紧贴于毛干，光泽柔和。牦牛毛略有毛髓，平均直径约70 μm，长约110 mm，外形平直，表面光滑，刚韧而有光泽。牦牛绒手感柔软、滑腻，可与羊毛、化纤、绢丝等混纺作精纺呢绒原料。牦牛毛可作衬垫织物、帐篷及毛毡等用。

6）羊驼毛

羊驼属骆驼科，主要产自秘鲁。羊驼毛为粗细毛混在一起，粗毛长达200 mm，细毛50 mm左右。比马海毛更为柔软而富有光泽，手感特别滑糯，毛的鳞片紧密贴附在毛干上，羊驼毛多用于冬季服装、衣服里料等。

2.4.4 蚕丝

蚕丝是高级的纺织原料，有较高的强伸度，纤维细长，柔软（脱胶后），平滑，富有弹性，光泽好，吸湿性好。采用不同组织结构，可使丝织物轻薄似纱，也可厚实丰满。根据蚕的品种，有桑蚕丝、柞蚕丝、蓖麻蚕丝、木薯蚕丝等。现以产量最多的桑蚕丝进行介绍。

2.4.4.1 桑蚕丝

1）桑蚕丝的获取

桑蚕丝是由蚕为保护蛹体而营结的茧所缫取。蚕卵先孵化成蚁蚕，再经四次脱皮成为五龄蚕，五龄蚕成熟并分泌蚕丝营茧，如此循环成为蚕的一生，如图2-22 所示。

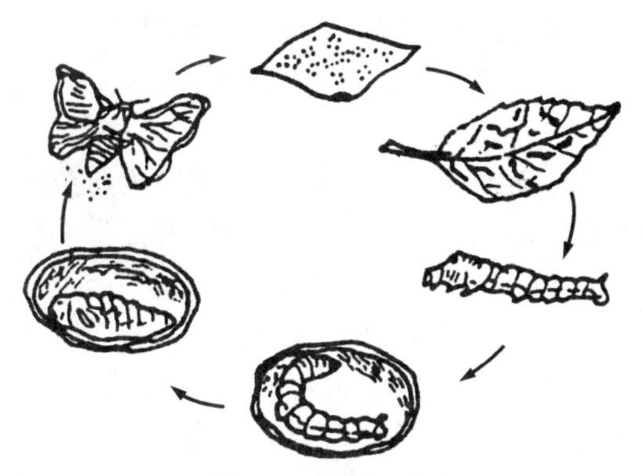

图 2-22　蚕的一生

成熟蚕体内有一对绢丝腺，如图 2-23 所示，绢丝腺成熟后分泌蚕丝为蛹营茧，茧层为连续的“S”形或“8”字形依次重叠而成，如图 2-24 所示，一个茧内约有 800 ~ 1 500 m的蚕丝，长的可达1 200 m左右。

通常把一个茧内抽取的丝称为茧丝，由几个茧一起抽得的称为生丝，生丝才是丝绸产品的原料。

图 2-23　蚕的绢丝腺

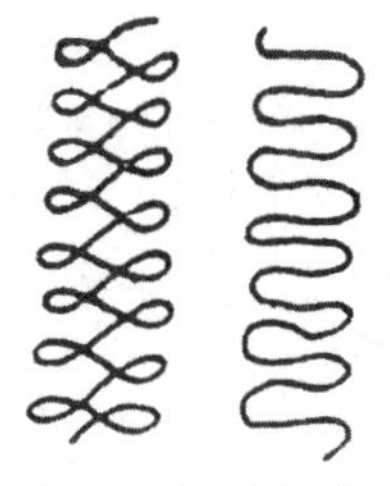
图 2-24　茧层丝纤维形状

2）桑蚕丝的成分和构造

蚕丝的成分也和羊毛一样，是由 α 氨基酸组成的蛋白质构成，由图 2-25 可见，其中 1 为该蚕丝，2 为丝胶，3 为丝素，4 为原纤束，5 为微原纤，6 为茧丝的蛋白质大分子的曲折链（蛋白质分子基本上是曲折链状的）。许多根链状的蛋白质分子聚集成一根单丝，两根单丝组成一根茧丝。由图 2-25 也可见每根茧丝是由两根基本平行的单丝所组成，中心是丝素，外围是丝胶，丝胶能溶于一定温度热水，丝素却不溶于水。茧丝横截面呈椭圆形，椭圆度与茧丝在茧层内所处层数有关，自外到内，茧丝渐趋扁平。茧丝内单丝的截面呈半椭圆形或略成圆角的三角形，三角形的高度，也自外到内渐趋降低。茧丝纵向呈不平滑的树干状，粗细不匀，还有各种颣节，在显微镜下可看到内有两条透明的丝素和不透明的丝胶。包覆着的丝胶按在热水内的溶解度不同，可分为四层，愈在外面的丝胶溶解性能愈好，愈在内部，溶解性能愈差，甚至很难溶解。

生丝的横截面结构是不均一的，没有特定的形状，有近似三角形、四角形、多边形、椭圆形和不规则的圆形等。据测定，大部分是椭圆形，生丝的纵向结构与茧丝相似，只是经过煮茧、缫丝等工艺，促使丝胶分布均匀，又由于茧丝的并合作用，生丝比茧丝更光滑均匀。茧丝沿着生丝长度方向的排列情况，比短纤维纺成纱的形态要简单得多。因为缫成一根生丝的茧粒少，茧丝又长，加上丝胶的作用，茧丝一经粘合，位置就被固定下来。茧丝在生丝中排列呈不规则的圆锥螺旋线排列，而且有轻微的曲折状。

3）桑蚕丝的性能

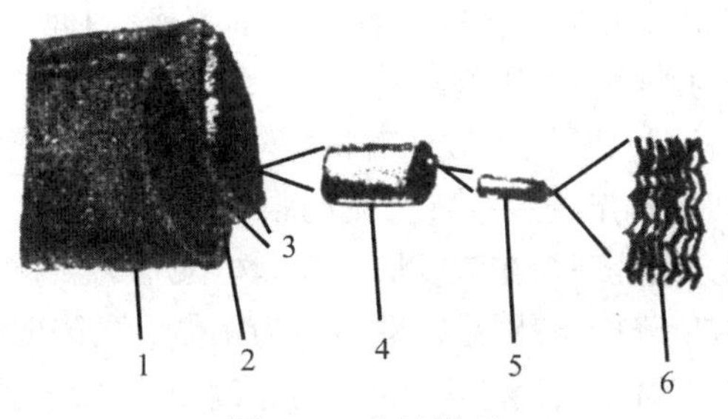

图2-25　茧丝模型

① 吸湿性:生丝的吸湿性能较好,在标准大气条件下,回潮率可达11%左右,而不使人感到潮湿。丝素不溶于水,但能吸收一定量的水而产生体积膨胀,丝胶的吸湿性比丝素好,且能部分溶解在热水中,这是因为丝胶含有较多的亲水性基团,加之结构不紧密,孔隙多,水分子易进入。

② 机械性质:生丝强力较高,约为3.0~3.5 N/dtex。断裂伸长率可达15%~25%。一般生丝的强力比茧丝强力高,高纤度生丝强力又比低纤度强力高。因此生丝强力不仅决定于丝素,而且还与丝胶含量有关。

生丝吸湿后,由于水分子的进入,减弱了分子间的作用力,所以强力有下降趋势,伸长却要增加。

生丝依靠丝胶把几根茧丝黏合在一起,产生一定的抱合力,使丝条在加工过程中能承受各种摩擦,抱合不良的生丝,受到机械摩擦时,易引起纤维分裂、起毛、断头等,给生产带来困难,也给产品外观带来不良影响。

③ 光学性能:蚕丝以其优雅美丽的光泽驰名世界,丝的光泽是丝反射光所引起的感觉。茧丝具有多层丝胶、丝素的层状结构,光线射入后,经过多层反射,反射光互相干涉,因而产生柔和的光泽。所以生丝的光泽和生丝的截面状态、表面形态、所含茧丝数等有关。

茧丝还有各种颜色,这些色素大多存在于丝胶内,不同颜色不仅反映了不同的蚕种,也在一定程度上反映蚕丝的内在质量。

蚕丝的耐光性较差,在日光照射下,蚕丝容易泛黄,又易使其强度下降。这须在加工和使用中注意。

④ 化学性质:蚕丝纤维的分子结构中,既含有酸性基团(—COOH),又含有碱性基团($—NH_2$),呈两性性质,而其中酸性氨基酸含量大于碱性氨基酸含量,因此,蚕丝纤维的酸性大于碱性,是一种弱酸性物质。

酸和碱都会使蚕丝纤维水解,水解的程度与溶液的pH值、溶液的浓度、处理的温度和时间有很大关系。丝胶结构比丝素疏松，因此水解的程度比较剧烈，抵抗酸、碱和酶的水解能力比丝素弱。

酸对丝素作用较弱。弱无机酸和有机酸对丝素作用较稳定。用有机酸处理丝织物，可增加其光泽，改善手感（丝绸的强伸度稍有降低）。在丝绸精炼和染整工艺中常用此方法处理。在浓度低的强无机酸中加热，丝的光泽和手感均受到损害，强伸度有所降低，特别是贮藏后更为明显。高浓度的无机酸，如浓硫酸、浓盐酸、浓硝酸等的作用，使丝素急剧膨胀溶解成淡黄色黏稠物。如在浓酸中浸渍极短时间，立即用水冲洗，丝素可收缩30%～40%，这种现象称为酸缩。能用于丝织物的缩皱处理。

碱可使丝素膨胀溶解，它对丝素的水解作用，主要取决于碱的种类、电解质总浓度、溶液的pH值及温度等。苛性钠等强碱对丝素的破坏最为严重，即使在稀溶液中，也能侵蚀丝素。碳酸钠、硅酸钠等的作用，较为缓和，一般在进行丝的精炼时，多选用碳酸钠。

在中性盐类的稀溶液内，丝素立即膨润。在某些盐内，如锂（Li）、锶（Sr）、钡（Ba）的氯化物、溴化物、碘化物、硫氰酸盐和氯化锌的浓溶液内能无限膨润为黏稠溶液。

丝素对氧化剂的作用较为敏感。丝素中的酪氨酸、色氨酸与氧化剂或大气中的紫外线作用，生成有色物质，使蚕丝泛黄。含氯的氧化剂与丝素作用，能使丝素发生氧化裂解，而且还能发生氯化作用，使肽键断裂，丝素聚合度下降，强伸度降低，以致失去使用价值。因此蚕丝织物的漂白剂多用过氧化氢、过氧化钠、酸性较稀的过硼酸钾溶液。

2.4.4.2 柞蚕丝

柞蚕所结的茧为柞蚕茧。柞蚕茧缫得的丝条称为柞蚕丝。柞蚕为人工放养在野外柞树（栎树）的一种野蚕。柞蚕茧外形呈椭圆形，两端略尖，且带有茧柄（茧蒂）。与桑蚕茧相似，由茧衣、茧层、蛹体和蜕皮所组成。缫丝厂主要利用茧层。柞蚕茧层含84%～85%的丝素，含12.10%～12.06%的丝胶，还有3%～5%的非蛋白物质，这些非蛋白物质与丝胶合成难溶物，严重妨碍水对茧层的渗透，也使丝胶难以在水中膨润和溶解，造成柞蚕茧解舒困难。因此在柞蚕茧加工时，必须使用多种化学药剂煮漂茧，这些化学药剂的使用，使柞蚕丝性能受到一定的影响。

柞蚕丝与生丝一样，由数根茧丝相互并合，靠丝胶黏合而成。由于柞蚕茧丝扁平，见图2-26，加上缫丝过程中张力、摩擦力较大，所以柞蚕丝大多呈扁平带状。如 38.9 dtex 柞蚕丝的长径为 100 ~ 150 μm，短径为 40 ~ 60 μm。柞蚕丝具有天然的淡黄色，吸湿后再干燥产生 2.5% 的收缩，常温下稍有卷曲（约 4%）。化学性能也较桑蚕丝为稳定，对强酸强碱的盐类的抵抗力较强。如用浓硝酸在常温下浸渍半小时，损失率仅为 14.3%；用 10% 氢氧化钠溶液浸渍 50 分钟后方溶解。

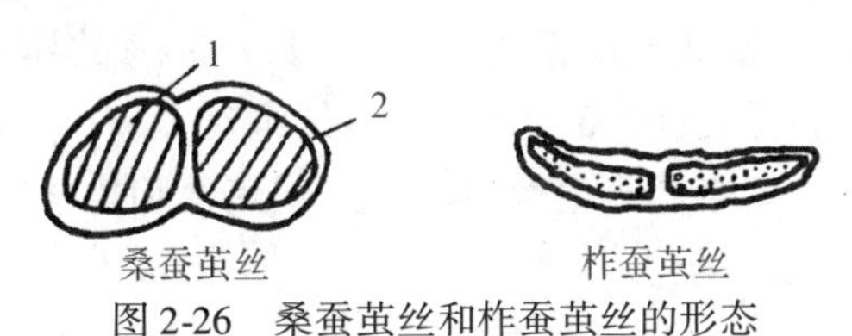

图 2-26 桑蚕茧丝和柞蚕茧丝的形态

柞蚕丝具有天然的淡黄色，光泽柔和，有良好的吸湿透气性能，可织造各种组织的厚、中、薄型柞丝绸，制作男女西装、套装、衬衫、妇女衣裙，织制装饰品如贴墙布、窗帘、头纱、台布、床罩、沙发套等，尤为雅致。还可做耐酸工作服，带电作业的均压服等。

2.4.4.3 蓖麻蚕丝

蓖麻蚕是一种野蚕，可食蓖麻叶，也食木薯叶、鹤木叶等，是一种适应性很强的多食性蚕。蓖麻蚕所结之茧，两端尖细，形如枣核，尾部封闭，头部有一出蛾小孔，茧衣较厚，茧层松软，一般不能缫丝，常用为绢纺原料。

蓖麻蚕茧丝断面形状类似桑丝，但较扁平，茧丝较细，纤度约为 1.7 ~ 3.3 dtex，强度低于桑蚕丝，断裂伸长率相近。耐酸性与桑蚕丝接近，但耐碱性略强于桑蚕丝。

2.4.4.4 绢丝

以养蚕、制丝、丝织生产中产生的疵茧、废丝加工成的短纤维纱线就是绢丝。这种工艺，称为绢纺工艺。天然丝纤维细长、柔软、富有光泽、吸湿性好，可以纺制高级绢丝，织造轻薄的绢纺绸，是高级的衣着用料。也可与化学纤维、生丝或毛纱等交织成外观优美、穿着舒适的织物，是服装工业中较高级的面料。现还利用绢纺工艺，生产丝麻、丝毛混纺制品，获得较满意的产品，为服装工业提供了新材料。

由于绢丝生产所用的原料极为低级，所以欲制成高级绢丝，必须经过精炼（包括原料选择、脱胶、水洗、脱水、烘干），以除去原料中的丝胶和油脂杂质，使纤维洁白柔软，呈现出丝素应有的光泽和手感。然后经过制绵（包括精干绵给湿、配合称重、开绵、切绵、梳棉、排绵），目的在于把长而缠结的精干绵制成有一定长度范围的,又适于纺丝的精绵。制绵车间的制品为具有一定长度,一定宽度,排列较为平行伸直,剔除了杂质、绵结的精绵片。最后进入纺纱(包括精绵配合、延展、制条、并条、延绞、粗纱、细纱、并丝、捻丝、整丝和烧毛等)。纺制成的绢丝特数随所用原料品种而异。桑蚕茧丝细度细,色泽白净,可纺高支(37 ~62.5 dtex),中支(62.5 ~100 dtex)和其他特数的绢丝。柞蚕茧丝较粗,色泽略黄,只能纺制中低支(83.3 ~147 dtex)的柞绢丝。蓖麻蚕茧丝细度也较粗,可纺中低支(62.5 ~143 dtex)的绢丝。

绢丝的强度、伸长率略低于生丝,吸湿性、耐热性和化学性能与生丝接近,光泽和染色性也不同于生丝。

2.4.5 黏胶纤维(Viscose fibre)

2.4.5.1 黏胶纤维的制造和分类

黏胶纤维是化学纤维的一个主要品种。不论何种化学纤维,在生产中都是先制成黏稠的纺丝液,然后使用图 2-27[5]中所示的三种纺丝方法即湿纺、干纺和熔融纺,黏胶纤维是由天然纤维素(棉短绒、木材、芦苇等)经碱化,生成碱纤维素,再与二硫化碳作用生成纤维素黄酸酯,溶解于稀碱液内,获得黏稠溶液——黏胶纺丝液,黏胶经湿法纺丝和一系列处理工序加工后成为黏胶纤维。

根据黏胶纤维的制造工艺、纤维结构和性能的不同,可分成如下一些品种:

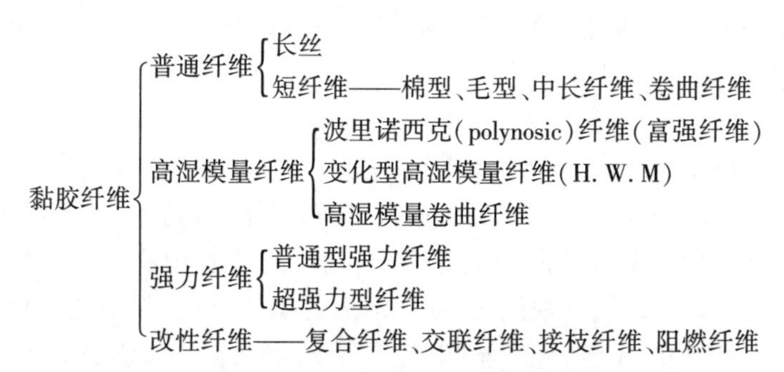

2.4.5.2 黏胶纤维的成分和结构

黏胶纤维的基本成分是纤维素。天然纤维的聚合度高达数千,甚至超过1万,黏胶纤维的聚合度仅几百。普通黏胶纤维的结晶度和取向度较低,横截面呈锯齿形,有明显不均匀的皮芯结构,皮层较薄,如图 2-28 所示。皮层大分子的取向度较高,结晶区颗粒较小,结晶度较低;芯层大分子取向度较低,结晶

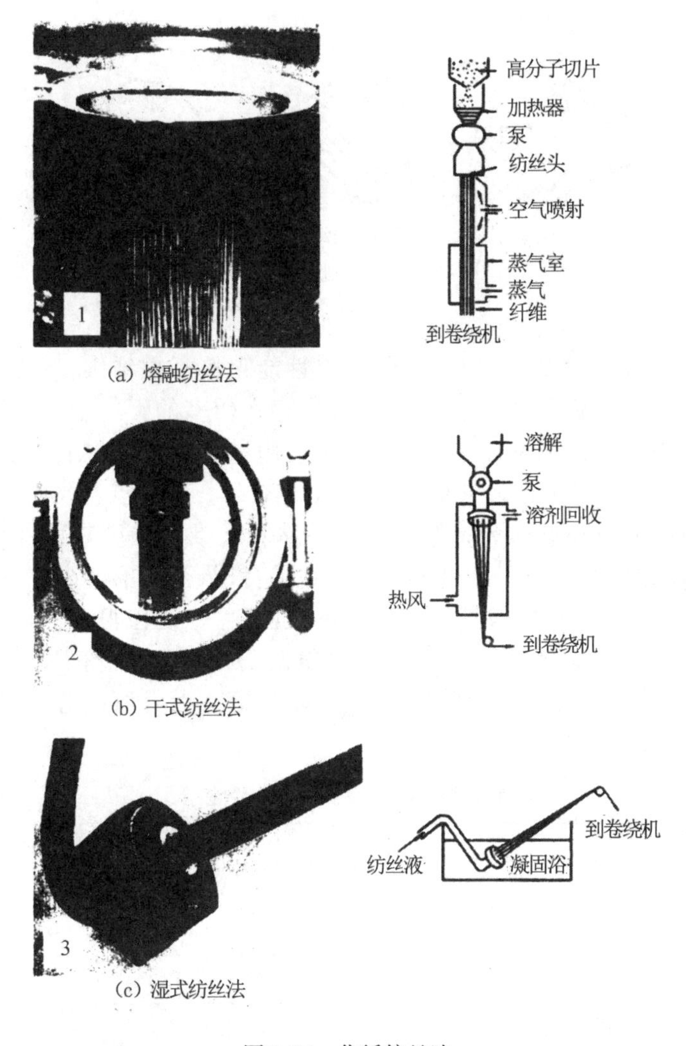

图 2-27　化纤纺丝法

区颗粒较大,结晶度较高。利用特殊的纺丝工艺,可获得全皮层的强力黏胶纤维,其截面均匀,轮廓圆滑,有微细而均匀的微晶结构,取向度适中。改变纺丝工艺,也可得到全芯层的波里诺西克纤维,它具有较高的结晶度,较大的晶区尺寸和较高的取向度,如图 2-28 所示。永久卷曲黏胶纤维的横截面形状不对称,皮层厚度分布不均匀,在横截面各部分存在着大小不等的内应力,使纤维在纵向形成永久的卷曲外形。

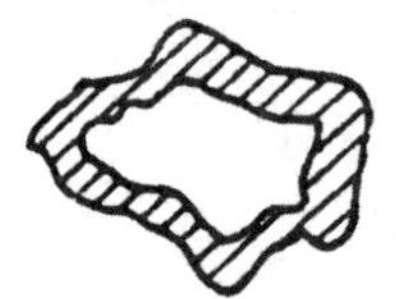
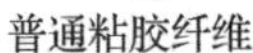

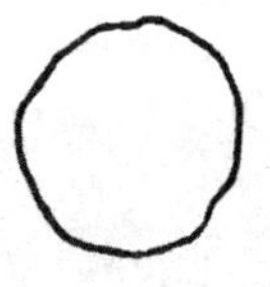

图 2-28 各种黏胶纤维截面

2.4.5.3 黏胶纤维的性能

黏胶纤维的化学组成与棉相同,所以性能也接近棉纤维。但由于黏胶纤维的聚合度、结晶度比棉纤维低,纤维中存在较多的无定型区,所以黏胶纤维吸湿性能比棉纤维好,也较易于染色。用黏胶纤维制织的织物具有较好的舒适性,所染颜色也较为鲜艳,色牢度也较好。从这点看黏胶纤维适于做内衣,也适于做外衣和装饰织物。普通黏胶纤维的强度较低,湿强度更低,仅干强的40% ~60%;弹性回复能力也差,纤维不耐磨,湿态下的弹性、耐磨性更差,所以普通黏胶纤维不耐水洗,且尺寸稳定性很差,断裂伸长约为10% ~30%,湿态时伸长更大,湿模量很低,利用特殊纺丝工艺纺制的强力黏胶纤维和波里诺西克纤维在强度、耐水性等方面有所改善。现把几种黏胶纤维的力学性能列于表 2-13。

表 2-13 黏胶纤维的力学性能

性　　能	普通黏胶纤维	强力丝	变化型 H. W. M	波里诺克西
强度(cN/dtex)	1.8 ~2.6	3.6 ~4.4	3.1 ~5.3	3.1 ~5.7
伸长(%)	10 ~30	15 ~25	8 ~18	6 ~12
湿强度(cN/dtex)	0.9 ~1.9	2.6 ~3.1	2.2 ~4.0	2.4 ~4.0
模量(cN/dtex)	52.8 ~79.2	35.2 ~79.2	70.4 ~96.8	105.6 ~158.4
湿模量(cN/dtex)	2.6 ~3.5	2.6 ~4.4	8.8 ~22	17.6 ~61.6
勾强(cN/dtex)	0.3 ~0.9	1.3 以上	0.6 ~2.6	0.6 ~1.1

普通黏胶纤维一般作衣料、被面和装饰织物。经改性了的波里诺西克性能较为理想(弹性恢复率高,尺寸稳定性好),比普通黏胶纤维更适宜做衣料。强力黏胶纤维大多用作工业用织物,如轮胎帘子线、传送带、三角皮带和绳索

等。改性的黏胶纤维具有多种用途，有的可做高档服装面料，有的可作医用缝线和止血纤维，还有的可用于航天工业。

2.4.6 醋酯纤维(Cellulose acetate fibre)

纤维素与醋酐发生反应，生成纤维素醋酸酯，经纺丝而成纤维，常简称醋酯纤维。醋酯纤维是人造纤维的一大品种，按醋酯化程度不同，分为二醋酯和三醋酯两类。二醋酯纤维的酯化程度低，能溶解于丙酮；三醋酯纤维的酯化程度高，不溶于丙酮，但能溶于三氯甲烷或二氯甲烷。

醋酯纤维化学组成和结构已起了变化，不同于纤维素，所以性能与纤维素纤维差异较大。二醋酯纤维的强度为 1.1 ~ 1.2 cN/dtex，伸长率为 25% ~ 45%，在标准大气条件下回潮率仅 4.5%，醋酯纤维具有热塑性，二醋酯纤维在 200 ~ 230℃时软化，260℃时熔融并分解。三醋酯纤维的熔点较高，达 290 ~ 300℃。醋酯纤维的模量为 28.2 ~ 29 cN/dtex，所以较为柔软，易变形；在低延伸度时(4% 以下)有较高的弹性恢复率；但醋酯纤维的耐磨性较差，这是它的弱点。与黏胶纤维相比，醋酯纤维强度低，吸湿性差，染色性也较差，但在手感、弹性、光泽和保暖性方面的性能优于黏胶纤维，一定程度上有蚕丝的效应。

醋酯纤维适于制作内衣、儿童服装、妇女服装和装饰织物，短纤维用于同棉、毛或其他合成纤维混纺，醋酯纤维还用于纸烟过滤嘴，中空醋酯纤维具有透析功能，常用于制造人工肾和化学工业净化及分离器等。

2.4.7 铜氨纤维(Cuprammonium rayon)

铜氨纤维是把纤维素溶解于铜氨溶液中，制得铜氨纺丝液，从喷丝孔喷出，先经急流水高倍抽伸(抽伸倍数约 300 倍)，后进稀酸浴(常用 5% 的 H_2SO_4)还原成铜氨纤维。铜氨纤维的性能比黏胶纤维优良，它可以制成非常细的纤维，为制作高级丝织品提供条件。但由于受原料的限制(铜和铵)，所以生产也受到一定的限制。

铜氨纤维在制造过程中，纤维素的破坏比黏胶少得多，所以聚合度比黏胶高，达 450 ~ 550。铜氨纤维截面呈现结构均匀的圆形，无皮芯结构，单纤维细度可达 0.4 ~ 1.3 dtex，所以铜氨丝织物手感柔软，光泽柔和有真丝感。铜氨纤维的强力约为 2.6 ~ 3.0 cN/dtex，湿强为干强的 65% ~ 70%，耐磨性和耐疲劳性比黏胶纤维好。标准大气条件下，回潮率为 12% ~ 13%，与黏胶纤维接近，由于它没有皮层，所以吸水量比黏胶纤维高 20% 左右，染色性也较好，上染率高，上色也较快，但要防止产生色花。

2.4.8 Tencel 纤维、莫代尔纤维、竹纤维

Tencel 纤维是 20 世纪末出的纤维素纤维。19 世纪出现铜氨纤维，20 世纪初出现黏胶纤维，但由于黏胶纤维对环境污染大、流程长，劳力及投资成本相对较高，20 世纪以来开发一条比黏胶纤维生产更可取的纤维素纤维的技术路线，成了广大化纤技术人员的主攻课题。20 世纪末终于出现了溶剂法纺纤维素纤维的新技术即 NMMO。这种纤维已有多种商标如 Lyocell、Tencel、Newcel、Alceru，有代表性的是奥地利 Lanzing-li 的 Lyocell 和英国 Courtaulds 公司的 Tencel，其中 Lyoell 纤维已经国际人造丝及合成纤维标准化局（BISFA）认可归类于纤维素纤维。这种纤维干强明显高于一般的黏胶纤维，略低于涤纶纤维，湿强比黏胶纤维有了明显的提高，在湿润状态下，仍保持 85% 的干强（湿润时的强力仍明显高于棉纤维）；它具有非常高的刚性；良好的水洗尺寸稳定性（缩水率仅为 2%）；并具有较高的吸湿性（标准回潮率黏胶为 13%，棉为 8%，该纤维为 11.5%）；湿模量约高于黏胶纤维 5 倍，高于棉纤维 2 倍，且略高于涤纶。虽然强度略逊于涤纶，但穿着舒适性远优于涤纶。同时该纤维横截面为圆形或椭圆形，光泽优美，手感柔软，悬垂性好，飘逸性好。目前该纤维的价格比普通黏胶纤维高 25%。估计 21 世纪有较大的发展，可望成为高档纺织品的理想原料。

莫代尔纤维（Modal）是奥地利兰精公司用山毛榉木浆粕开发成功的一种木浆纤维，这种纤维的生产过程和浆粕生产过程对环境均无大量污染，故而被认为是一种新型的绿色纤维。莫代尔纤维具有"棉的柔软、丝的光泽、麻的滑爽"，又有较好的吸湿性，又可用纤维素纤维的染料，在欧洲应用很广，也很受欢迎，应用前景也很好。目前常用来和其他纤维混纺制作服装面料。

竹纤维也是纤维素纤维。竹纤维可以分为三类：原生竹纤维、再生竹纤维和竹炭纤维。原生竹纤维是以物理机械方法从竹子中提取的竹纤维，也称竹原纤维；再生竹纤维是将天然竹子经化学处理，采用类似于黏胶纤维的生产工艺的竹纤维，称竹浆纤维；竹炭纤维是取材毛竹为原料，采用了纯氧高温及氮气阻隔延时的煅烧新工艺和新技术，使得竹炭更具有的微孔微细化和蜂窝化，然后再与具有蜂窝状微孔结构趋势的聚酯改性切片熔融纺丝而制成。

原生竹纤维，它具有优异的抗菌性能、紫外功能、好染色性和可生物降解性。夏季干爽舒适性好，热稳定性好，结构上属结晶度高、大分子排列紧密的典型的纤维素型结晶。原生竹纤维的多孔隙网状结构以及表面有无数微细凹槽，使其具有很好的吸湿性和透气性。在标准温湿度状态下测试，天然竹纤维

的回潮率为7.03%，纤维直径在28μm左右，线密度约为6dtex，适合纯纺中、粗支纱；纤维的强度较高，弹性小，纤维弯曲度小，抱合力稍差。

再生竹纤维，由于它在纺丝过程中性能损伤大，强力低，结晶度低，大分子排列较稀疏，回潮率高，属于与普通黏胶纤维相似的再生纤维素纤维。由于再生竹纤维的长度在纺丝中可长可短，所以可在棉纺、毛纺、麻纺或绢纺设备上进行纯纺或与其他纤维混纺，制成所需性能的纱线。

竹炭纤维，它具有很强的吸附分解能力，具有吸湿干燥、消臭抗菌等性能。

我国是竹子资源丰富的国家，竹子种类、面积、产量均居世界之首，被誉为"竹子王国"。竹类资源种植广泛，生长快，成材早，再生能力强，能自然生物降解，生产无污染，又有较好的服用性能，竹纤维必将更多进入到我们的服装材料领域，成为21世纪的绿色环保的服装材料。

2.4.9 锦纶——聚酰胺纤维(Polyamide fibre)

用主链上含有酰胺键($-\overset{\overset{\displaystyle O}{\|}}{C}-\overset{\overset{\displaystyle H}{|}}{N}-$)的高分子聚合物纺制的合成纤维。聚酰胺纤维种类很多，常用的是脂肪族聚酰胺纤维，它又有两大类，一类是$\left[NH(CH_2)_xCO\right]_n$，根据单元结构中碳原子数 $(x+1)$ 来命名，如聚酰胺6是$\left[NH(CH_2)_5CO\right]_n$；另一类是由二元胺和二元酸缩聚而成，大分子通式为$\left[NH(CH_2)_xNHCO(CH_2)_yCO\right]_n$，按二元胺和二元酸中碳原子数$(x)$和$(y+2)$来命名，如聚酰胺66即$x=6$，$y=4$。

锦纶纤维是用熔融纺丝法制成的，它有近似圆形的截面，均匀、光滑无特殊结构的纵向，如果是异形丝，截面形状由喷丝孔决定。锦纶的结晶度较高，达50%～60%，甚至到70%。

锦纶的比重较小，为1.14，除丙纶、乙纶外，在纺织纤维中，锦纶是较轻的，它的长丝适宜于做轻薄的丝织物原料。锦纶纤维的强度在合成纤维中是最高的，标准状态下，锦纶纤维的强度、伸长度和初始模量数值列于表2-14。

锦纶的弹性模量较低，在小负荷下容易变形，所以锦纶所制服装容易变形，这是锦纶纤维的一大缺点。锦纶纤维的弹性回复能力很强，伸长4%时，能100%的回复，除氨纶外，在所有纤维中居首位，锦纶的耐磨性在所有纤维中也占首位，比棉高10倍，耐疲劳的能力也很好。锦纶的吸湿性在合成纤维内可算较好，但差于天然纤维。锦纶的耐光性和耐热性较差，这是锦纶的第二大缺点，现常在聚合物内添加耐光剂和热稳定剂来改善其耐光性和耐热性。锦纶6的熔点为215～220℃，软化点为180℃；锦纶66的熔点为250～260℃，软化点是220℃。锦纶纤维遇火收缩、熔融，然后燃烧，灰烬呈硬的焦茶色珠状。

表2-14　锦纶纤维的力学性能

纤　维	强　度（cN/dtex）	伸长度（%）	干湿强度比（%）	初始模量（cN/dtex）
锦纶6普通丝	4.2～5.6	28～42	80～90	17.6～39.6
锦纶6强力丝	5.6～8.4	16～25	80～90	23.8～44.0
锦纶66普通丝	4.0	25～40	80～90	4.4～21.1
锦纶66强力丝	6.2～8.1	16～25	80～90	18.5～51.0
锦纶66短纤维	3.5～4.1	38～42	80～90	8.8～39.6

锦纶耐碱不耐酸，在95℃下，用10%的氢氧化钠处理16小时，强度损失可忽略不计。但对各种浓酸（HCl，H_2SO_4，HNO_3）及热的甲酸的抵抗力极差，在酸中，酰胺键水解使大分子链破坏而溶解。

锦纶纤维的用途很广，长丝可以做袜子、内衣、运动衫、滑雪衫、雨衣等，短纤维与棉、毛及黏胶混纺后，使混纺织物具有良好的耐磨性和强度。锦纶纤维还可用作尼龙搭扣、地毯、装饰布等；工业上主要用来制造帘子布、传送带、鱼网、篷帆等。

2.4.10　涤纶——聚酯纤维（Polyester fibre）

由有机二元酸和二元醇缩聚而成的聚酯经纺丝所得的合成纤维。工业化大量生产的聚酯纤维是聚对苯二甲酸乙二醇酯制成的，中国商品名称为涤纶。目前为合成纤维中产量最高的第一大品种。

涤纶是用熔融纺丝，在后加工工艺中，要进行热抽伸，提高纤维的取向度。涤纶纤维的结晶度较高，可达60%左右，加上涤纶分子间作用力较大，所以涤纶的强度较高。涤纶纤维的横截面为近似圆形，纵向表面较光滑，无特殊结构。

涤纶纤维比重为1.38；238～240℃为软化点，255～260℃为熔点，安全熨烫温度为135℃。涤纶纤维与其他合成纤维一样，受热后有可塑性，但热加工温度必须在玻璃化温度以上，软化点以下。涤纶的吸湿性能很差，标准大气下回潮率仅0.4%左右，做内衣穿时，有闷热感。吸湿后，强度和伸长无多大变化。涤纶的强度较高，模量也高，弹性恢复率大，如表2-15所示。涤纶纤维所织制的织物不易起皱，尺寸稳定性好，且易洗快干。涤纶纤维耐热性、耐光性都很好，涤纶纤维接近火焰收缩熔融，然后燃烧，离开火焰后仍能燃烧，灰烬呈硬的黑球。所以穿着涤纶纤维不能接近火种，否则会引起严重的灼伤事故。涤纶纤维易产生静电，使织物易吸灰，易起球，易脏。涤纶纤维耐酸性能较好，在98%的甲酸溶液内，80%的硫酸溶液内都较稳定，但耐碱性较差，随碱的浓度和温度增加破坏性也增大。涤纶纤维遭强碱作用，从纤维外侧同心地向芯层溶解，但残余部分纤维的强度和染色性保持不变，目前，常用的涤纶的碱减量处理，即利用此原理。

表 2-15 涤纶纤维的力学性质

纤维种类	强 度（cN/dtex）	伸长度（%）	初始模量（cN/dtex）	弹性恢复率（伸长度3%时）（%）
普通长丝	3.8～5.3	20～32	79.2～140.8	95～100
高强长丝	5.5～7.9	7～17	79.2～140.8	95～100
普通短纤维	4.2～5.7	35～50	22～44	90～95

涤纶纤维具有许多优良的服用性能，故用途广泛，可以纯纺织造，也可以与棉、毛、丝、麻等天然纤维和其他化学纤维混纺交织，可制成花色繁多、坚牢挺括、易洗快干、免烫和洗可穿性能良好的仿毛、仿棉、仿丝、仿麻织物。涤纶织物适用于男女衬衫、外衣、儿童衣着、室内装饰织物和地毯等。由于涤纶具有良好的弹性和蓬松性，也可用涤纶制作絮棉。用涤纶制作的无纺织布可用于室内装饰物、地毯底布、医药工业用布及服装用衬里等。高强度涤纶可用作轮胎帘子线、运输带、消防水管、缆绳、鱼网等，也可作电绝缘材料、耐酸过滤布和造纸毛毯等。但涤纶纤维吸湿性差，作夏季服装有闷热感，使人感到不舒适，现正在进一步研究，对涤纶纤维进行化学改性和物理变形，以改善涤纶纤维的吸湿、抗玷污、抗起球、耐燃烧和染色性能。

在20世纪90年代用玉米为原料，开发了两种新品聚酯纤维，即聚乳酸纤维（PLA）和聚对苯二甲酸丙二酯纤维（PTT）。PLA纤维是用玉米淀粉发酵形成的乳酸为原料，经脱水反应制成的聚乳酸溶液纺丝而成的合成纤维。因为这种纤维不使用石油等原料，又能用生物降解，它使用以后的废弃物埋在土中或水中，可在微生物的分解下生成碳酸气和水，它们在阳光的作用下，通过光合作用又会生成原料淀粉。这个循环过程既能得到PLA的原料淀粉，又借助光合作用减少了空气中二氧化碳的含量。PLA纤维的化学结构属于脂肪族聚酯纤维，它有丝绸般的光泽，良好的肌肤触感，是21世纪纺织服装行业中具有良好推广前景的一种纤维。由日本钟纺公司生产的聚乳酸纤维，商品名为“Lactron”，现在已和棉、羊毛、黏胶混纺或混用制成衣料用织物，这些产品有优良的形态稳定性，光泽较涤纶更优良，对皮肤无刺激。

PTT 纤维弹性好，服用舒适，可低温染色，是传统聚酯（PET）纤维性能的一个补充，所以也是纺织服装行业对此具有极大兴趣的一个品种。

2.4.11 腈纶——聚丙烯腈纤维（Polyacrylonitrile fibre）

用 85% 以上的丙烯腈和 15% 以下的第二、第三单体共聚的高分子聚合物所纺制的合成纤维，称聚丙烯纤维，即腈纶纤维。如果丙烯腈含量在 35% ~ 85% 之间，而第二单体含量占 15% ~65%，这种纤维称为改性聚丙烯腈纤维。

腈纶纤维在工业生产方式中，有用湿法纺丝，所得纤维的截面形状基本上是近似圆形的；而在用干法纺丝时，纤维的截面形状为哑铃形（类似花生果形状），纵向呈轻微的条纹。腈纶纤维存在着空穴，空穴的大小和多少影响着纤维的比重、吸湿性、染色性和机械性能，而空穴的大小和多少，又随腈纶纤维的组成（所加入的第二、第三单位的品种和数量）和纺丝成形的条件不同而不同。缓慢的成形条件有利于减少和减小空穴，从而得到结构较均匀、机械性能较好的纤维。

腈纶纤维比重较小，在 1.14 ~1.17 之间，以 1.17 为多，在纺织纤维中属于较轻的纤维。吸湿性较差，在标准大气条件下，回潮率达 1.2% ~2.0%，即使相对湿度提高到 95%，回潮率也只能达 1.5% ~3.0%。腈纶纤维仅少量为长丝，绝大多数是短纤维。普通腈纶短纤维的强度为 2.1 ~3.3 cN/dtex，断裂伸长率为 26% ~44%。随着腈纶纤维生产工艺的改变，强度和伸长率也要改变。腈纶纤维的弹性回复率低于锦纶、涤纶和羊毛。特别要注意的是腈纶纤维在承受多次循环作用后，剩余变形较大，所以用腈纶制作的衣服的袖口、领口等处易变形。腈纶纤维的蓬松性很好，集合体的压缩弹性很高，为羊毛、锦纶纤维的 1.3 倍左右。腈纶的耐气候性，特别是耐日光性能很好。腈纶纤维的化学性能较为稳定，对浓盐酸、浓有机酸和中等浓度的硫酸、硝酸和磷酸有抵抗性，在浓硫酸、浓硝酸和浓磷酸中会被溶解破坏，耐碱能力较差，在热稀碱、冷浓碱中要变黄，热浓碱内立即被破坏。腈纶纤维主要用作毛线、针织物（纯纺或羊毛混纺）和机织物，特别适于室内装饰物，如窗帘等。

2.4.12 维纶——聚乙烯醇（缩甲醛）纤维（Polyvinyl alcohol fibre）

维纶属聚乙烯醇纤维，因其耐热水性差，常用缩醛化处理来提高它的耐热水性，所以现在工业生产的维纶实为聚乙烯醇缩醛化纤维。

维纶可以湿纺，也可以干纺。一般湿纺的维纶纤维截面呈腰圆形，有明显的皮芯结构，皮层结构紧密，结晶度和取向度高，芯层结构疏松，有很多空隙，结晶度和取向度低。改变纺丝工艺，可使其截面形状改变。干法纺维纶的截面形状随纺丝液浓度而变，浓度为30%截面呈哑铃形；浓度为40%的截面为圆形。

维纶纤维的性质与棉花很相似，有合成棉花之称。比重为1.26～1.30，比棉花小，强度与耐磨性能优于棉花，它与棉花的1∶1混纺织物比纯棉织物的耐用性高0.5～1倍。弹性与棉花相似。维纶纤维的力学性能详见表2-16，吸湿性较好，在标准大气条件下，回潮率4.5%～5%，在常用的合成纤维中吸湿性占首位。热传导系数较低，保暖性较好，耐腐蚀和耐日光性较好，也不易霉蛀，长期放置在海水中，或埋于地下，或长时间在日光下曝晒强度损失都不大。维纶耐酸耐碱性能较好，在50%苛性纳溶液中强度几乎不下降；在10%的盐酸中，或在30%的硫酸中，纤维强度无多大影响，但在浓盐酸、浓硫酸、浓硝酸中要膨润或分解，在一般的有机酸、醇、酯及石油等溶剂中不溶解。主要缺点是耐热水性差，在湿态110～115℃时，有明显的变形和收缩，在水中煮沸3～4小时，织物明显变形并发生部分溶解；弹性不好，织物易起皱；染色性也不好，色泽不鲜艳，这些因素限制了维纶的使用。

表2-16　维纶纤维力学性能

纤维品种	断裂强度(cN/dtex)	湿强度(%)	断裂伸长(%)	弹性恢复率(伸长3%时)(%)	初始模量(cN/dtex)
普通短纤	4.0～5.7	72～85	12～26	70～85	22～61.6
普通长丝	2.6～3.5	70～80	17～22	70～90	52.8～79.2
强力短纤	6.0～7.5	78～85	11～17	72～85	61.6～92.4
强力长丝	5.3～7.9	75～90	9～22	70～90	61.6～158.4

维纶短纤维大量用于与棉黏胶纤维混纺或与其他纤维混纺或纯纺，制作外衣、汗衫、棉毛衫裤、运动衫等针织物。用维纶做的帆布和缆绳因强度高、质轻、耐摩擦、耐日光，有较广泛的用途；维纶还因其耐冲击强度和耐海水腐蚀性好，适宜于制作各种类型的鱼网；由于维纶的化学性能较为稳定，可用来制作工作服，或作为各种包装材料和过滤材料。

2.4.13　丙纶——聚丙烯纤维(Polypropylene fibre)

用丙烯作原料制得的合成纤维,称为聚丙烯纤维,中国称为丙纶纤维。丙纶纤维的原料来源丰富,价格低廉,生产工艺简单,所以产品成本较低,加上丙纶纤维性能优良,生产发展很快。

丙纶纤维比重很小,仅 0.91 左右,比水还轻。断裂强度和断裂伸长率通过改变抽伸倍数来达到。一般情况下,丙纶纤维的强度较高,短纤维可达 2.6 ~ 5.7 cN/dtex,长丝达 2.6 ~ 7.0 cN/dtex。断裂伸长率达 20% ~ 80%。丙纶的弹性很好,弹性回复能力与锦纶 66 和涤纶相仿,比腈纶好,弹性回复能力中,尤其是急弹性回复能力较大,所以丙纶织物也较为耐磨。丙纶的玻璃化温度为 -3.5 ~ 18℃,软化点为 140 ~ 160℃,熔点为 165 ~ 173℃,在室温下,丙纶已处于高弹态。丙纶的软化点、熔点比其他纤维都低,所以在加工和使用时要特别小心,温度不宜过高。丙纶纤维不耐干热,而耐湿热的性能较好。在沸水中煮沸几小时不变形,在干燥情况下受热(如温度超过 130℃)时,会因氧化而产生裂解作用。为此,在丙纶纤维生产中常常加上抗老化剂(热稳定剂),以提高丙纶耐热性。丙纶的吸湿性很差,在标准大气条件下,回潮率几乎为“零”。因此染色性能也很差,从而限制了使用。丙纶的耐光性能特别差,容易老化,生产中还常加防老化剂,使它的耐日光性与棉相近。丙纶的化学性能较其他合成纤维为好,如以 20% 的烧碱液在 70℃温度下处理一周(涤纶已损坏)或以 20℃的浓盐酸处理一周(锦纶已损坏),丙纶纤维强度不受影响,但长时间在 50% 硝酸或 50% 硫酸中处理,强度也会降低。

丙纶纤维的品种有长丝(包括未变形长丝和膨体变形长丝)、短纤维、鬃丝、膜裂纤维、中空纤维、异形纤维、各种复合纤维和无纺织布等。主要用作地毯(地毯底布和绒面)、装饰布、家具布、各种绳索、条带、鱼网、吸油毡、建筑增强材料、包装材料和工业用布,如滤布、袋布等。在衣着方面应用也日趋广泛,可与多种纤维纺制成衬衣、外衣、运动衣、裤子等。由丙纶中空纤维制成的絮被,质轻、保暖、弹性良好。

2.4.14　氯纶——聚氯乙烯纤维(Polyvinyl chloride fibre)

由氯乙烯作原料制成的合成纤维,中国称为氯纶。聚氯乙烯纤维原料易得,成本低廉。氯纶纤维有难燃、耐酸碱、耐气候、抗微生物、耐磨等优良性能,也还有较好的保暖性和弹性,产品有复丝、短纤维和棕丝等形式。纤维比重约 1.4,强度约2.6 cN/dtex,断裂伸长率为 12% ~ 28%。氯纶纤维对热敏感,软化点和熔点较低,在 60℃时即收缩,沸水中收缩率大,因此在实用上受到限制。氯纶纤维经不起熨烫,不吸湿,静电效应显著,染色较困难。氯纶纤维常用于制做防燃沙发布、床垫布和其他室内装饰用布、耐化学药剂的工作服、过滤布、针织品以及保温絮棉衬料等。

2.4.15 氨纶——聚氨酯纤维(Polyurethane fibre)

氨纶纤维是一种具有高断裂伸长(400%以上),低模量和高弹性回复率的合成纤维,常称为弹性体纤维(Elastomeric fibre),中国商品名称为氨纶的是多嵌段聚氨酯纤维。

聚氨酯的高弹性质与一般的弹力丝不同,它是由聚合物大分子组成和超分子结构的特点决定的。聚氨酯嵌段共聚物的大分子是由柔性很大的长链段(又称软链段)和刚性的短链段(称为硬链段)交替组成。以软链段为主体,硬链段分散嵌在其中,其分子结构示意图如图2-29所示。柔性软链段由脂肪族聚酯或聚醚组成,可以看作是一个容易伸展的弹簧,而刚性链段是由氨基甲酸酯和脲基所组成,如同一个刚性小球。由小球把弹簧连接起来组成的网,是一个具有一定强度的弹性体,两种链段以共价键连结在一起。软链段中的每个单键围绕其相邻的单键作不同程度的内旋转,因而形成外形弯弯曲曲的分子,整个长链段像一个杂乱的线团,且形态不断地变化。在外力作用下,大分子的适应性很强,长度也有相当大的伸展余地,使纤维具有很大伸长和相当高的弹性回复率,在硬链段中含有极性基团,分子间因氢键作用而形成"区域"结构或结晶,使纤维具有一定的强度。

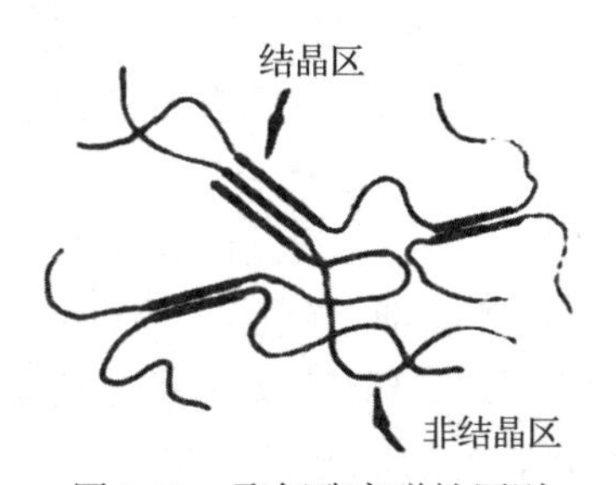

图2-29 聚氨酯高弹性原则

聚氨酯纤维具有高延伸性(500%~700%)、低弹性模量,强度较低,仅0.44~0.88 cN/dtex,质地较轻,比重为1.0~1.3,吸湿性也很低,在标准大气条件下仅0.4%~1.3%。具有中等程度的热稳定性,软化点为200℃以上。在日光照射下,稍微发黄,且强度稍有下降。耐汗、耐海水、耐酸、耐碱性能良好,不溶于一般的溶剂。用于合成纤维和天然纤维的大多数染料和整理剂也都适用于聚氨酯弹性纤维的染色和整理。

聚氨酯弹性纤维一般不单独使用,而是少量地掺入织物中。它通常有三种主要形式:(1)裸丝;(2)单层或双层包线纱;(3)皮芯纱或皮芯合股纱。这种纤维既具有橡胶性能又具有纤维性能,易于纺制成27.8~2 777.8 dtex不同粗细的丝,因此被广泛用来制作弹性编织物,如袜口、家具罩、滑雪衫、运动服、医疗织物、带类、军需装备、宇航服的弹性部分等。随着人们对织物提出新的要求,如重量轻、穿着舒适合身、质地柔软等,低纤度聚氨酯弹性丝织物在合纤织物中所占的比例也越来越大。由于这种纤维具有别的纤维所没有的弹性特别好的特性,现在正愈来愈被人们所注意,特别在服装工业中,可利用这种纤维达到某些独特的效果。

2.4.16　功能纤维

服装除装饰功能以外,还要求具有一些特殊的功能,如:气候适应功能、卫生保健功能、防护功能、救生功能等。这些功能的获得一般有三种方法:一是纤维本身具有的如甲壳素纤维、罗布麻纤维、蜘蛛蛋白纤维等;二是利用充填法获得的功能纤维如远红外纤维、纳米纤维等;三是利用浸渍整理获得的功能纤维如防火阻燃、抗菌防臭防蛀整理等。下面介绍四种功能纤维。

2.4.16.1　罗布麻纤维

罗布麻又称野麻、野茶、泽漆麻、红柳子、红花草,多年野生草本宿根植物,因为在新疆罗布平原上生长极盛而得名。罗布麻含有黄酮类化合物、强心甙、芸香甙、氨基酸、槲皮素等多种药物成份,具有清热利尿、平肝安神、镇咳平喘、降血压、降血脂、消炎、抗过敏等功能。常用于预防和治疗高血压、冠心病、哮喘病和气管炎,有较好的效果。如应用细致的脱胶方法,可提炼出柔软洁白且带丝样光泽的纤维,其细度比苎麻细,强度与苎麻接近或稍高,比棉纤维高4~6倍,但整齐度较差。在罗布麻纤维中集中了棉的柔软、丝的光泽、麻的滑爽。由于罗布麻纤维本身含有药物成分,使它有一定的抑菌作用。罗布麻纤维又是天然的远红外发射材料,可改善人体的微循环。罗布麻纤维的横截面是带沟槽的椭圆形,中间有一个椭圆形的气孔,使罗布麻纤维具有吸汗、透气的功能。所以用罗布麻纤维做成的内衣既具有清爽的感觉,又具有远红外功能,同时也具有保暖功能。

2.4.16.2　甲壳素纤维

甲壳素是一种动物纤维素,它存在于虾、蟹、昆虫等甲壳动物的壳内和蘑菇、真菌等细胞膜内。由于其不溶于水、稀酸、稀碱和其他有机溶剂,长期以来被人们当作废物丢弃而未加利用。直到近几十年以来,人们才逐渐认识它的优异功能和生产方法。把虾、蟹等甲壳干燥粉碎以后,经脱灰、去蛋白质等化学和生化处理,可得到甲壳质粉末即壳聚醣,壳聚醣又称几丁聚醣,将它溶于适当的溶剂中,用湿法纺丝工艺就可制成甲壳素纤维。甲壳素纤维的化学活性较高,故具有良好的吸附性、黏结性,杀菌性和透气性。用甲壳素纤维制成的纺织品可以防治皮肤病,能抗菌、防臭、吸汗、保温,穿着十分舒适。用甲壳素纤维制成的医用缝线,术后无须拆线,可自行被人体吸收。用甲壳素纤维制成的医用敷料可以使肉芽新生,对纤维芽细胞繁殖带来好处,医学临床上具有镇痛、止血等效果。由于甲壳素纤维具有抗菌、防霉、去臭、吸湿、保温、柔软、染色性能好等优点,常用来制作内衣、衬衫、文胸、婴儿服、抗菌裤和袜子等。甲壳素纤维在酸中易发生分解,产品适宜中性水洗,整烫温度不宜太高。甲壳素纤维的原料是人们的废弃物,用来制作甲壳素纤维不仅不对自然环境造成危害,而且还会减少这类废弃物对自然环境的污染。甲壳素纤维的废弃物也可自然生物降解,对环境不会造成破坏。目前甲壳素纤维已经实现批量生产,产品主要用于服装和医疗卫生领域。

2.4.16.3　蜘蛛蛋白纤维

蜘蛛丝也是一种蛋白质纤维。很细的蜘蛛丝可以捕捉很大的害虫这一自然现象,引起了科学家们研究蜘蛛丝的兴趣。科学家们研究了蜘蛛丝的类型、结构、性能和大量生产蜘蛛丝的方法。但蜘蛛的品种很多,不同品种不同类型的蜘蛛丝,其性能也有差异,很难有稳定性能的产品。研究者把能生产蜘蛛丝蛋白的合成基因移植给植物,如花生、烟草和土豆等作物。使这些植物能大量生产与蜘蛛丝蛋白类似的蛋白质,然后把蛋白质提取出来作为生产仿蜘蛛丝的原料。德国植物遗传与栽培研究所将能复制蜘蛛丝蛋白的合成基因移植给烟草和土豆,所培植出的转基因烟草和土豆含有数量可观的类似蜘蛛丝蛋白的蛋白质,这些蛋白质的耐热性极好,所以提纯和精制较为简单有效。这样生产的蜘蛛丝又是天然产品,又可生物降解和循环再生,因而被世界各国普遍看好。研究表明蜘蛛丝的强度很高,比钢丝要大十倍;耐火和耐热性也很好,是有机纤维中最高的;抗紫外线辐射的能力也很高;还有吸收巨大能量的能力,又耐低温。蜘蛛丝产品大都用于军事方面,多用来做防弹背心、制造坦克和飞机的装甲、军事建筑物的"防弹衣"以及航天航空的结构材料、复合材料和宇航材料等。

2.4.16.4　纳米材料纤维

纳米材料的尺寸在1～100 nm，而1 nm＝1/(10亿)米。形象地讲，一纳米的物体放到乒乓球上，就好像一个乒乓球放在地球上一样，这就是纳米的长度概念。从纺织纤维的细度来看，纳米材料相当于纺织纤维粗细在0.00 001～0.001旦尼尔一样，尺寸一小，材料的性质就不同于宏观物体了，所以纳米材料是介于宏观固体和分子之间的一种亚稳态物质。纳米材料具有很高活性的表面效应、小尺寸效应、量子尺寸效应和量子隧道效应，因此各种纳米材料应用在纺织产品中可以做成具有很多不同功能的服装面料，如：抗菌服装面料、阻燃服装面料、防紫外线服装面料、保暖服装面料、拒油拒水服装面料、高导电抗静电服装、高强度防弹服等。各种纳米材料大都与合成纤维如涤纶、丙纶、锦纶、腈纶等混合纺丝，或通过整理获得各种功能。凡是直接由纳米纤维做的功能服装可以洗涤整烫，用充填法所制造的功能服装也可洗涤，唯有用浸渍所获得的纳米功能服装不耐洗涤。这些服装的整烫，可以参照合成纤维的整烫方法进行。现在的纳米技术主要是应用不同方法把纳米材料混入服装面料中。

各种纤维的形态、纤维性能、纤维的特性及主要用途见表2-17至表2-22。

表 2-17　各种纤维的形态

纤维	侧　　面	断　　面	参考图
棉	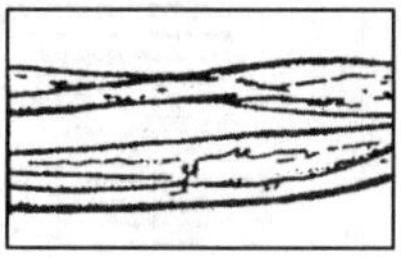	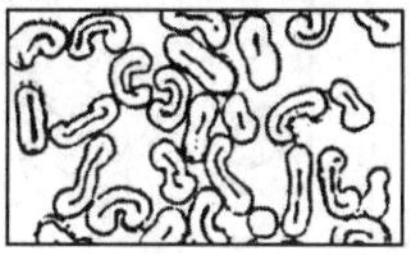	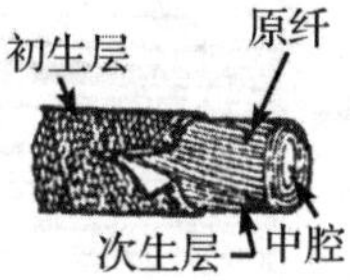 初生层 原纤 次生层 中腔
亚麻	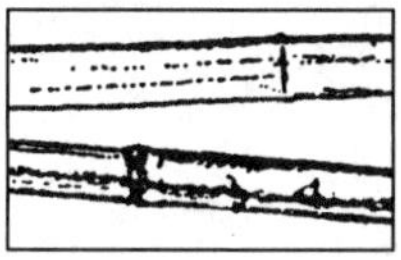	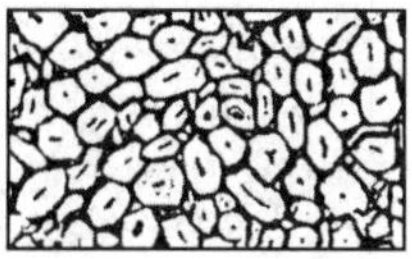	
苎麻	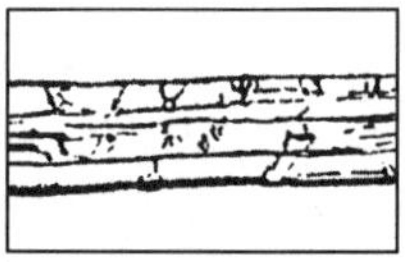		
羊毛		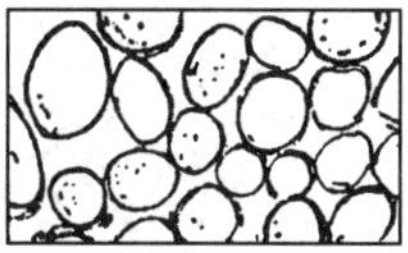	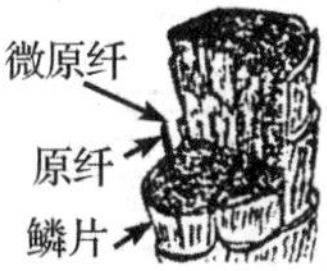 微原纤 原纤 鳞片
丝	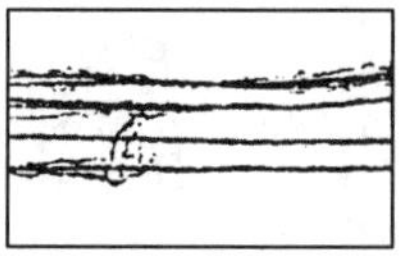	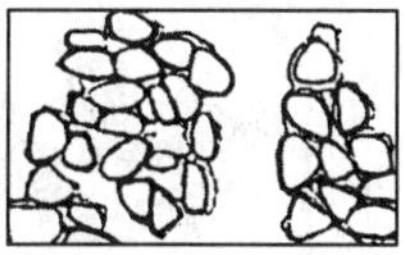	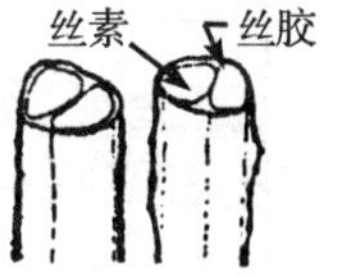 丝素 丝胶

续　表

纤维	侧　　面	断　　面	参考图
黏胶	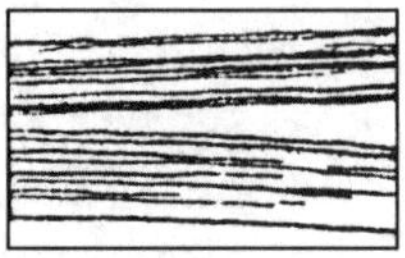	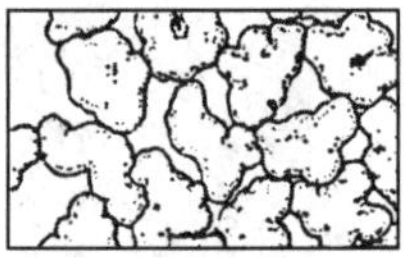	
富纤	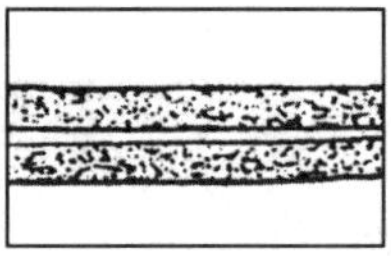	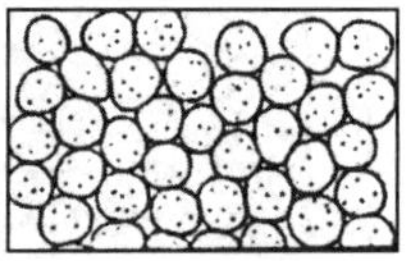	
铜铵	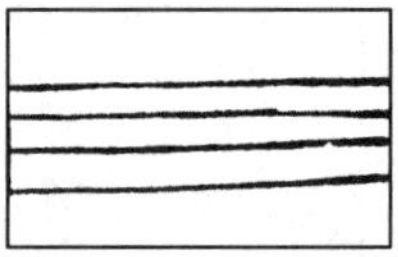	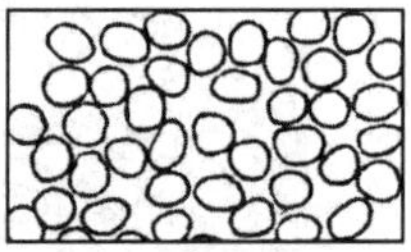	
醋酯	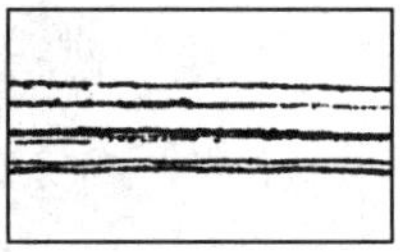	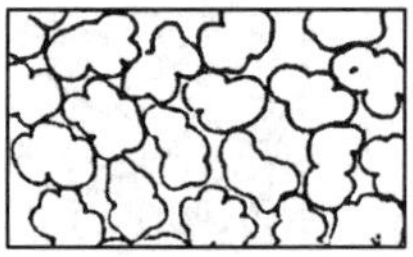	
维纶	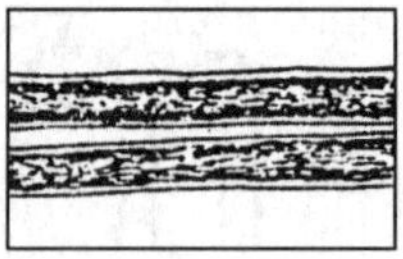	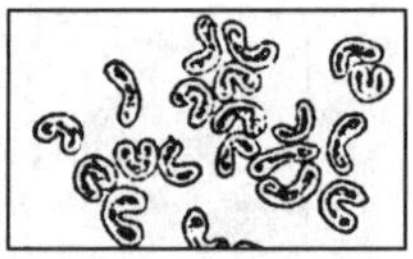	

续 表

纤维	侧　　面	断　　面	参考图
锦纶	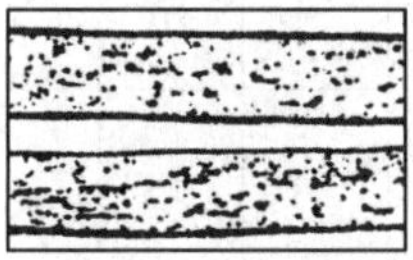	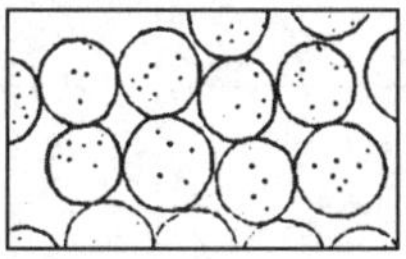	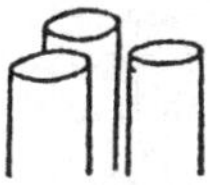
涤纶	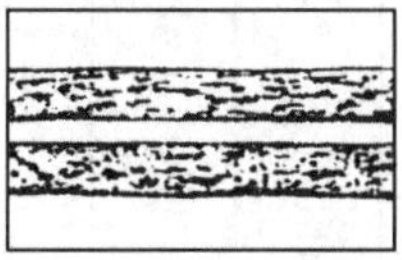	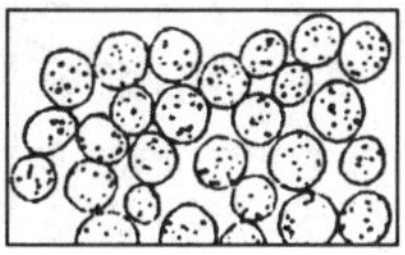	
腈纶	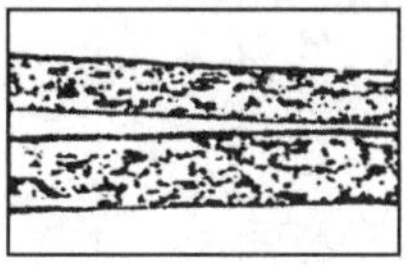	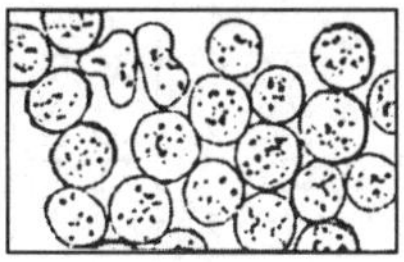	
腈纶系	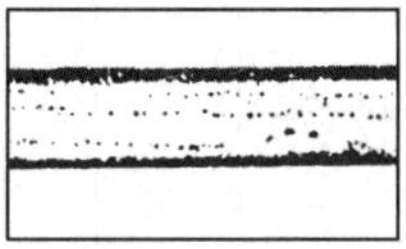	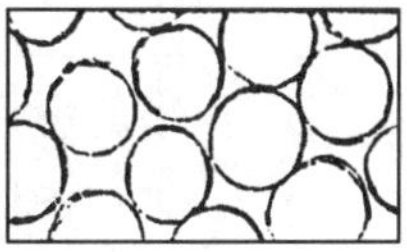	
氯纶	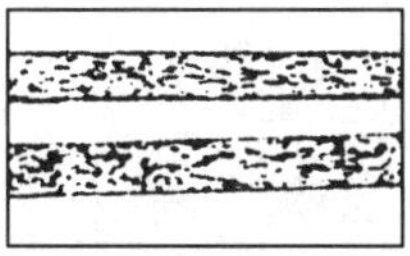	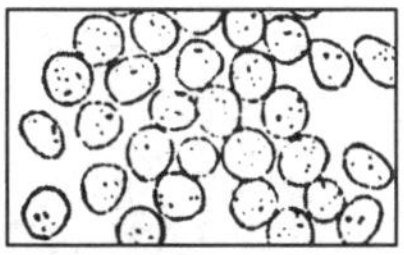	
乙纶	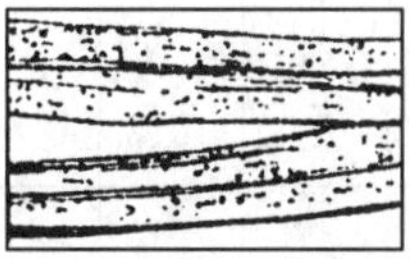	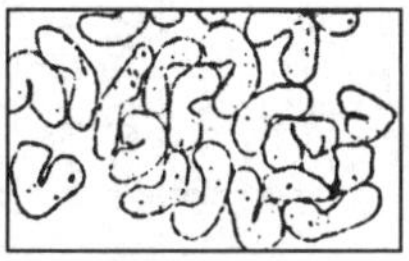	

表 2-18　纺织纤维性能表(一)

纤维性能		聚酰胺纤维						聚酯纤维			聚丙烯腈纤维
		锦纶 6 纤维			锦纶 66 纤维			涤　纶			腈　纶
		短纤维	长丝		短纤维	长丝		短纤维	长丝		短纤维
			普通	强力		普通	强力		普通	强力	
断裂强度(cN/dtex)	干态	3.8～6.2	4.2～5.6	5.6～8.4	3.1～6.3	2.6～5.3	5.2～8.4	4.2～5.7	3.8～5.3	5.5～7.9	2.5～4.0
	湿态	3.2～5.5	3.7～5.2	5.2～7.0	2.6～5.4	2.3～4.6	4.5～7.0	4.2～5.7	3.8～5.3	5.5～7.9	1.9～4.0
相对湿强度(%)		83～90	84～92	84～92	80～90	85～90	85～90	100	100	100	80～100
相对勾接强度(%)		65～85	75～95	70～90	65～95	75～95	70～90	75～95	85～98	75～90	60～75
相对打结强度(%)		—	80～90	60～70	—	80～90	60～70	—	40～70	80	75
断裂伸长率(%)	干态	25～60	28～45	16～25	16～66	25～65	16～28	35～50	20～32	7～17	25～50
	湿态	27～63	36～52	20～30	18～68	30～70	18～32	35～50	20～32	7～17	25～60
弹性回复率(%)(伸长度 3% 时)		95～100	98～100		100(4% 伸长时)			90～95	95～100		90～95
初始模量(cN/dtex)		7.0～26.4	17.6～39.6	23.8～44	8.8～39.6	4.4～21.1	18.4～51.0	22～44.0	79.2～140.8		22～54.6
比重(g/cm³)		1.14			1.14			1.38			1.14～1.17
回潮率(%) 20℃,65% 相对湿度		3.5～5.0			4.2～4.5			0.4～0.5			1.2～2.0
回潮率(%) 20℃,95% 相对湿度		8.0～9.0			6.1～8.0			0.6～0.7			1.5～3.0

续　表

纤维性能	聚酰胺纤维						聚酯纤维			聚丙烯腈纤维
	锦纶 6 纤维			锦纶 66 纤维			涤　纶			腈　纶
	短纤维	长　丝		短纤维	长　丝		短纤维	长　丝		短纤维
		普　通	强　力		普　通	强　力		普　通	强　力	
耐热性	软化点:180℃ 熔点:215～220℃			230℃发粘 250～260℃熔融 150℃稍发黄			软化点:238～240℃ 熔点:255～260℃			软化点:190～240℃ 熔点:不明显
耐日光性	强度显著下降,纤维发黄			强度显著下降,纤维发黄			强度几乎不降低			强度几乎不下降
耐酸性	16%以上的浓盐酸、浓硫酸、浓硝酸可使其部分分解而溶解			耐弱酸,溶于并部分分解于浓盐酸、硝酸和硫酸中			35%盐酸、75%硫酸、60%硝酸对其强度无影响;在96%硫酸中会分解			35%盐酸、65%硫酸、45%硝酸对强度无影响
耐碱性	在50%苛性碱溶液、28%氨水里,强度几乎不下降			在室温下耐碱性良好,但高于60℃时,碱对纤维有破坏作用			在10%苛性钠溶液、28%氨水里,强度几乎不下降;遇强碱时要分解			在50%苛性钠溶液、28%氨水中强度几乎不下降

续　表

<table>
<tr><th rowspan="4">纤维性能</th><th colspan="6">聚酰胺纤维</th><th colspan="3">聚酯纤维</th><th>聚丙烯腈纤维</th></tr>
<tr><th colspan="3">锦纶 6 纤维</th><th colspan="3">锦纶 66 纤维</th><th colspan="3">涤　纶</th><th>腈　纶</th></tr>
<tr><th rowspan="2">短纤维</th><th colspan="2">长　丝</th><th rowspan="2">短纤维</th><th colspan="2">长　丝</th><th rowspan="2">短纤维</th><th colspan="2">长　丝</th><th rowspan="2">短纤维</th></tr>
<tr><th>普　通</th><th>强　力</th><th>普　通</th><th>强　力</th><th>普　通</th><th>强　力</th></tr>
<tr><td>耐溶剂性：一般溶剂：乙醇、乙醚、苯、丙酮、汽油、四氯乙烯等</td><td colspan="3">不溶于一般溶剂，但溶于酚类（酚、间甲酚等）、浓蚁酸中；在冰醋酸里膨润，加热可使其溶解</td><td colspan="3">不溶于一般溶剂，但溶于某些酸类化合物和 90% 甲酸中</td><td colspan="3">不溶于一般溶剂，溶于热间甲酚、热二甲基甲酰胺及 40℃ 的苯酚-四氯乙烷的混合溶剂</td><td>不溶于一般溶剂，溶于二甲基甲酰胺、热饱和氯化锌、65% 热硫氰酸钾溶液</td></tr>
<tr><td>耐虫蛀、耐霉菌性</td><td colspan="3">有良好的抵抗性</td><td colspan="3">良　好</td><td colspan="3">良　好</td><td>良　好</td></tr>
<tr><td>耐磨性</td><td colspan="3">优　良</td><td colspan="3">优　良</td><td colspan="3">优良（仅次于聚酰胺纤维）</td><td>尚　好</td></tr>
<tr><td>染色性</td><td colspan="3">可用分散染料、酸性染料，其他染料也可染色</td><td colspan="3">可用分散染料、酸性染料、金属络合染料，其他染料也可染色</td><td colspan="3">可用分散染料、色酚染料、还原染料、可溶性染料进行载体染色或高温高压染色</td><td>可用分散、阳离子、碱性及酸性染料，其他染料也可染色</td></tr>
</table>

表 2-19　纺织纤维性能表(二)

纤维性能		聚乙烯醇缩甲醛纤维				聚丙烯纤维		聚氯乙烯纤维			聚氨酯弹性纤维
		维纶				丙纶		氯纶			氨纶
		短纤维		长丝		短纤维	长丝	短纤维		长丝	长丝
		普通	强力	普通	强力			普通	强力		
断裂强度(cN/dtex)	干态	4.0~5.7	6.0~7.5	2.6~3.5	5.3~7.9	2.6~5.7	2.6~7.0	1.8~2.5	2.9~3.5	2.4~3.3	0.5~1.0
	湿态	2.8~4.6	4.7~6.0	1.8~2.8	4.4~7.0	2.6~5.7	2.6~7.0	1.8~2.5	2.9~3.5	2.4~3.3	0.4~1.0
相对湿强度(%)		72~85	78~85	70~80	75~90	100	100	100	100	100	80~100
相对勾接强度(%)		40	35~40	88~94	62~65	90~95	—	—	87	—	—
相对打结强度(%)		65	65~70	80	40~50	70~90	70~90	—	83	—	—
断裂伸长率(%)	干态	12~26	11~17	17~22	9~22	20~80	20~80	70~90	15~23	20~25	450~800
	湿态	12~26	11~17	17~25	10~26	20~80	20~80	70~90	15~23	20~25	—
弹性回复率(%)(伸长度3%时)		70~85	72~85	70~90	70~90	96~100	96~100	70~85	80~85	80~90	95~99(50%伸长)
初始模量(cN/dtex)		22~62	62~92	53~79	62~158	18~35	16~35	13~22	26~44	26~40	—
比重(g/cm^3)		1.26~1.30				0.90~0.91		1.39			1.0~1.3
回潮率(%) 20℃,65%相对湿度		4.5~5.0	4.5~5.0	3.5~4.5	3.0~5.0	—		—			0.4~1.3
回潮率(%) 20℃,95%相对湿度		10~12				0~0.1		0~0.3			—

续　表

纤维性能	聚乙烯醇缩甲醛纤维				聚丙烯纤维		聚氯乙烯纤维			聚氨酯弹性纤维
	维　纶				丙　纶		氯　纶			氨　纶
	短纤维		长　丝		短纤维	长　丝	短纤维		长　丝	长　丝
	普　通	强　力	普　通	强　力			普　通	强　力		
耐热性	软化点:220~230℃ 熔点:不明显				软化点:140~165℃ 熔点:160~177℃ 在100℃时收缩 0%~5% 在130℃时收缩 5%~12%		熔点:200~210℃ 开始收缩温度:普通短纤维 90~100℃,强力短纤维为 60~70℃,长丝 60~70℃			熔点:200~230℃
耐日光性	强度稍有下降				强度显著下降(加防老剂后有改善)		强度几乎不下降			强度稍下降,稍微发黄
耐酸性	浓盐酸、浓硫酸、浓硝酸能使其膨润或分解,10%盐酸、30%硫酸对纤维强度无影响				耐酸性优良(氯磺酸、浓硝酸和某些氧化剂除外)		优良,浓盐酸、浓硫酸对其强度无甚影响			强酸对其强度无甚影响
耐碱性	在50%苛性钠溶液中强度几乎不下降				优　良		优良,在50%苛性纳溶液、浓氨水里强度不降低			强碱对其强度无甚影响

续 表

纤维性能	聚乙烯醇缩甲醛纤维				聚丙烯纤维		聚氯乙烯纤维			聚氨酯弹性纤维
	维纶				丙纶		氯纶			氨纶
	短纤维		长丝		短纤维	长丝	短纤维		长丝	长丝
	普通	强力	普通	强力			普通	强力		
耐溶剂性：一般溶剂：乙醇、乙醚、苯、丙酮、汽油、四氯乙烯等	不溶于一般溶剂，在酚、热吡啶、甲酚、浓蚁酸里膨润或溶解				不溶于脂肪醇、甘油、乙醚、二硫化碳和丙酮中，在氯化烃中于室温下膨润，在 72 ~ 80℃溶解		不溶于乙醇、乙醚、汽油，但苯、丙酮、热四氯乙烯能使其膨润，溶于四氢呋喃、环己酮、二甲基甲酰胺、热二恶烷			不溶于一般溶液
耐虫蛀、耐霉菌性	良好				良好		良好			良好
耐磨性	良好				良好		尚好			良好
染色性	可用一般染料染色，如直接染料、酸性染料、硫化染料、还原染料、可溶性还原染料、色酚染料、分散染料等				可用分散染料、酸性染料、某些还原染料、硫化染料和偶氮染料染色		一般用分散染料、色酚染料、金属染料(以载体染色为主体)			可用酸性染料、碱性染料、金属染料、分散染料等

表 2-20　纺织纤维性能表(三)

纤维性能		粘胶纤维						醋酯纤维			
		短纤维		长丝		高湿模量		短纤维	长丝	三醋酯纤维	
		普通	强力	普通	强力	短纤维	长丝			短纤维	长丝
断裂强度(cN/dtex)	干态	2.2~2.7	3.2~3.7	1.5~2.0	3.0~4.6	3.1~4.6	1.9~2.6	1.1~1.6	1.1~1.2	1.0~1.1	
	湿态	1.2~1.8	2.4~2.9	0.7~1.1	2.2~3.6	2.3~3.7	1.1~1.7	0.7~0.9	0.6~0.8	0.7~0.9	
相对湿强度(%)		60~65	70~75	45~55	70~80	70~80	55~70	61~67	60~64	62~77	
相对勾接强度(%)		25~40	35~45	30~65	40~70	20~40	—	70~95	70~95	80~90	
相对打结强度(%)		35~50	45~60	45~60	40~60	20~25	35~70	60~80	60~80	80~90	
断裂伸长率(%)	干态	16~22	19~24	10~24	7~15	7~14	8~12	25~35	25~35	35~40	26~35
	湿态	21~29	21~29	24~35	20~30	8~15	9~15	35~50	30~45	30~40	
弹性回复率(%)(伸长率3%时)		55~80		60~80		60~85	55~80	70~90	80~90	88	
初始模量(cN/dtex)		26~62	44~79	57~75	97~140	62~97	53~88	22~35	27~40	22~35	
比重(g/cm³)		1.50~1.52						1.32		1.30	
回潮率(%) 20℃,65%相对湿度		12~14						6.0~7.0		2.5~3.5	
20℃,95%相对湿度		25~30						10.0~11.0		8.8	

续表

<table>
<tr><th rowspan="3">纤维性能</th><th colspan="6">粘胶纤维</th><th colspan="4">醋酯纤维</th></tr>
<tr><th colspan="2">短纤维</th><th colspan="2">长丝</th><th colspan="2">高湿模量</th><th rowspan="2">短纤维</th><th rowspan="2">长丝</th><th colspan="2">三醋酯纤维</th></tr>
<tr><th>普通</th><th>强力</th><th>普通</th><th>强力</th><th>短纤维</th><th>长丝</th><th>短纤维</th><th>长丝</th></tr>
<tr><td>耐热性</td><td colspan="6">不软化
不熔融
260～300℃开始变色分解</td><td colspan="2">软化点：
200～230℃
熔点：260℃</td><td colspan="2">软化点：
260～300℃
开始软化收缩，变色分解</td></tr>
<tr><td>耐日光性</td><td colspan="6">强度下降</td><td colspan="4">强度稍有下降</td></tr>
<tr><td>耐酸性</td><td colspan="6">热稀酸、冷浓酸能使其强度下降，以至溶解；5%盐酸、11%硫酸对纤维强度无甚影响</td><td colspan="4">浓硫酸、浓盐酸、浓硝酸可使其分解</td></tr>
<tr><td rowspan="2">耐碱性</td><td colspan="3" rowspan="2">强碱可使其膨润，强度降低；2%苛性钠溶液对其强度无甚影响</td><td colspan="3" rowspan="2">强碱能使其膨润、强度降低，4.5%苛性钠溶液对其强度无甚影响</td><td colspan="4">强碱皂化后，强度降低</td></tr>
<tr><td colspan="2">0.03%苛性钠溶液对强度无影响</td><td colspan="2">2%苛性钠溶液对强度无甚影响</td></tr>
<tr><td rowspan="2">耐溶剂性：一般溶剂：乙醇、乙醚、苯、丙酮、汽油、四氯乙烯等</td><td colspan="6" rowspan="2">不溶于一般溶剂，溶于铜氨溶液、铜乙二氨溶液</td><td colspan="4">不溶于一般溶剂</td></tr>
<tr><td colspan="2">溶于丙酮、冰醋酸、酚等</td><td colspan="2">高温下溶于二甲基亚砜</td></tr>
<tr><td>耐虫蛀、耐霉菌性</td><td colspan="6">耐虫蛀性优良，但耐霉菌性差</td><td colspan="4">耐虫蛀性优良，耐霉菌性尚好</td></tr>
<tr><td>耐磨性</td><td colspan="6">较差</td><td colspan="4">较差</td></tr>
<tr><td>染色性</td><td colspan="6">一般用直接染料、还原性染料、碱性染料、色酚染料、硫化染料、活性染料、媒染染料等</td><td colspan="4">一般用分散染料、显色性分散染料、色酚染料，另外用还原性染料、酸性染料、碱性染料等也能染色</td></tr>
</table>

表 2-21　纺织纤维性能表(四)

纤维性能	棉	绵羊毛	家蚕丝	苎　麻
断裂强度(cN/dtex) 干态 湿态 相对湿强度(%) 相对勾接强度(%) 相对打结强度(%)	 2.6~4.3 2.9~5.6 102~110 70 90~100	 0.9~1.5 0.70~1.4 76~96 80 85	 3.0~3.5 1.8~2.5 70 60~80 80~85	 4.9~5.7 5.1~6.8 104~120 80~85 —
断裂伸长率 干态 湿态 弹性回复率(%) (伸长率3%时) 初始模量(cN/dtex)	 3~7 — 74(2%)45(5%) 60~82	 25~35 25~50 99(2%)63(20%) 10~22	 15~25 27~33 54~55(8%) 54~88	 1.5~2.3 2.0~2.4 48(2%) 176~220
比重(g/cm³)	1.54	1.32	1.33~1.45	1.54~1.55
回潮率(%) 20℃,65%相对湿度 20℃,95%相对湿度	 7 24~27	 16 22	 9 36~37(100%)	 7~10
耐热性	不软化,不熔融,在120℃下5小时发黄,150℃分解	100℃开始变黄 130℃分解 300℃炭化	235℃分解 270~465℃燃烧	200℃分解
耐日光性	强度稍有下降	发黄,强度下降	强度显著下降	强度几乎不下降

续　表

纤维性能	棉	绵羊毛	家蚕丝	苎　麻
耐酸性	热稀酸、冷浓酸可使其分解，在冷稀酸中无影响	在热硫酸中会分解，对其他强酸有抵抗性	热硫酸会分解其他强酸抵抗性，比羊毛稍差	热酸中受损伤，浓硫酸中膨润溶解
耐碱性	在苛性钠溶液中膨润（丝光化）但不损伤强度	在强碱中分解，弱碱对其有损伤	丝胶在碱中易溶解。丝朊受损伤，但比羊毛好	耐碱性好
耐溶剂性：一般溶剂乙醇、乙醚、苯、丙酮、汽油、四氯乙烯等	不溶于一般溶剂	不溶于一般溶剂	不溶于一般溶剂	不溶于一般溶剂
耐虫蛀、耐霉菌性	耐虫蛀，不耐霉菌	耐霉菌，不耐虫蛀	耐霉菌，不耐虫蛀	尚好
耐磨性	尚好	一般	一般	
染色性	可用直接染料、还原染料、碱性染料及各种硫化染料等	可用酸性染料、耐缩绒染料、媒染染料、还原染料及靛类染料	可用直接染料、酸性染料、碱性染料及各种媒染染料，但加碱时需加保护剂	同棉

表 2-22　各种纤维的特性及主要用途

纤维种类	长　处	短　处	用　途
棉	吸湿性好,湿强高,耐洗,触感好	弹性差、易起皱	内衣、睡服、日常服装
麻	导热性好,吸湿性好,湿强高,耐洗	伸长小,易起皱	夏服
毛	保暖性、保湿性好,吸湿性好,弹性好,染色性好	不耐碱,紫外线下易泛黄	西服、毛衣
丝	具有独特的光泽,风格、弹性、染色性好	不耐碱,紫外线下易泛黄	夏衣、时装、头巾
粘胶	吸湿性好,染色性好	湿强度小,不耐洗	内衣、里子
铜铵	吸湿性好,有光泽,滑爽	湿强度小,不耐洗	内衣、里子
醋酯	具丝的手感和光泽,有弹性,热可塑性	耐碱性稍差	内衣、睡衣、里子
锦纶	轻,强度高,耐磨性好,耐药品性能好,不易起皱	白色尼龙在紫外线下易泛黄	袜子、游泳服、伞
维纶	吸湿性好,强度高,耐磨性好,耐气候	不耐湿热,熨烫要注意	学生服、旅游服
涤纶	耐热性好,不易起皱,热可塑性好,强度大,耐磨性好	吸湿性差,易起球	衬衣、薄上衣、雨衣
腈纶	耐气候好,有毛感	耐热性差,易起球	毛衣、睡具
丙纶	轻,强度高,耐药品性好	耐热性差、染色性差	旅游服
氨纶	伸缩性大,拉伸强力、屈曲、耐磨性比橡胶好	不耐漂白	袜子、游泳服、胸罩

第三章　纱　　线

纱线是用各种纺织纤维加工成的一定粗细的产品,用于织布、制线、制绳、针织和刺绣。纱线的用途不同,但基本结构却相同。通常称由短纤维直接纺制成的为纱;称两根或两根以上的纱并合而成的为线。近年来由于新的纺纱工艺的改进和革新,出现了多种结构、性能和外观决然不同的新型纱线。

3.1　纱线的分类

纱线大致可分为由短纤维纺制成的纱(图 3-1)与连续长丝构成的长丝(图 3-2)两类。根据纤维原料种类的区别,可分类如下:

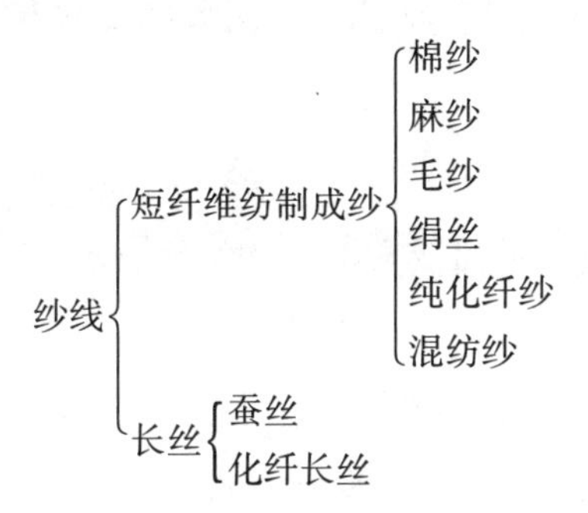

近来纺织新工艺又研制开发了长短纤维混合的包芯纱类。

3.2　纱线的制作方法

纱线的制作方法因纤维原料的长度而异,一般有三种:纺纱、缫丝和化纤纺丝。

3.2.1　纺纱

为把杂乱无章的短纤维制成连续不断的纱,须经过以下工序:

a) 以棉纱为例,首先要把杂乱无章的短纤维整理成基本平行的纤维,为

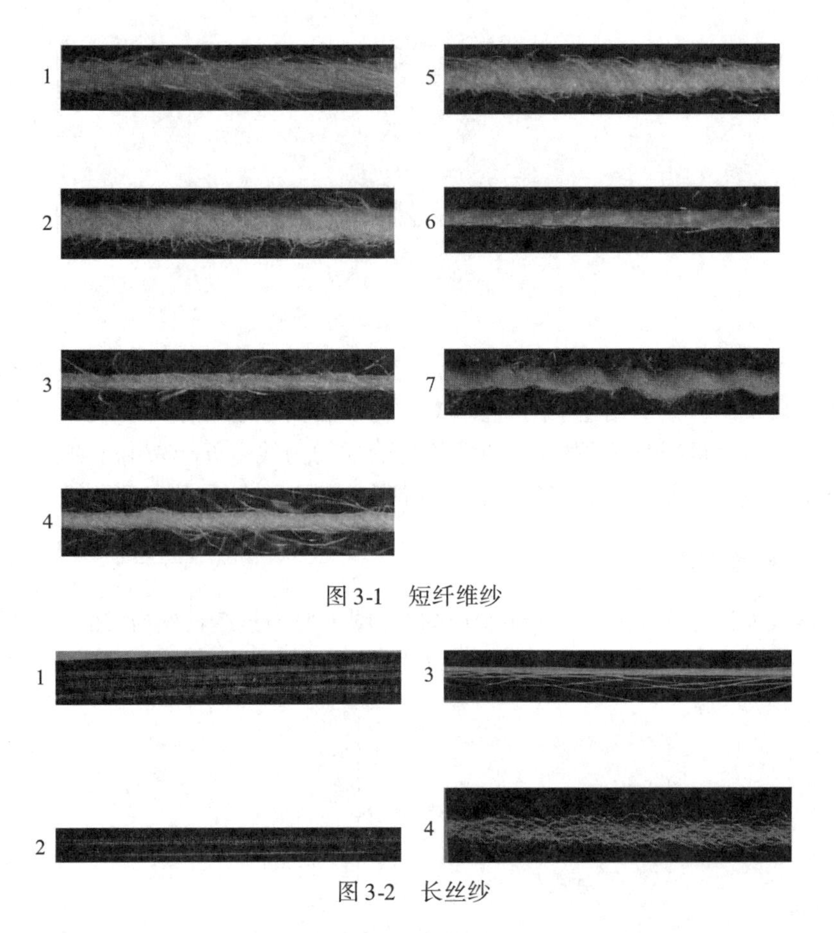

图 3-1　短纤维纱

图 3-2　长丝纱

此目的而进行的是松棉包、清棉、梳棉、并条等工序，使纤维从压紧的包装获得充分的松散，用机械去除杂质，并逐步形成细长结构的纤维条。

b) 当纤维被整理到一定的平行伸直程度后，按要求（指所生产纱的粗细）把纤维条拉伸至一定的细度，在拉伸同时，必须给以一定的搓捻，增加纤维之间的抱合，从而获得所要求的纱。

目前由短纤维生产纱的工序都由机械完成，在古代，我们祖先生产纱，都用纤维块作原料，逐步抽出少量纤维，同时给以回转加捻而制成纱，这种手工纺纱在一些边远地区也可能仍存在着。

3.2.2　缫丝

对于黏结着几百米以上的茧来说，要制成长丝常常用缫丝，首先在一定温度的热水内煮茧，让黏结茧层的丝胶部分溶解、渗润，解除对茧层的黏结，然后按要求把几个茧并在一起抽丝，获得一定粗细的长丝，如图 3-3 所示。

3.2.3 化纤纺丝

化纤长丝是由化纤原液经喷丝孔引出的单丝加工而成的。

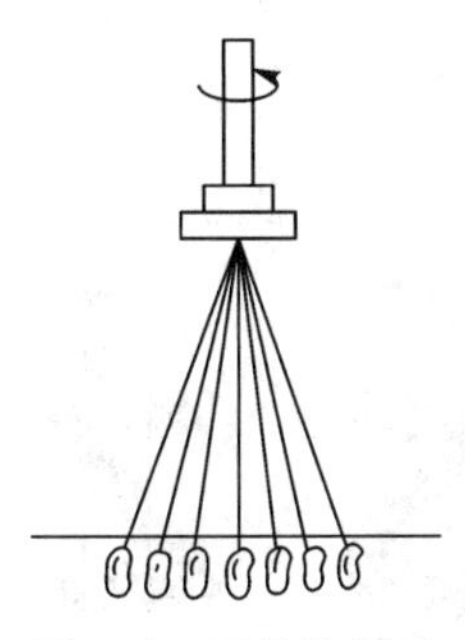

图 3-3 蚕茧的缫丝

3.3 捻度和捻向

纺纱过程中将纤维条回转搓捻，使纤维相互抱合成纱的工艺称为加捻。短纤维纺纱必须加捻；长丝在加工过程中虽不加捻，但由于高速卷绕，也稍有捻回存在。

捻度是纱线单位长度内的捻回数（一个捻回即回转 360°），是表示纱线加捻程度指标之一。所以捻度有：

$$T = \frac{n}{L} \tag{3-1}$$

式中：T——捻度（r/m）

n——回转的圈数（即 360°的个数）

L——长度（m）

通常短纤维的纱 L 的单位取“10 cm”，长丝取“m”，分别以 T_t 和 T_m 来表示。

捻度的大小对织物的厚度、强度和耐磨性，有较大的影响。毛织物中，捻度对手感、风格的影响较大，所以常把捻度设计作为织物设计的重要内容，纺纱工艺中常见的捻度值如表 3-1 所示。

根据回转方向的区别，有 Z 捻和 S 捻两种捻向，如图 3-4 所示。

表 3-1　纱的捻度

纱的名称	捻度(r/m)
弱捻纱	300 以下
中捻纱	300 ~ 1 000
强捻纱	1 000 ~ 3 000
极强捻纱	3 000 以上

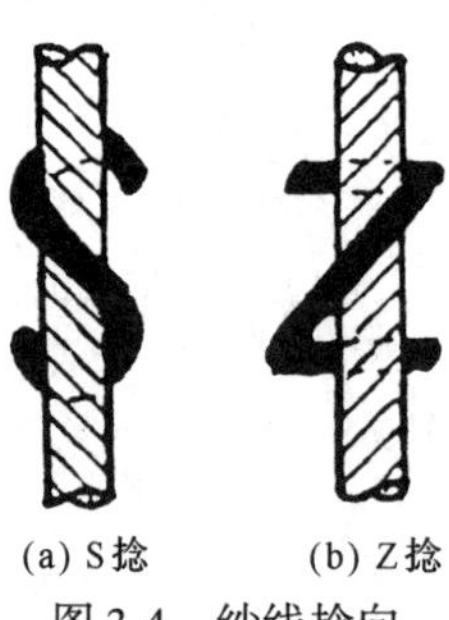
(a) S捻　(b) Z捻

图 3-4　纱线捻向

纱线的捻向对织物外观和手感有很大影响,一般织物经纬纱采用同一捻向。但是为了实现某种外观上或某些物理机械性能上的要求,也有采用不同捻向的。不同捻向的经纬纱搭配,所产生的效应如图 3-5 所示。图中(1)、(2)是经纬纱采用不同捻向位置,从织物表面看,经纬纱纤维倾斜方向相同,

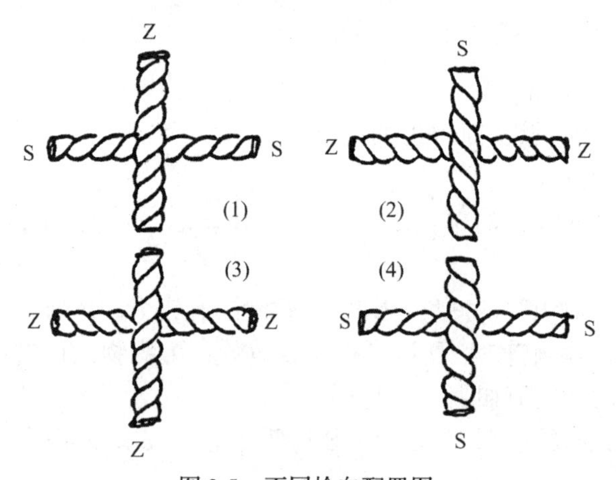

图 3-5　不同捻向配置图

使织物表面反光一致，光泽较好。在经纬纱交织接触处，纤维倾斜方向近乎垂直而不相密贴，因而织物显得松厚柔软；图 3-5(3)、(4)是经纬纱采用相同捻向，从织物表面可看出经纬纱纤维呈倾斜方向垂直，在经纬交织接触点处纤维倾斜方向近乎一致，且相互嵌合，因而织物较薄，身骨较好，组织点清晰，织物强力较前者高，但织物光泽不及经纬捻向不同的织物。精纺毛织物和化纤中长纤维制成的织物，常用若干根 S 捻和 Z 捻纱线相间排列，织物因反光不同，而产生隐条隐格效果。

3.4 与加捻有关的纱线定义

3.4.1 单纱

由短纤维纺成的纱称单纱，通常用 Z 捻。

3.4.2 股线

由两根或两根以上的单纱并捻而成，并捻的捻向须与单纱捻向相反。根据并合方式不同，股线还可分为单捻股线和复捻股线。单捻股线直接由单纱并捻而成。复捻股线则由两根或两根以上的单捻股线并捻而成，复捻股线的捻向须与单捻股线的捻向相反。如图 3-6，股线捻向是用字母 ZS 或 SZS 表示。第一个字母为单纱的捻向，第二个字母为单捻股线的捻向，第三个字母为复捻股线的捻向。图 3-6 中，单纱为 Z 捻，单捻股线的捻向为 S，而复捻的捻向又为 Z。

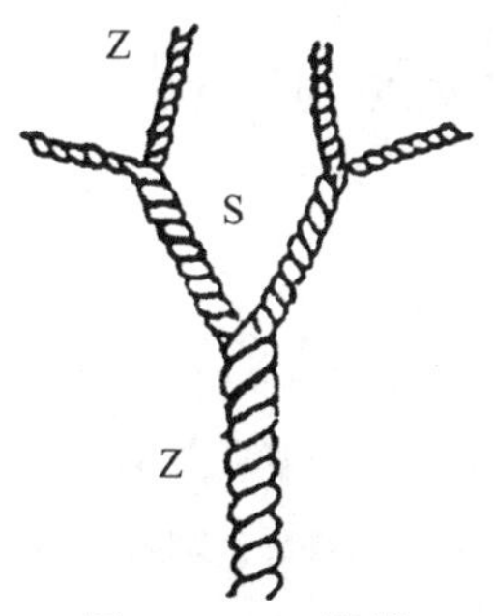

图 3-6 ZSZ 股线

3.4.3 复合捻丝

由多根单丝并合加捻而成。蚕丝和化纤长丝都可制成复合捻丝。

3.4.4 复捻捻丝

由复合捻丝并合加捻而成。天然长丝和化纤长丝均可制成，但以天然长丝为多。

3.5 纱线的线密度及其表示

纱线是一个细而长的物体,长度要比直径大许多倍,纱线的粗细程度称为线密度,因此线密度是描述纱线与丝线粗细程度的指标。线密度可直接用截面积或直径来表示,但纱线易变形,又是不规则的截面,因此较多地用间接的指标来表示,常用的间接的线密度指标有:

3.5.1 短纤纱线的线密度*

短纤维所纺成的纱线的线密度指标统一使用特[克斯]表示,单位为 tex,中文简称"特"。特[克斯]的物理意义是长度为1 000 m的纱线的公定重量的克数。因此特克斯可用下式计算:

$$N_t = \frac{G_k}{L} \times 1\,000 \tag{3-2}$$

式中:N_t——特[克斯]数

G_k——纱线的公定重量(g)

L——纱线的长度(m)

常用的棉纱规格有13 tex, 14.5 tex, 19.4 tex, 29 tex, 32 tex等,常用的毛纱的规格有11.8 tex, 9.8 tex, 12.3 tex, 15.5 tex等;常用的绢丝规格有 5.9 tex, 4.9 tex 等。

3.5.2 长丝的线密度**

天然蚕丝、化纤长丝线密度,常用纤度表示,所谓纤度是指单位长度的丝

---

* 1987 年以前,纺织行业习惯于用英制支数 N_e 表示棉纱线线密度;习惯于用公制支数 N_m 表示毛纱线、麻纱线、绢丝线的粗细。英制支数的计算式如下:

$N_e = \frac{L_e}{840G_e}$　L_e 和 G_e 分别为英制长度码数和英制的公定重量磅数。英制支数与特克斯的换算式如下:

$$N_t = \frac{590.54}{N_e} \times \frac{100 + \text{特克斯制的公定回潮率(\%)}}{100 + \text{英制公定回潮率(\%)}} = \frac{\text{换算系数}}{N_e}$$

换算系数随着英制回潮率的不同而不同,纯棉纱的换算系数为583.1。公制支数计算式为:$N_m = \frac{L}{G_k}$,公制支数与特克斯的换算式为:$N_t = \frac{1\,000}{N_m}$

** 化学长丝的线密度过去常用旦尼尔或公制支数表示。

线或纤维的公定重量的克数,过去习惯用旦尼尔* 表示,现根据国家标准统一规定,停止使用旦尼尔,统一使用特克斯或 dtex。常用天然丝纤度规格有:桑蚕丝的 22/24.2 dtex, 14.3/16.5 dtex, 30.8/33 dtex;柞蚕丝的 38.5 dtex, 77 dtex。化学长丝的常见规格有:黏胶丝的 66 dtex, 82.5 dtex, 132 dtex;涤纶长丝的 82.5 dtex, 165 dtex 等。

3.5.3 纱线规格的表示**

纱线的规格应标明纱线粗细、有否加捻、所加捻度和捻向及并合的股数。对于纱线的细度、捻度、捻向和并合的股数的表示,国家标准都有规定,并统一使用特克斯制。

对单纱的表示为:

(特数)	tex	(捻向)	(捻度)

如 40 texZ660,即表示:40 特单纱,捻向 Z 捻,捻度为 660 捻/m。

对捻线的表示为:

(特数)	tex	(单纱捻向)	(单纱捻度)	×	(并合股数)	(并合捻向)	(并合捻度)

如 34 tex S 600 × 2 Z400, 即表示:34 tex,其捻向为 S 捻,600 捻/m,2 股合并,并合捻向为 Z 捻,捻度为 400 捻/m。

对无捻长丝表示为:

(分特数)	dtex	f	(单丝数)	to

---

* 旦尼尔指 9 000 m 长的长丝的公定重量的克数,旦尼尔与特克斯的换算式为: 1 旦尼尔 =0.11 tex

** 目前对线密度和捻度的表示还没有统一到国家标准上,用号数制、旦尼尔制、英制支数都有,很不规范,例如:2/20/22——表示 2 根 20 ~ 22 旦尼尔家蚕丝并合而成的复合丝。

(2/20/22 · 18T/S + 20/22) 16T/Z——表示由一根 2 股 20 ~ 22 旦,加 18 捻/cmS 捻的捻丝与一根 20 ~ 22 旦的无捻丝合并再加 16 捻/cmZ 捻的捻线。

120D/30F——表示由 30 根单丝并合成的线密度为 120 旦的复合化纤丝。

60^s/3——表示由 3 根 60 英支纱并捻而成的捻线。

7.5 号 ×3 ——表示由 3 根 7.5 号的单纱并捻而成的捻线。

这些表示方法,显然不符合国家统一标准,但是在生产和交易中却常常使用。因此,尽快将对线密度的表示方法统一到国家标准中来,是一个亟待解决的问题。

如 133 dtex f 40 to,即表示 133 dtex 的长丝,由 40 根单丝并合而成,并合后不加捻,to 是不加捻的符号,f 为长丝符号。

对加捻长丝表示为:

(分特数)	dtex	f	(单丝数)	(捻向)	(长丝捻度)	R	(加捻后分特数)	dtex

如 133 dtex f 40 S 1 000 R 136 dtex,表示线密度为 133 dtex 的长丝,由 40 根单丝并成,捻向为 S 捻,捻度为 1 000 捻/mm,加捻后线密度为 136 dtex 的捻丝。

3.6 缝纫线

缝纫线因制作服装,缝纫衣片而得名。随着服装加工的机械化、现代化和高速化发展,对缝纫线的要求也愈来愈高。缝纫线要求光滑、均匀、有一定的强度、摩擦小以及有一定的耐热性,而且希望收缩愈小愈好。对缝纫线的可缝性检验,常常用厚薄不同的各种面料,不同的缝纫机以不同速度、缝制方法进行缝制,计测缝纫线的断头数,以此判断缝纫线可缝性的好坏。

缝纫线通常是由两根或两根以上棉纱或涤棉纱或纯涤纶纱,经过并线、加捻、煮练、漂染而成。主要用于服装、针织内衣及其他产品的缝纫加工等,棉缝纫线除去供机绣或手工刺绣用的绣花线外,按其生产工艺,还有蜡光线、丝光线和无光线三种类型。

蜡光线是棉线漂染后,增加上浆、上蜡过程,这种线的外表光洁滑润、质地坚韧,是一种强力较高的棉缝纫线。按纺织工业部部颁标准 FJ490-81,棉蜡光缝纫线的技术指标见表 3-2。对于缝纫线的染色牢度、长度公差和允许存在的结头个数都有要求,详见表 3-3、表 3-4 和表 3-5。

表 3-2 棉蜡光缝纫线的技术指标

公称 tex 数	英制支数	股数	单线强力 (N/50 cm)	捻度(参考)(捻/10 cm)		捻 向
				初 捻	复 捻	
36	(16)	2	11.56	64 ~ 68		ZS
36	(16)	3	17.64	50 ~ 54		ZS
28*	(21)	3	13.82	56 ~ 60		ZS

续 表

公称 tex 数	英制支数	股数	单线强力(N/50 cm)	捻度(参考)(捻/10 cm)		捻 向
				初 捻	复 捻	
28*	(21)	4	18.72	48～52		ZS
28*	(21)	2×3	28.91	95～99	47～51	ZSZ
28*	(21)	3×3	46.55	78～82	38～42	ZSZ
28*	(21)	4×3	63.70	68～72	34～38	ZSZ
18	(32)	2	5.49	83～87		ZS
18	(32)	3	8.53	67～71		ZS
18	(32)	5	15.68	55～59		ZS
18	(32)	2×3	18.62	100～104	48～52	ZSZ
18	(32)	3×3	32.34	88～92	42～46	ZSZ
18	(32)	4×3	45.57	78～82	36～40	ZSZ
16	(36)	3	7.64	65～69		ZS
15*	(38)	3	7.35	68～72		ZS
14*	(42)	3	6.86	75～79		ZS
14*	(42)	4	10.78	66～70		ZS
14*	(42)	5	12.94	56～60		ZS
14*	(42)	2×3	15.48	106～110	50～54	ZSZ
9.5*	(60)	2×3	11.07	108～1 112	52～56	ZSZ

注：* 暂按英制折算的特数带一位小数生产。

表 3-3 棉蜡光缝纫线的染色牢度

一等品				二等品
皂洗牢度(级)		摩擦牢度(级)		低于一等品
原样褪色	白布沾色	干摩擦	湿摩擦	
2～3	2～3	2～3	1～2	

表 3-4　棉蜡光缝纫线的长度公差

产品长度(m)	一等品	二等品
200 及以内	±3%	-6%
201 ~ 500	±2%	-4%
501 以上	±1.5%	-3%

注:长度超过正公差,不作降等处理。

表 3-5　棉蜡光缝纫线允许结头数

产品长度(m)	一等品	二等品
200 及以内	1	2
201 ~ 500	2	4
501 ~ 1 000	3	6
1 001 ~ 2 000	5	10
2 001 以上	每增加 1 000 m 允许增加 1 个结头(不足千米按千米计算)	每增加 1 000 m 允许增加 2 个结头(不足千米按千米计算)

丝光线的工艺特点,不是上浆上蜡,而是对煮炼后的棉线再经"丝光"处理,还有的在煮炼前进行烧毛处理,这种线柔软细洁并具有丝样的光泽。

无光线在生产过程中只上轻浆、不上蜡,也不作丝光、烧毛处理。由于这种线的表面有短茸毛,所以习惯上称为"毛线"。无光线的性质柔软坚韧,延伸较好。

梳棉丝光、无光线的技术指标见表 3-6。

表 3-6　梳棉丝光、无光线的技术指标

公称 tex 数	英制支数	股数	单线强力 (N/50 cm)	捻度(参考)(捻/10 cm)		捻　向
				初　捻	复　捻	
18	(32)	2	4.70	83 ~ 87		ZS
15*	(38)	2	4.41	85 ~ 89		SZ
14*	(42)	2	3.72	88 ~ 92		ZS

续 表

公称 tex 数	英制支数	股数	单线强力 (N/50 cm)	捻度(参考)(捻/10 cm)		捻 向
				初 捻	复 捻	
28*	(21)	3	11.37	56~60		ZS
19.5	(30)	3	8.04	59~63		SZ
18	(32)	3	7.25	67~71		ZS
14*	(42)	3	5.88	75~79		ZS
9.5*	(60)	3	4.70	85~89		ZS
28*	(21)	4	16.17	51~55		ZS
15*	(38)	4	9.8	55~63		SZ
14.5	(40)	4	8.82	68~72		SZ
9.5*	(60)	4	6.57	78~82		ZS
14*	(42)	5	11.27	56~60		ZS
9.5*	(60)	2×2	6.37	100~112	75~79	ZSZ
9.5*	(60)	2×3	9.8	108~112	52~56	ZSZ

注：* 暂按英制折算的号数带一位小数生产。

染色牢度、长度允许公差和结头允许个数分别见表 3-7 至表 3-9。

表 3-7 梳棉丝光、无光缝纫线的染色牢度

一等品				二等品
皂洗牢度(级)		摩擦牢度(级)		低于一等品
原样褪色	白布沾色	干摩擦	湿摩擦	
3	3	3	2	

注：其中纳夫妥类染料干摩擦 2~3 级，湿摩擦 1~2 级。

为了适应各种不同的用途要求，在生产中把上述缝纫线卷装成不同的形式。一般有塑芯线、木芯线、纸芯线、塔筒线、绞线和纸版(纸排)线等品种。

除棉缝纫线外，还有丝线、涤纶缝纫线、涤棉缝纫线和涤棉包芯线等。不再一一叙述。

表 3-8　梳棉丝光、无光缝纫线的长度公差

产品长度(m)	一　等　品	二　等　品
2 000 ~ 5 000 5 000 以上	±1.5% ±1%	±3% ±2%

注:长度超过正公差,不作降等处理。

表 3-9　梳棉丝光、无光缝纫线的允许结头数

产品长度(m)	一　等　品	二　等　品
2 000 及以内	3	4
2 001 以上	每增加 1 000 m 允许增加 1 个结头(不足千米按千米计算)	每增加 1 000 m 允许增加 2 个结头(不足千米按千米计算)

表 3-10　常用缝纫线规格及用途

缝纫线类别	规　　格	用　　途
普梳棉线	14 tex × 3(42^s/3)	中厚织物底线
普梳棉线	10 tex × 3(60^s/3)	中厚织物面线,轻薄织物底线
精梳棉丝光线	10 tex × 3(60^s/3)	轻薄织物面线
精梳棉丝光线	7.5 tex × 3(80^s/3)	轻薄织物面线
涤棉混纺线	10 tex × 3(60^s/3)	化纤织物面线、底线
涤纶线	8.5 tex × 3(70^s/3)	化纤织物面线、底线
包芯线	13 tex × 2(45^s/3)	薄织物面线
锦弹线	77 ~ 110 dtex × 2	化纤或弹力织物底线
丝线	7.5 tex × 3(80^s/3)	呢绒、化纤织物
人造丝线	66 ~ 99 dtex	装饰线

3.7 花式纱线

花式纱线是把两根、三根以至四根不同原料、线密度、捻度或色泽的纱线用各种加工方法而获得特殊的外观、手感、结构和质地的纱线。其主要特点是纱线的截面粗细不匀、有不同的色彩,还有小圈或结子等特殊的外观,见图 3-7。由于花式纱线是由芯纱、饰纱和固纱三部分所组成,生产成本较高,且耐用性较差,所以一度使用较少,未受重视。随着人民生活水平的提高,要求有更多更美,富有个性的新面料,花式纱线也渐渐被广泛使用。目前用得较多的是精纺、粗纺呢绒;各色女线呢;手编毛线;围巾领带等服饰品和家具的装饰织物。花式纱线以它的外观特点可分为花式、花色和特殊花式线三大类。而每一大类中尚有许多不同的品种,我们在此对常见的有代表性的七个品种进行介绍。

(1) 花股线

采用两种不同颜色的单纱合股而成的线,称为花股线。又称 AB 线。这是花式纱线中最简单的一种,但如果合理选择合股的两根单纱的色泽,将会获得较好的效果。如两色为互补色,则合股后会有闪光效果。

在市场上,还可见到"辫子线"的花式纱线,它是由不同色泽的两股单纱合股,再用两根或两根以上这种双股线合股,通常用于毛线的制作,见图 3-7(1)。

(2) 竹节纱

竹节纱的特征是沿着该单纱的长度方向具有粗细不匀的外观,是花式纱线中类别最多的一种。生产方法也较简单,不需专门机械,只需在一般的纺纱机上稍作改动就能生产。竹节纱就其粗细的外形可以有节状的、蕾状的、疙瘩状的和由热收缩而成之分。广泛用于轻薄的夏令织物和厚重的冬季面料,除用于服装衣料外,还可制作各种装饰织物,花型别致,且立体感强,见图 3-7(2)。

(3) 大肚纱

大肚纱也称断丝线,其主要特征是两根交捻的纱线中夹入一小段断续的纱线或粗纱,从而在纱线中形成粗节段。如该粗节由粗纱形成,则该粗节段呈毛茸状,又突出在外,易被磨损。由大肚纱织成的织物花型粗犷凸出,立体感强,见图 3-7(3)。

(4) 圈圈线

圈圈线的主要特征是饰线围绕在芯线上形成纱圈，见图3-7(4)。纱圈的大小、距离、色泽均可按要求变化。圈圈线的圈圈可以是由纱线形成的，称为纱线型圈圈线；也可以由纤维形成，称为纤维型圈圈线。纤维型圈圈线比纱线型的更为蓬松、丰满、柔软、保暖性好，用它制成的织物毛感较好。但圈圈线极易擦毛和拉毛，穿着和洗涤时需倍加小心。圈圈线主要用于色织女线呢、花呢、大衣呢和手编毛线。

(5) 雪尼尔线

雪尼尔线是一种把纤维握持在合股的芯纱上，状如瓶刷，如图 3-7(5)。这种花式线手感柔软，有丝绒感，可做成穗饰织物和形状如植绒的织物，在针织物和家具装饰织物中用得很多。

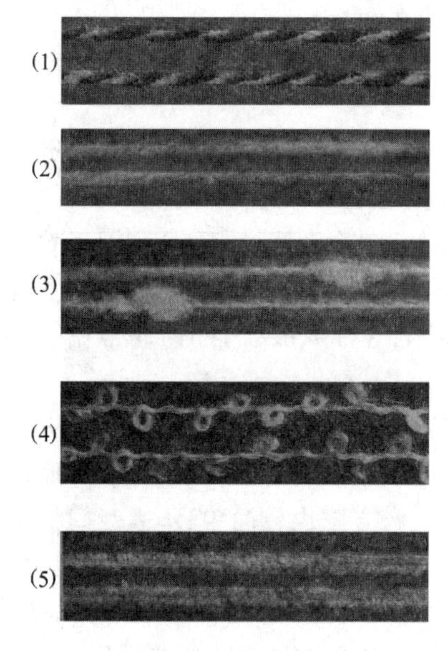

图 3-7　花式线

(6) 结子线

结子线也称疙瘩线，其特征是饰纱围绕芯纱在短距离上形成一个结子，结子可长可短，可疏可密，可单色也可多色，结子线也多用于色织女线呢、花呢等织物，也广为穿着者所喜爱。

(7) 金银丝线和夹丝线

金银丝是把铝片用不同颜色的黏合剂粘在两层涤纶薄膜之间，黏合剂是透明的，黏合剂的颜色决定了该金银丝的颜色。夹丝纱线是在纱线中合捻进有光黏胶长丝或三角形截面的锦纶、涤纶丝，有时也合捻进绢丝或桑蚕丝，使其织物表面具有细洁匀净的丝点光泽等特殊风格，很受人们喜爱。

3.8 绒线

绒线又称毛线，是以动物纤维或化学纤维为原料，经纺纱和染整工序加工而成，纺制绒线用的动物纤维有绵羊毛、山羊毛、马海毛、兔毛、驼毛等；纺制绒线用的化学纤维主要是腈纶，也有用黏胶，还有少量涤纶和锦纶。

市场上绒线种类有数十种，按原料可分为纯毛、毛混纺和纯化纤三类；按绒线的粗细可分为粗绒线、细绒线、针织绒线及棒针线；按外观形态可分为常规绒线和花式绒线。

纯毛线手感柔软，富有弹性，不易起皱和变形，保暖性强，适于秋、冬季穿用。全毛粗绒线根据羊毛品质的优劣，可分为高粗、中粗、低粗三种，以高粗质量为最好。中粗绒线适宜男女成年人的上衣、背心，高粗绒线较适合老年人穿用。这是因为高粗绒线轻软、丰厚而且保暖性强，但不耐磨。纯毛细绒线柔软、光泽，色彩鲜艳，但保暖性和耐磨性较差，适合于编结妇女、儿童春秋服装和帽子、围巾等。针织绒线常常称作为“开司米”，有纯毛的，也有纯腈纶的，还有混纺的开司米，是细度最细的毛线，常用作机器编结原料，纯毛开司米毛衣为毛衣中的精品，适于成年男女春秋季穿着；腈纶针织绒线色泽鲜艳，价格便宜，且穿洗方便，适宜于编织妇女、儿童的各种服饰用品。

混纺毛线常见的有毛黏混纺和毛腈混纺两种。毛腈混纺毛线在手感、弹性和保暖性等方面都接近全毛毛线，而且在强力高、重量轻、耐穿易洗和耐蛀等性能方面超过全毛毛线，加之价格便宜，所以是较受欢迎的一种毛线，特别适合于活动量大的青壮年和少年儿童编结毛衣。毛黏混纺毛线虽强力和耐磨性较好，手感也较柔软，但因弹性和色泽较差，重量也较全毛毛线重，所以现已不太受欢迎。

花式绒线品种很多，包括夹丝、夹花、卷毛和分段染色的毛线，还有乐谱线和圈圈线，使用花式毛线编织的毛衣具有独特的风格，深受穿着者的喜爱。“马海毛”毛线是一种由安哥拉山羊毛加工成的毛线，因安哥拉山羊毛的粗细、长短都不相等，所以马海毛具有许多长短的细毛包缠在毛线周围，用马海毛编结的毛线，具有特别的蓬松和柔软感，加之马海毛光泽优雅，滑爽柔软，保暖耐用，弹性好，吸湿性也好等优点，穿了马海毛的毛衣既暖和又有雍容华贵的感觉，为其他毛线所不能比拟。但目前市场上所见到的“马海毛”，绝大多数是用腈纶仿制的,虽然外观接近马海毛毛线,但穿着舒适性却不如真正的马海毛毛线。尽管如此,仍深受年轻妇女的喜爱。

为便于经营和识别绒线,国家制定了绒线商品的品号用以具体区别绒线的各种规格。绒线的品号即绒线的商品代号,用三位数表示,第一位数字表示所使用的纤维原料,具体表示如下:

0　表示山羊绒或山羊绒混纺毛线

1　表示纯国毛绒线

2　表示纯外毛绒线

3　表示外毛、黏纤混纺绒线

4　表示黏胶纤维绒线

5　表示国毛、黏纤混纺绒线

6　表示外毛、腈纶混纺绒线

7　表示国毛、腈纶混纺绒线

8　表示纯腈纶及其他化纤混纺绒线

9　表示除羊毛外的其他动物纤维(如驼毛、兔毛等)的纯纺或混纺

品号的第二、三位数代表绒线的单股毛纱支数。如"185"代表单纱支数为8.5公支的纯国产毛绒线;"272"代表单纱支数为7.2公支的纯进口毛绒线;"880"代表单纱支数为8公支的纯腈纶线。如果是试制的新产品,则在三位数字前再加一个"4"字,成为四位数品号,如"4368"是单纱为6.8公支的外毛和黏纤混纺绒线新产品。品号中支数是指单纱支数,而不是绒线的支数。绒线一般是四股合并,所以"272"即为四根7.2公支的纯外毛单纱合股成的绒线。

选购绒线时,除按品号了解绒线规格品种外,还须学会识别绒线的优劣,主要从以下两方面来识别:①用毛感进行识别,检查绒线的弹性,要求丰满又有弹性,柔中有刚,柔而不烂,刚而不糙。②观察绒线的色泽外观,要求色泽鲜艳,光泽柔和悦目,白要雪白,青要靛青,蓝要蔚蓝,黑要乌黑,而且要求色泽均匀,有膘光而不刺目,外观要松、胖、圆、条干均匀。松即蓬松,胖即丰满,圆即绒线截面圆整,其他一些如强力、色牢度和防蛀能力等须凭借测试仪器,只能根据生产厂家的介绍进行判断。

3.9　变形丝

为了使合成纤维长丝具有羊毛状蜷缩、伸缩性和蓬松性,使织物具有全新

的风格,利用合成纤维的热可塑性,对普通合纤长丝进行热加工和机械加工,使其具有较高的伸缩性和蓬松性,这种丝线称为变形丝或加工丝。通常采用的加工方法很多,不同的方法加工成的变形丝的特点也有所区别,表3-11是常用的加工方法及其产品的特征。

表3-11　变形丝的加工方法及其产品特征

加工方法	加工方法简述	变形丝形状	变形丝的特征
加捻退捻法	长丝先加捻,再热定型,然后退捻		伸缩性、蓬松性特别好
假捻法	进行假捻的同时施行热定型		伸缩性、蓬松性较好
刀边擦过法	通过加热罗拉后的长丝擦过一刀口(在一定张力下)		伸缩性较小,蓬松性好,风格较好
填塞箱法	长丝喂入填塞箱,在高度压缩下进行热定型		中等程度伸缩性
赋型变形法	针织编结后,热定型再解编,从热齿轮中间轧过		波纹均匀,伸缩性中等,风格独特
空气喷射法	热空气流喷射长丝,而致互相交络并起圈		伸缩较差,但风格独特
复合蜷缩法	经热拉伸和未经拉伸的两种纤维一起纺纱,再进行热处理		蓬松性好,可用此法制造膨体纱

变形丝除表3-11中所述的特点外,还有以下特点:

a) 因蓬松性好,变形丝的覆盖率大于普通纱线。

b) 纱线内空气含量增加,制成织物保暖性较好。

c) 纱线内纤维间空隙增大,吸湿性改善。制成的服装舒适性改善。

d) 手感柔软。

e) 变形能力提高,弹性改善。

f) 光泽也有改善,变得较为柔和。

g）有利于改变纱线性状，获得新纺织制品。

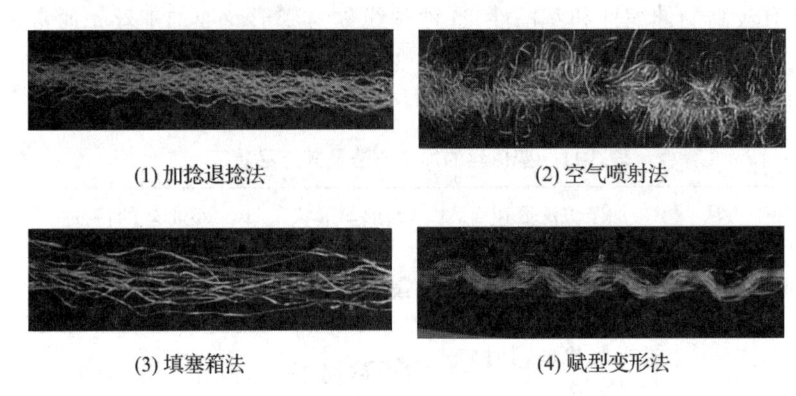

(1) 加捻退捻法　(2) 空气喷射法

(3) 填塞箱法　(4) 赋型变形法

图 3-8　变形丝

下面对变形丝生产和贸易中常常用到的代码，作简单的介绍：

1）POY 丝和 FDY 丝：高速纺丝的纺丝速度为3 000 ~ 6 000 m/min，纺丝速度在 4 000 m/min 以下的卷绕丝具有较高的取向度，称之为预取向丝，通称 POY 丝（Pre-oriented yarn）。若在纺丝过程中引入拉伸作用，可获得具有高取向度和中等结晶度的卷绕丝，为全拉伸丝，通称 FDY 丝（Full draw yarn）。

2）DTY 丝：即假捻变形丝，也称弹力丝，通称 DTY 丝（Draw textured yarn）。常见的 DTY 网络丝是指丝条在网络喷嘴中，经喷射气流作用，单丝互相缠结且呈周期性的网络点的长丝。网络加工技术和 DTY 技术结合制造的低弹网络丝，既具有变形丝的蓬松性和良好的弹性，又有许多周期性的网络点，既提高了长丝的紧密度，又可省去若干纺织加工工序，还能改善丝束通过喷气织机的能力，所生产的织物又能具有特异的风格。

3）DT 丝：拉伸加捻丝，通称 DT 丝（Draw twist）。以 POY 丝为原料，经牵伸加捻机，以拉伸为主，再给以少量捻度而得到的。

第四章　机织物

机织物是两个系统的纱线,互相交错制织而成。机织物是一种最常用的服装材料,无论在使用品种上还是生产数量上都处于领先地位。本章主要就机织物的基本结构、种类、性能作一简单介绍。

4.1　机织物的形成和分类

机织物由经纱和纬纱按一定的规律交叉而成,如图 4－1 所示。首先把经纱排列成平行状的织轴(图 4－1 的 9),依靠一定的机构——综框(图 4－1 的 6),按一定的规律上下分开,形成梭口 4,用引纬器——梭子 3 引入纬纱,靠筘 5 打紧,织成的机织物经胸摞 2 卷到卷布辊 1 上。

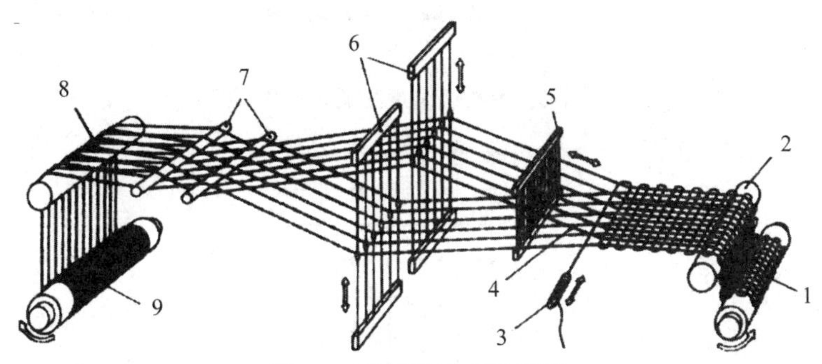

图 4-1　机织物形成示意图

1—卷布辊　2—胸摞　3—梭子　4—梭口　5—筘　6—综框
7—分绞棒　8—后摞　9—织轴

机织物的分类方法很多,一般按加工方法、纤维原料或织物组织进行分类。

按加工方法:棉布可分为本色坯布、漂布、色布、印花布、色织布、精梳织物、普梳织物、环锭纱织物和气流纱织物等;丝织物有生货、熟货织物之分;毛织物有素织、色织之分等。

按纤维原料：可分为棉织物、毛织物、丝织物、麻织物、化纤织物、混纺织物、交织织物、纱织物、半线织物和全线织物等。

按织物组织的分类方法：在常用的织物商品名称中所见不多，相对上述两种分类方法用得较少。常见的平纹布、斜纹布、缎纹布等都以组织进行分类。

4.2 织物组织

织物中的经纬纱相互交织的规律和形式，称为织物组织。织物组织对织物性能影响很大，即使所使用的纤维原料相同、纱线的粗细以及在织物中排列的紧密程度相同，织物组织的变化也会使织物的外观、手感、物理机械性能以及服用性能发生明显的变化。

织物组织的表示方法，有意匠纸表示法和直线表示法两种，如图 4－2 和图 4－3 所示。通常用意匠纸表示法，这种表示织物组织的图形称为组织图。

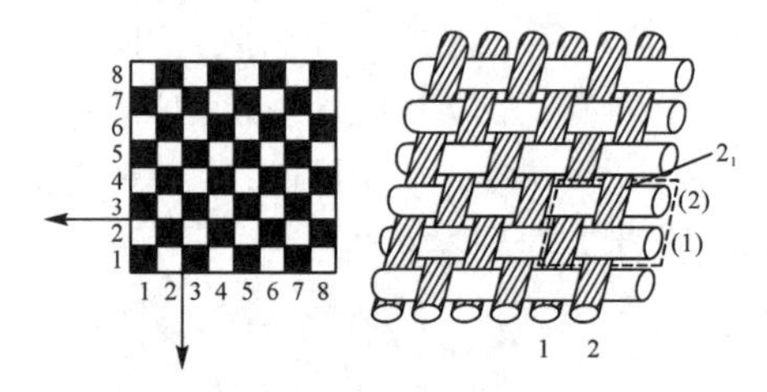

图 4-2 织物组织意匠纸表示法

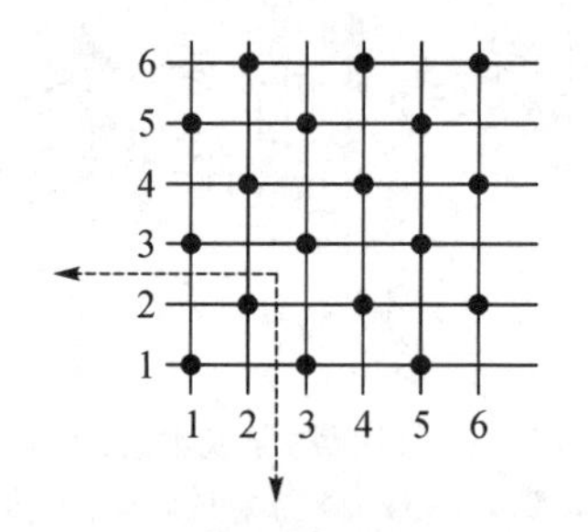

图 4-3 织物组织直线表示法

织物组织图中，经纬纱交织之处称为组织点，如图 4－4 所示。当经纱在纬纱之上，称为经组织点或经浮点，反之称为纬组织点或纬浮点。经纬纱互相交织的规律，或经组织点和纬组织点排列的规律，在织物中每重复一次所需的最少纱线数，称为一个组织循环或一个完全组织。构成一个组织循环的经纱根数或纬纱根数,称为经纱循环数(完全经纱数)R_j 或纬纱循环数(完全纬纱数)R_w。图 4-3 中,$R_j = R_w = 2$。

织物组织中,两根相邻经(纬)纱上相应的组织点之间的距离称为组织点的飞数,通常用纱线根数表示。沿经纱方向计算相邻两根经纱上相应纬(经)组织点的距离称经向飞数 S_j,如图 4-5 所示。沿纬纱方向计算相邻两根纬纱上相应经(纬)组织点的距离称纬向飞数 S_w。理论上,常把飞数看成一个向量,从图 4-5 中可见,经向飞数 S_j 向上为正,向下为负;纬向飞数 S_w 则向右为正,向左为负。

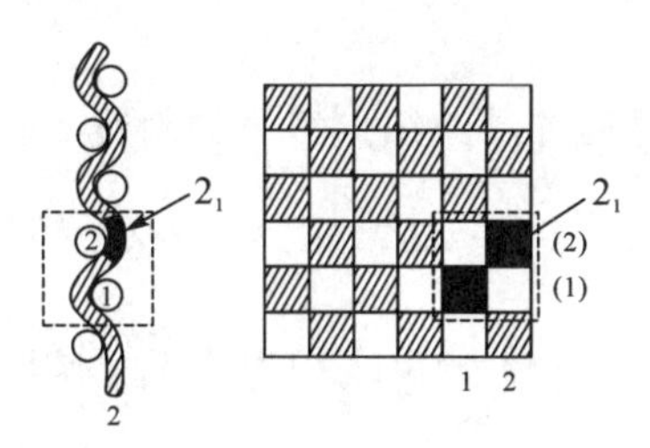

图 4-4 平纹组织

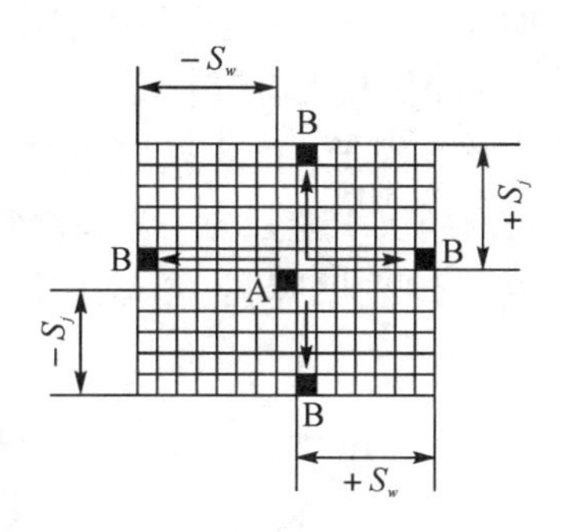

图 4-5 飞数方向图解

任何织物都由一定的织物组织构成,织物组织种类很多,根据交织规律和参加交织的经纬纱组数等因素可分为:原组织、变化组织、联合组织、复杂组织和提花组织。

4.2.1 原组织

织物组织中最简单最基本的一类组织,其他的组织都是在原组织的基础上变化、联合、发展的。原组织的飞数是常数;其每根经(纬)纱上只有一个经(纬)浮点,所以原组织的经纱循环数和纬纱循环数相等。原组织分平纹组织、斜纹组织和缎纹组织三类,简称三原组织。

4.2.1.1 平纹组织

最简单的组织如图 4 - 4 所示。$R_j = R_w = 2$。平纹组织经纬纱每隔一根就交织一次,交织点排列稠密,正反面没有明显的区分, 所以平纹织物结构紧密,质地坚牢,但手感较硬。设计时,如配以不同纤维原料、纱线线密度、经纬密度、经纬捻度和捻向、经纬色线等,都可使平纹织物获得不同的外观和物理机械性能。如粗平布、市布、细布、毛蓝布、府绸、巴里纱、涤黏中长凡立丁、法兰绒、派立司、杭纺、洋纺、绢丝纺、双绉等都是由平纹组织制织而成。

4.2.1.2 斜纹组织

织物表面具有由经纱或纬纱组织点组成的斜线。斜线有向左斜也有向右斜。组织循环$R_j = R_w \geqslant 3$。斜纹组织通常用分式表示,如图4 - 6中(a)为$\frac{1}{3}\nearrow$,(b)为$\frac{1}{3}\nwarrow$,(c)为$\frac{3}{1}\nearrow$。分子分母之和为该组织循环数。斜纹有经面斜纹和纬面斜纹之分,在织物表面上经组织点占优势的为经面斜纹,反之为纬面斜纹。如图 4 - 6 中(a)为纬面斜纹, (c)为经面斜纹。由此可见,斜纹织物有正反面之分。斜纹组织内纱线的浮长较大,使斜纹组织结构较平纹(经纬密度和粗细相同条件下)稀疏,强力比平纹低,手感、光泽和弹性却较好,生产中常采用增加经纬密度的方法来提高斜纹织物强力。斜纹织物品种也很多,如:斜纹布、卡其、华达呢、哔叽、立绒大衣呢、啥味呢、海军呢、麦尔登、斜纹绸、美丽绸、闪色绫、绢斜绸等。

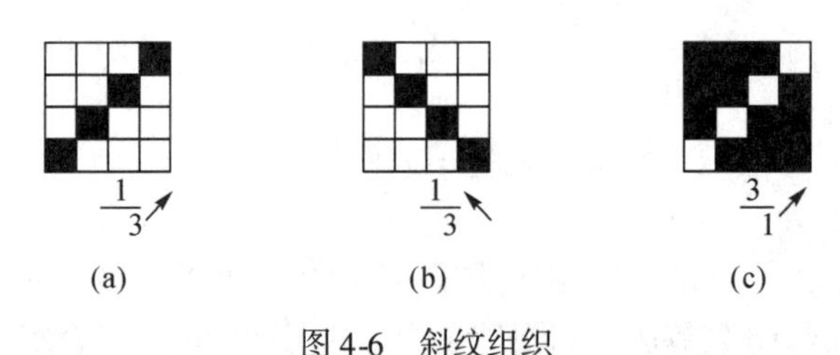

图 4-6 斜纹组织

4.2.1.3 缎纹组织

它的经纱或纬纱在织物中形成一些单独的、互不连续的经组织点或纬组织点,这些组织点分布均匀,常常为其两旁的另一系统纱线浮长所遮盖。所以这类织物表面(正面)平滑而富有光泽,手感柔软滑润。缎纹组织的循环数为$R_j = R_w \geqslant 5$,它也有正反面之分,如图 4 - 7。缎纹组织也用分式表示,其分子表示该缎纹组织的循环数,也称“枚”数,分母表示缎纹组织的飞数。经面缎纹组织的分母为经向飞数,纬面缎纹组织的分母数是纬向飞数。如图4-8,(a)为$\frac{10}{3}$经面缎纹,(b)为$\frac{10}{3}$纬面缎纹。影响缎纹织物外观特点的因素很多,主要是经纬纱线的密度、捻度和捻向。纱线的加捻一方面会使织物表面光泽减弱,另一方面又使纱线刚度增加,织物手感变硬。所以纱线捻度增加会影响缎纹织物手感柔软滑润的特点。生产中,用作缎纹织物的短纤维纱,须选用较低的捻度。在经纬纱捻向配合上不但要求经纬纱捻向相反,而且还要求缎纹组织表面占优势的经(纬)纱内纤维倾斜的方向,要与缎纹组织点的倾斜方面一致,以保证缎纹织物表面良好的光泽,如图4-9(b)。经纬纱的密度对缎纹织物的表面特性也有影响,密度愈大,愈易覆盖一个个单独的组织点,织物表面光泽效果也愈好。缎纹织物的品种也很多,如:直贡缎、横贡缎、毛氇氇呢、软缎、织锦缎等。

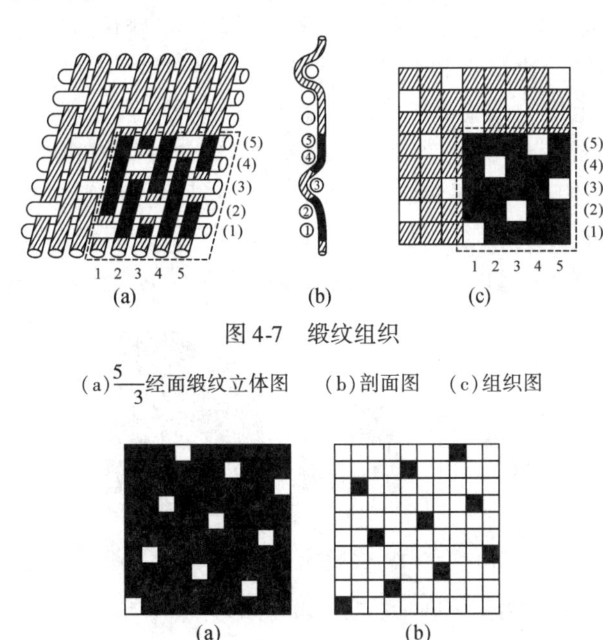

图4-7　缎纹组织

(a)$\frac{5}{3}$经面缎纹立体图　(b)剖面图　(c)组织图

图4-8　缎纹组织图

(a)经面缎纹　(b)纬面缎纹

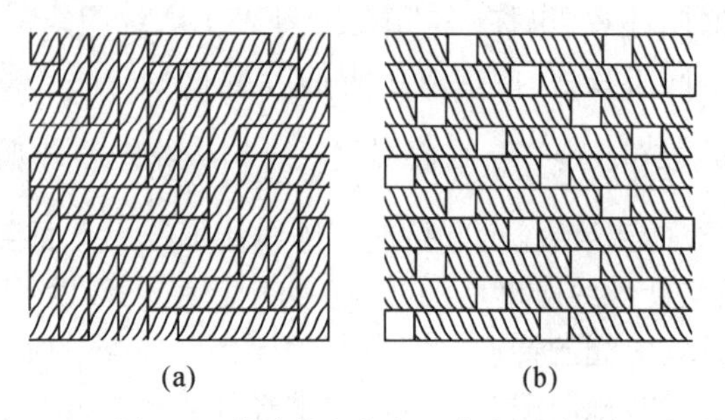

图 4-9　纱线捻向与织纹方向的关系

(a) 斜纹织纹方向与纱线内纤维斜向互相垂直,斜纹的织纹清晰

(b) 缎纹的纱线纤维倾斜方向与缎纹方向一致,缎纹的光泽好

4.2.2　变化组织

变化组织是在原组织的基础上改变组织点浮长、飞数、织纹方向等因素中的一个或几个而产生的各种组织。按原组织的种类、变化组织相应地分为平纹变化组织、斜纹变化组织和缎纹变化组织,各种变化组织虽然形态各不相同,但仍具有原组织的某些基本特征。如图 4－10 的(a)为斜纹组织, (b)和(c)为斜纹组织的变化组织,其表面仍具有原组织斜纹组织的外观特征。

平纹变化组织有经重平组织,如图 4－11(a)所示,该组织制成的织物表面具有横向凸条;纬重平组织,如图 4－11 (b)所示,该组织制成的织物表面有纵向凸条;如图 4－11(c)为方平组织,该组织制成的织物表面有小颗粒状。

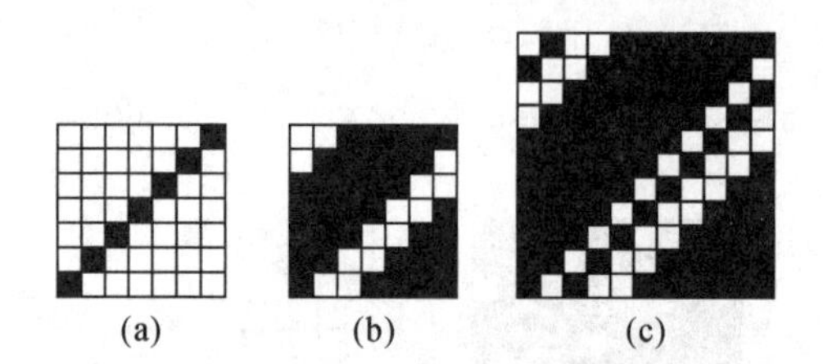

图 4-10　原组织的斜纹组织和斜纹变化组织

(a) $\frac{1}{6}\nearrow$斜纹　(b) $\frac{5}{2}\nearrow$加强斜纹　(c) $\frac{7\ \ 1}{2\ \ 1}\nearrow$复合斜纹

斜纹变化组织种类很多。有:①加强斜纹是变化组织点的浮长,如图 4－12 和图 4－10(b)所示;②复合斜纹是简单斜纹和加强斜纹在一组织循环内的联合,织物表面有不同宽度的两条或两条以上斜线,如图 4－10(c) ;③山形斜纹、锯齿形斜纹、菱形斜纹和破斜纹,是改变织纹方向,它们的特点是在同

一组织循环内，斜纹的斜向要发生变化，如图 4 - 13 中：(a)为菱形斜纹，(b)为山形斜纹，(c)为破斜纹，它的特点是斜线在一定位置折断，方向反转，形成斜线破断的斜纹组织；④急斜纹、缓斜纹、曲线斜纹，它是依靠改变斜纹组织的飞数来达到的，如图 4 - 13(d)所示；⑤阴影斜纹，为了表示织物表面呈现由明到暗或由暗到明的外观效应，常用阴影斜纹组织，它是纬面斜纹（经面斜纹）逐渐过渡到经面斜纹（纬面斜纹）的组织。

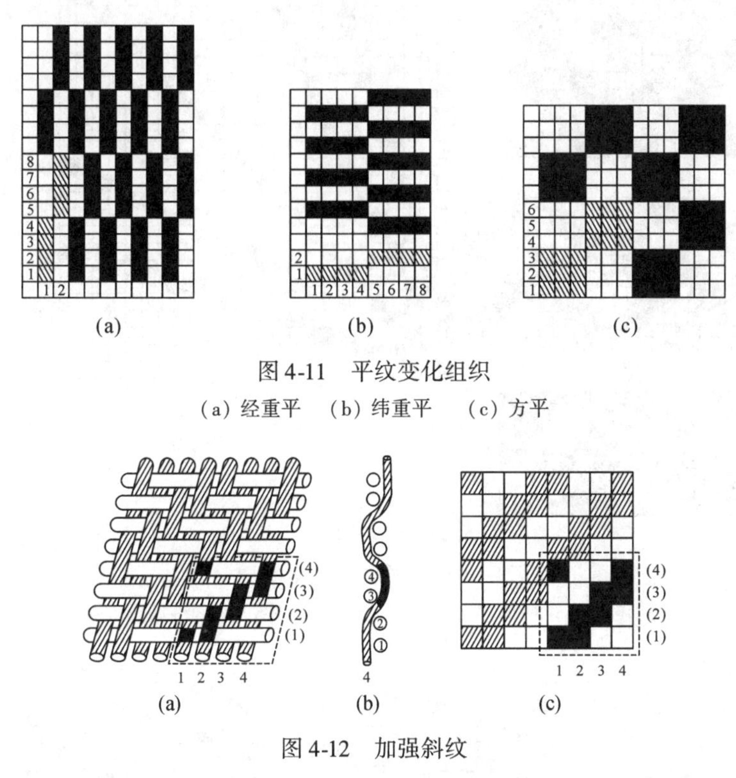

图 4-11　平纹变化组织

（a）经重平　（b）纬重平　（c）方平

图 4-12　加强斜纹

（a）$\frac{2}{2}\nearrow$加强斜纹立体图　（b）剖面图　（c）组织图

缎纹变化组织有：加强缎纹、变则缎纹和阴影缎纹三类。加强缎纹是在缎纹组织的单个组织点旁，沿纵向、横向或对角线方向，增加一个或数个组织点而形成，如图 4 - 14(b)即为(a)的$\frac{8}{5}$纬面缎纹的经组织点横向增加一个经组织点而形成的。原组织内缎纹的飞数是一个常数，这种缎纹组织也常称为正则缎纹，如图 4 - 14（a）。如果在一个组织循环内，采用两种或两种以上的经向或纬向飞数,可作出类似正则缎纹的组织,称这种缎纹组织为变则缎纹,如图 4 -14(c)、(d)。阴影缎纹是由经面缎纹(纬面缎纹)逐渐过渡到纬面缎纹(经面缎纹)的缎纹组织。

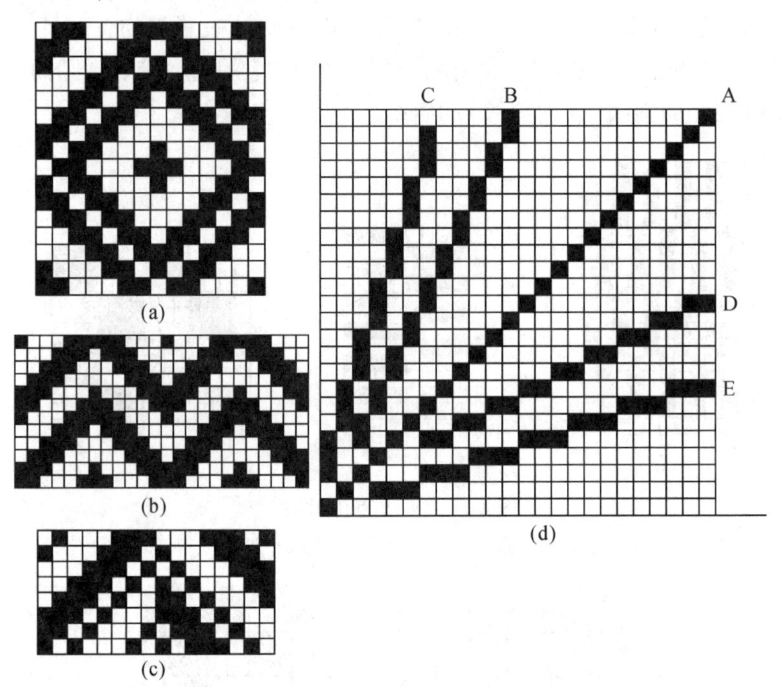

图 4-13　斜纹变化组织

(a) 菱形斜纹;(b) 山形斜纹;(c) 破斜纹;(d)飞数与斜纹线倾斜角的关系

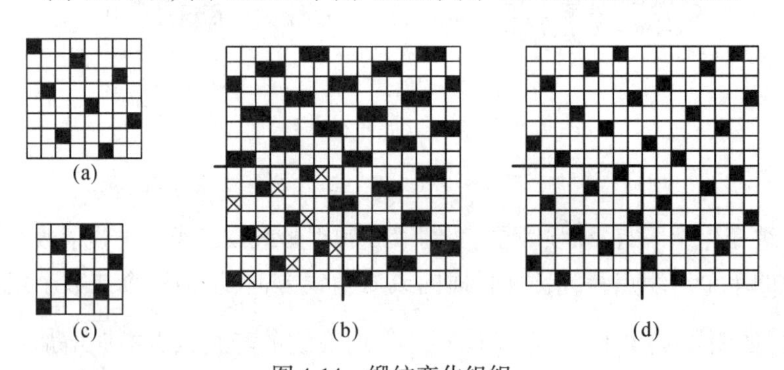

图 4-14　缎纹变化组织

(a)$\frac{8}{5}$纬面缎纹　(b) 加强缎纹　(c) 变则缎纹　(d) 变则缎纹

复杂变化组织是在三原组织的基础上,利用各种不同的方法演变而获得的,它仍具有原组织特点,有较复杂的花纹效应,而其表面却美观多变。有鸟眼组织、麦粒组织、夹花斜纹和芦席斜纹等。如图 4 - 15(a)为鸟眼组织,(b)为麦粒组织,(c)为夹花斜纹组织,(d)为芦席斜纹组织。

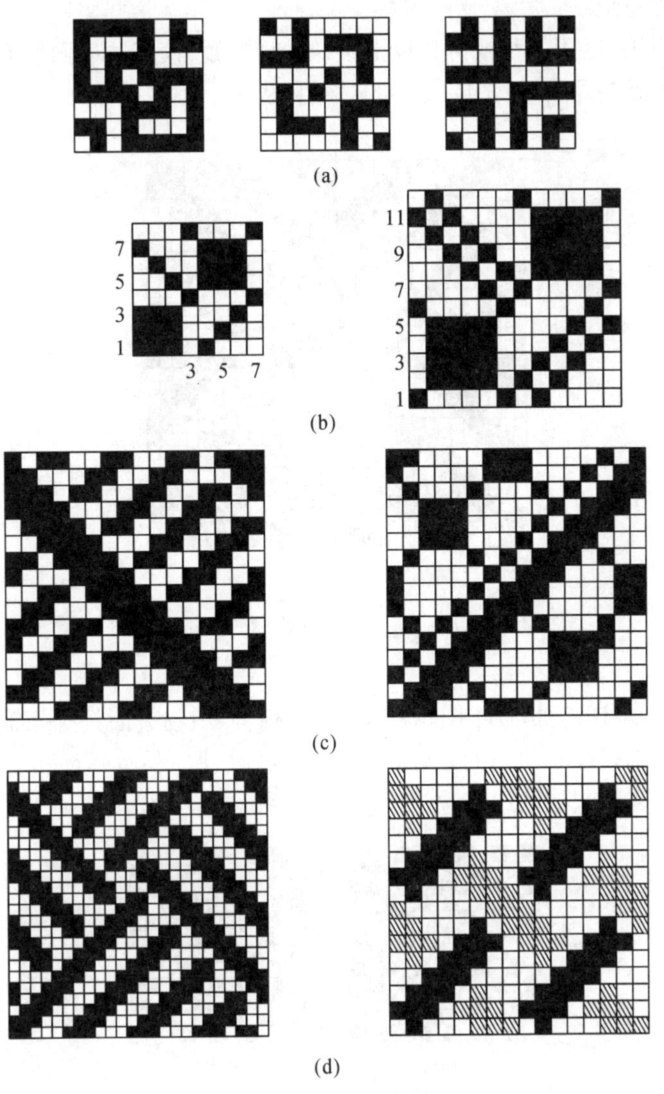

图 4-15　复杂变化组织

(a) 鸟眼组织　(b) 麦粒组织　(c) 夹花斜纹组织　(d) 芦席斜纹组织

4.2.3　联合组织

由两种及两种以上的原组织或变化组织，用各种不同的方法联合而成的组织，在织物表面可呈现几何图形或小花纹效应。按照联合方法和外观效应的不同，主要可分为：条格组织、绉组织、蜂巢组织、透孔组织、凸条组织、网目组织和小提花组织。

条格组织：运用两种或两种以上组织并排配置，使织物表面形成条纹或格子花纹称为条格组织。图4－16为方格组织。

图4-16　以$\frac{3}{3}$斜纹为基础构成的方格组织图

绉组织：利用经纬纱的不同浮长交错排列，使织物表面具有分布均匀呈不很明显的细小颗粒状凹凸的外观效应，手感柔软、厚实、有弹性、光泽柔和，这种能使织物表面起皱的组织称为绉组织，也称泥地组织（图4－17）。

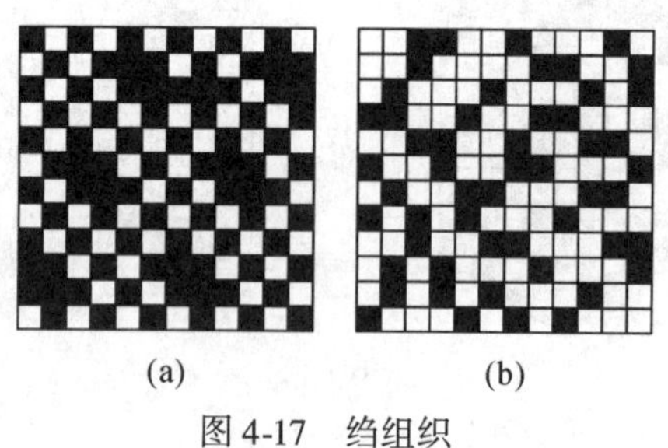

(a)　(b)

图4-17　绉组织

蜂巢组织:能使织物具有四周高、中间低的方形、菱形,或其他几何形状,有如同蜂巢状外观的组织,如图 4 - 18 所示。蜂巢组织具有较长的经纬浮长线所形成的凹凸格子,故手感柔软,吸水性能良好。

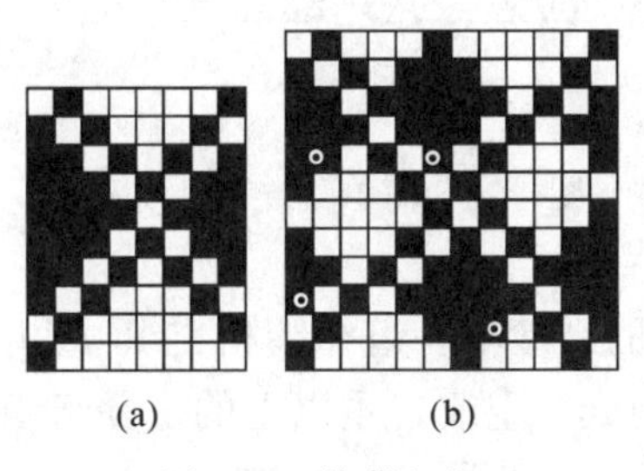

(a)　　(b)

图 4-18　蜂巢组织

透孔组织:可使织物表面产生均匀分布的小孔的组织称为透孔组织。由于它与纱罗组织的织物相像,故又有“假纱罗组织”或“模纱组织”之称。如图 4 - 19 所示。

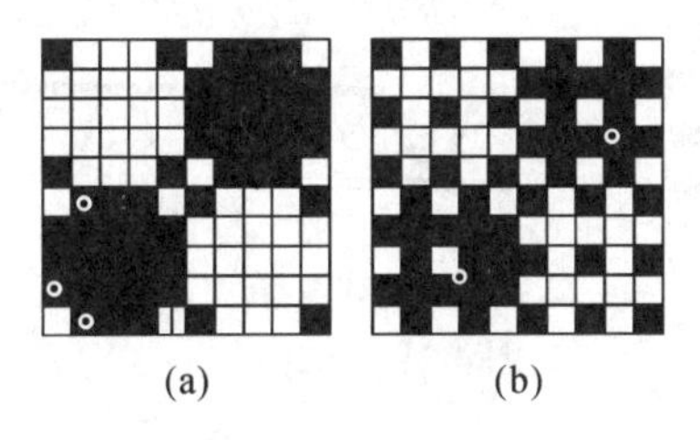

(a)　　(b)

图 4-19　透孔组织

凸条组织:织物表面具有纵向、横向、斜向或其他形状排列的凸条纹。这些凸条纹正面一般是由平纹、1/2 或 2/1 斜纹等较紧密和简单组织构成,而织物反面沉伏、着浮长线,见图 4 - 20。由图可见,除了织物表面有凸起的条纹外,织物面反面的浮长与正面的固结组织之间还形成一定间隙,因而质地较为厚实,手感松软,保暖性较好。凸条隆起的程度不仅与组织的浮长有关,而且还与纱线的张力、织物密度有关。

4.2.4　复杂组织

这类组织是由多组经、纬纱线交织而成的组织。有重组织、双层组织、起绒组织、纱罗组织等。

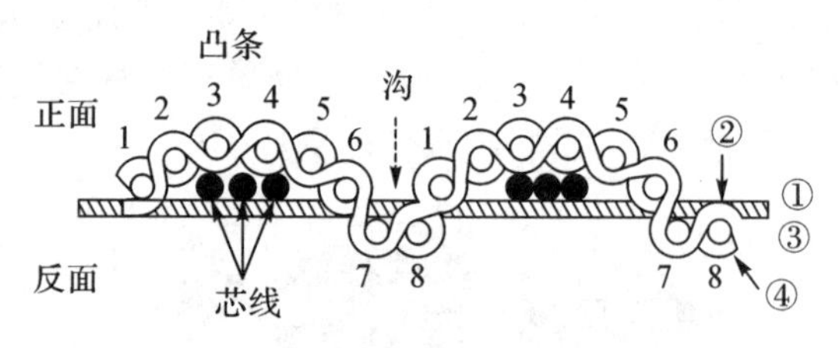

图 4-20　简单凸条组织截面

4.2.4.1　重组织

由两组或两组以上的经纱与一组纬纱相交织,或由两组或两组以上的纬纱与一组经纱相交织,制成二重或二重以上的重叠组织称为重组织。这种组织形成的织物称为重织物。如图 4－21,其中(a)为组织图,(b)为结构图,(c)为剖面图。

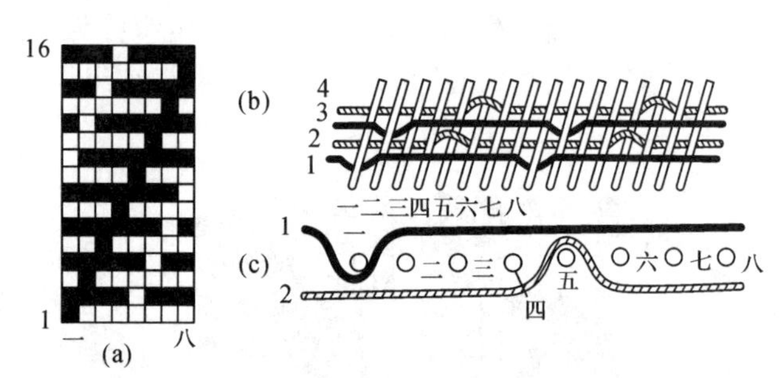

图 4-21　重组织

重组织有以下特点:

(a) 可制作表面具有不同色彩或不同原料所形成的色彩丰富、层次多变的花纹织物,如像景织物。

(b) 经纱或纬纱组数的增多,不但能美化织物外观,而且在织物重量、厚度、坚牢以及保暖性等方面都有所增加。

4.2.4.2　双层组织

由两组经纱分别与两组纬纱交织形成相互重叠的上下两层的织物。按用途不同,可以是分离的两层(如管状组织),也可以是两层连接在一起。图 4－22 中(a)为表里换层组织的结构图,(b) 为剖面图,(c)为表里接结的双层织物的剖面图。采用双层组织,可达到下列目的:

a) 在一般织机上可制织管状织物,或由狭幅织机制织较宽门幅织物。

b) 使用两种或两种以上的色线作为表里经线、表里纬线构成纯色或配色花纹。

c）表里使用不同缩率的原料，能织出高花效应的织物。

d）双层织物能增加织物的厚度和弹性。

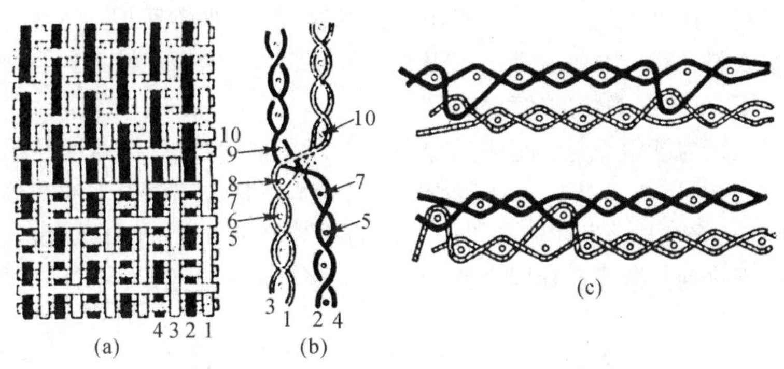

图 4-22　双层组织

4.2.4.3　起绒组织

表面具有一层毛绒的织物称为起绒织物。其对应的组织称为起绒组织。它是由一个作固结毛绒用的地组织和另一个形成毛绒的组织联合而成，整理时，又把部分经纱或纬纱切断，并使纤维直立，在织物表面形成毛绒。由于它的结构特殊，使起绒织物有以下特点：

a）织物耐磨性较好；

b）光泽柔和、手感柔软、弹性好、织物不易起绉；

c）织物较厚实，并借竖立的绒毛组成空气层，以增加保暖性。

起绒织物用途很广，可作衣料、帽料、鞋料、幕布、仪器盒、装饰品、包装盒、火车坐垫及戏装等。

起绒织物结构，如图 4－23(a)(b)所示。

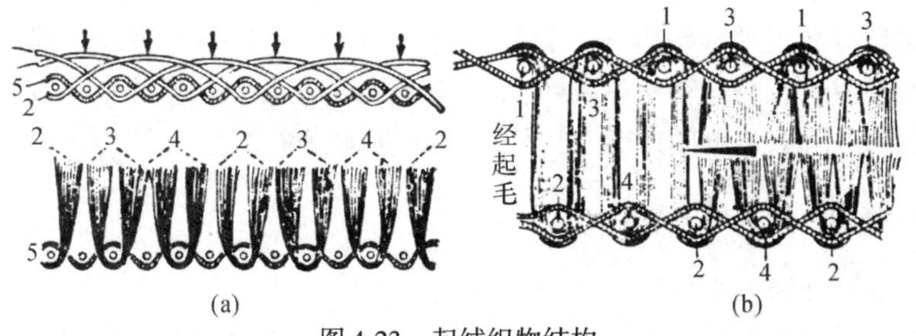

图 4-23　起绒织物结构

（a）纬起绒织物割绒示意图　（b）经起绒织物割绒示意图

4.2.4.4　纱罗组织

依靠经纱相互扭绞与纬纱交织而使表面呈清晰而均匀小孔的组织称为纱罗组织。纱罗织物内经纱并不相互平行,而是时有扭绞。所以虽有小孔,但织物结构稳定。这种织物一般采用较小的经纬密度,质地轻薄,透气性好,最造宜作夏季衣料、窗纱、蚊帐及筛绢等工业技术用织物。对吸温性差的合纤织物采用此组织,可改善织物的透气性。

纱罗组织为纱组织与罗组织的总称。每织一根纬纱,绞经与地经相互绞一次的称为纱组织,如图4－24(a)所示。凡织入三根或三根以上的奇数纬的平纹组织后,绞经与地经才相互扭绞一次的称罗组织。罗组织在织物表面的小孔成横条排列。故又有横罗之称,如图4－24(b)(c)所示。

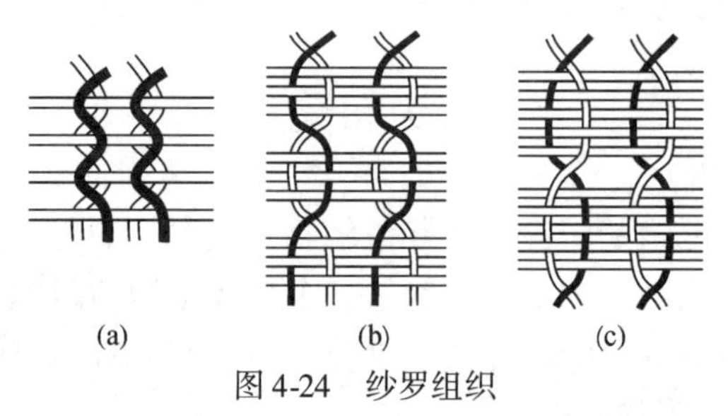

图4-24　纱罗组织

(a) 纱组织织物结构图 (b)(c) 罗组织织物结构图

4.2.5　提花组织

又称大花纹组织。组织循环很大,花纹也较复杂,只能在提花机上织造。根据所用的花、地组织不同,提花组织可分简单和复杂两类。花、地组织使用简单组织者为简单提花组织;花、地组织使用复杂组织者,称复杂提花组织。

上述各种组织的织物各有其外观特征和用途。同一用途的织物可以采用相同的组织,也可采用不同的组织。由于纱线的原料、结构(捻向、捻度、股数、花式线等)、经纬线密度、经纬细度、色彩以及整理加工方法等不同,即使采用相同组织,所得织物外观风格、手感等也会千差万别。但其他参数相同,仅织物组织不同,织物的性能、外观风格也会有显著差别。

4.3　机织物结构参数

4.3.1　经纬纱的线密度

经纬纱的粗细是织物结构的重要参数之一,也是织物设计的重要项目,一般说,由较细的纱线制成的织物较为细腻,由较粗的纱线织成的织物较为粗犷。此外,纱线粗细对织物的物理机械性能影响也较大。所以应根据织物的不同用途与要求选用合理的经纬纱的线密度。国家标准规定,棉织物及棉型化纤织物经纬纱的线密度用特克斯(tex)表示。纺织工业部老的标准规定,毛织物与毛型化纤织物经纬纱的线密度用公制支数表示,现在国家标准规定也要用特克斯。精纺毛织物所用纱线的线密度系列见表4-1。粗梳毛织物的纱支范围,根据不同的产品可以为58.8tex~500tex,如麦尔登大都为62.5tex~100tex,海军呢为77 tex~125tex,制服呢为111tex~166.7tex,苎麻布的大路品种采用的经纬纱是28.5tex或40 tex。天然或化纤长丝用纤度(tex)表示。

表4-1 精纺毛织物所用纱线的线密度系列

织物名称	织物原料	线密度 tex(公制支数)
华达呢	纯毛	22.2×2(45/2), 20×2(50/2), 18×2(56/2), 16.7×2(60/2)
	毛/涤	20×2(50/2), 16.7×2(60/2)
哔叽	纯毛	22.2×2(45/2), 20×2(50/2)
凡立丁	纯毛	20×2(50/2)
啥味呢	纯毛	20×2(50/2), 18×2(56/2)
花呢	纯毛	26.3×2(38/2), 20.8×2(48/2), 19.2×2(52/2), 16.7×2(60/2)
	毛/涤	26.3×2(38/2), 20×2(50/2), 18.5×2(54/2), 18×2(56/2), 16.7×2(60/2),15.6×2(64/2)
	涤/毛/黏	20.8×2(48/2), 20×2(50/2)
派力司	纯毛	16.7×2(60/2)×25(40)
	毛/涤	16.7×2(60/2)×25(40)
贡呢	纯毛	16.7×2(60/2)×25(40), 16.7×2(60/2)×16.7×2(60/2)

4.3.2 密度和紧度

单位长度织物内,经纬纱线根数称为织物的密度,有经纱密度和纬纱密度之分。沿织物纬向或经向单位长度内(10cm)经纱或纬纱的排列根数是经纱密度 P_T 或纬纱密度 P_w。织物密度的大小,以及经纬向密度的配置,对织物的性状,如织物的重量、坚牢度、手感以及透水性和透气性,有重要的影响。

密度相同的两种织物,如纱线粗细不一,它的紧密程度也不同,所以要比较组织相同而纱线粗细不同的织物的紧密程度,必须采用另一个表示紧密度的指标——织物经、纬向的紧密。它们是指经纬纱线的直径与两根经、纬线间的平均中心距离之比,以百分数来表示。因此有:

$$E_T = \frac{d_T}{a} \times 100 = \frac{d_T}{100/P_T} \times 100 = d_T \cdot P_T(\%) \quad (4-1)$$

$$E_w = \frac{d_w}{b} \times 100 = \frac{d_w}{100/P_w} \times 100 = d_w \cdot P_w(\%) \quad (4-2)$$

式中:E_T、E_w——经、纬向的紧度(%);

d_T、d_w——经、纬纱直径(mm);

P_T、P_w——经纬纱密度(根数/10cm);

a、b——两根经、纬纱间的平均中心距离(mm)。(图4-25)

织物的总紧度 E_z 是指织物中经纬纱线所覆盖的面积与织物总面积之比,用百分数表示。

$$E_z = \frac{\text{经纱与纬纱所覆盖的面积}}{\text{织物的总面积}} \times 100 = E_r + E_w - \frac{E_T \cdot E_w}{100} \quad (4-3)$$

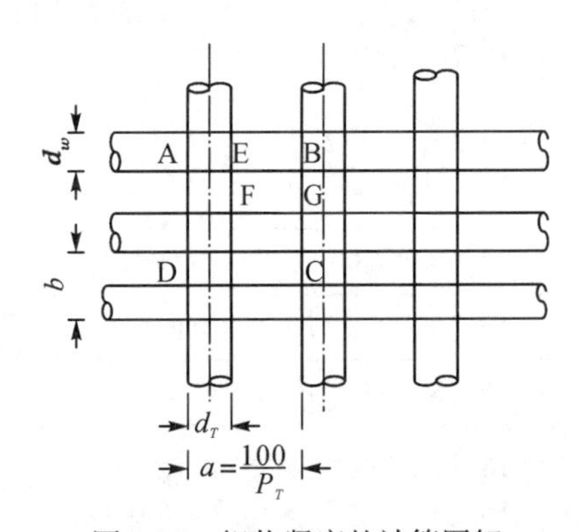

图4-25 织物紧度的计算图解

紧密度较大的织物,透气性、透湿性较差,手感较硬,重量也较大,但如果采用变形丝制作的织物,可以获得手感柔软,重量也较轻,透气透湿较好的紧度较大的织物,常用的各类本色棉布的经纬向紧度和总紧度见表4－2。

表4-2　常用本色棉布经纬向紧度和总紧度

分类名称		总紧度(%)	经向紧度(%)	纬向紧度(%)	经纬向紧度比例
平布		60～80	35～60	35～60	1∶1
府绸		75～90	61～80	35～60	5∶3
斜纹		75～90	60～80	40～55	3∶2
哔叽	纱 线	85以下 90以下	55～70	45～55	6∶5
华达呢	纱 线	85～90 90～97	75～95	45～55	2∶1
$\frac{3}{1}$卡其	纱 线	85以上 90以上	80～110	45～60	2∶1
$\frac{2}{2}$卡其	纱 线	90以上 97以上	80～110	45～60	2∶1
直贡		80以上	65～100	45～55	3∶2
横贡		80以上	45～55	65～80	2∶3

4.3.3　机织物的长度、宽度、厚度、平方米重和体积重量

4.3.3.1　机织物的长度和宽度

在机织物设计中,机织物的长和宽是一个重要参数,在成批生产的服装厂,对所选面料的幅宽和长度十分重视,因为这和成本核算关系很大。

4.3.3.2　机织物厚度

织物两表面间的垂直距离为织物厚度。纱线的线密度和织物组织,以及纱线的弯曲程度对织物的厚度有较大的影响。而织物厚度对织物的坚牢度、保暖性、透气性、防风性、刚度和悬垂性影响较为明显。假定纱线为圆柱体,且无变形,经纬纱直径相同,则织物厚度可在2～3倍纱线直径范围内变化,见图4－26。如经纱的屈曲波高为h_T,则织物的厚度t(mm)应为h_T和d_T之和。即$t = h_T + d_T$。要注意的是,染整加工工艺和所用的张力,对织物屈曲波高也有明显影响。

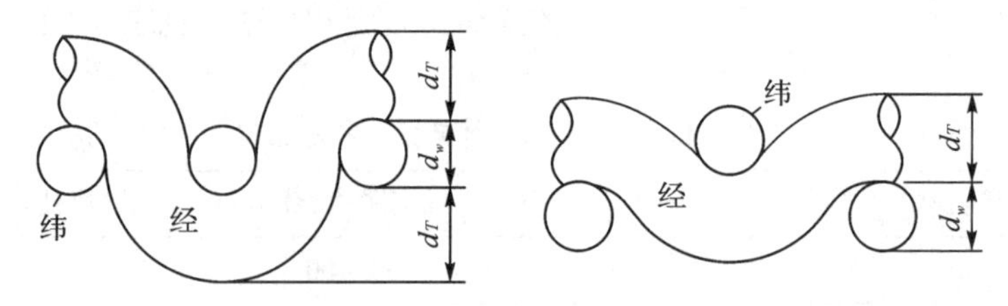

图 4-26 织物厚度的示意图

4.3.3.3 织物平方米重

织物平方米重量是表示织物重量的指标，以每平方米织物重量的克数即 g/m^2 来表示。这是核算成本的主要依据之一。一般平方米重大者，较为厚实；小者，较为轻薄。在外贸中，外商常习惯用“姆米”来衡量织物平方米重，1 姆米 = 4.3056 g/m^2。

4.3.3.4 织物的体积重量

指单位体积织物的重量，常以 g/cm^3 表示。织物体积重量与织物的毛型感关系很大，所以常常也用体积重量来衡量织物的毛型感。毛织物的体积重量在 0.45 ~ 0.50 g/cm^3，如果织物体积重量达到 0.6 g/cm^3，织物手感就显得板结粗硬，毛型感差，穿着时也易遭折边磨损。一般棉织物的体积重量较大，粗梳毛织物的体积重量要小一些，针织物更小，絮制品最小。此外织物的体积重量与纺织制品的导热性能关系十分密切。

4.4 机织物的基本性能

机织物的品种繁多，用途很广，不同用途的织物对性能有不同的要求。服装用机织物一般在外观上要求能保持美观的外形，即有一定的保形性，也要有一定的抗伸长能力、抗折皱能力和抗压缩能力；要求有理想的悬垂性和满意的色彩。在舒适性方面，要求有一定的透气性，要能维持满足人体生理需要的热温平御，既透湿又保暖；要求具有一定的织物风格值，也就是要求达到某些手感。在机械性能方面，要求具有一定的抗拉强度，撕破强度，耐冲击、耐磨和耐疲劳能力。在物理化学性能方面，希望耐热、耐日光、耐汗及耐化学药剂。在生物性能方面，希望能耐虫蛀、防霉、易洗又耐洗。此外，还要求上述性能稳定，即服装刚制成时所具有的性能，希望在使用一定时间后，仍保持这些性状。

机织物的这些基本服用性能，主要取决于组成织物的原料、织物的结构、织造工艺和染整加工。其中,原料是主要的、基本的。因而根据织物的用途合理选配原料是织物设计的基本内容之一。根据服装的用途选择组成织物的原料也是服装设计的重要环节。

为更简要地讨论织物的基本服用性能,把上述性能综合为外观、舒适和坚牢耐用三个方面。本节就这三方面加以讨论。

4.4.1 织物的外观造型性

服装的美观与否,人们喜爱与否,一般从服装的色彩、款式、大小合体以及服装外形的稳定性来加以考察。服装的款式和合体与否,是决定于服装设计和制作,服装的色彩和外形的稳定性却主要决定于所选的织物。

4.4.1.1 机织物的色彩

对色彩的要求相当复杂,涉及的因素不但很多,而且大多涉及人们的心理因素。一般讲,要求色彩鲜艳,且要与所设计的款式相协调,还要与该服装的穿着者的形貌、年龄以及当时社会流行色相协调。

4.4.1.2 形态稳定性

服装形态稳定性主要决定于服装的制作工艺和所选织物的性能,也即决定于所选织物在各种外力作用下,产生变形的难易,以及这些外力去除后,变形回复的难易。这既决定于织物的原料,也决定于织物的结构。在服装加工和穿着过程中,一般的作用力为拉伸、弯曲、剪切和压缩。

1)拉伸变形:织物受拉伸力作用后,产生伸长变形,其关系如图 4－27 所示。图 4－27 把纤维的拉伸曲线 1 的拉伸起始部分与织物拉伸曲线 2 的拉伸起始部分画在同一坐标内。由图可见,纤维开始受拉伸力作用,拉伸外力几乎与变形成直线关系,此直线的斜率就是纤维的弹性模量 E 值。织物受拉伸力作用下,使织物内弯曲的纱线伸直,变形量与拉伸力不成比例,变形增加速度较快,此时纱线内纤维并没被拉而伸长。从曲线的 c 点开始,纱线内纤维已被拉伸直,拉伸力与织物变形间的关系为曲线的 cd 部分,图 4－27 上明显可见 cd 与纤维拉伸曲线的起始部分近似平行。纤维受拉力作用后,它的伸长的难易决定于它的模量的大小。而织物受拉后产生的变形,决定于织物的结构和纤维的性能。外力去除后,织物变形的回复,主要决定于纤维的弹性回复率(拉伸和弯曲)和织物内纱线间的摩擦阻力。

作服装用的织物,根据用途不同,对织物的伸长能力的要求也不同。如紧身服装,要求织物伸长能力大,弹性恢复能力也要大;对宽松的服装,织物的伸长能力和弹性恢复能力都可稍差些。在进行服装设计选择衣料时,须加注意。

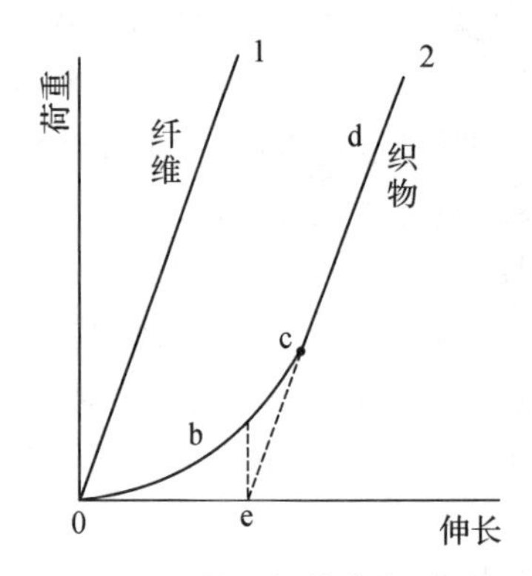

图 4-27　织物的拉伸曲线(起始)

2)弯曲变形:对于服装用织物,希望它有良好的弯曲变形能力,也就是说,在弯矩作用下,很容易产生弯曲变形,这才能使人们穿着该服装感到活动方便。由力学推导可以知道,弯曲变形的难易与该材料的弹性模量有关,弹性模量愈大,愈难产生弯曲变形;弹性模量越小,愈易产生弯曲变形。还与织物的厚度有关,厚的织物不易弯曲,薄织物容易弯曲。对织物来讲,还与织物内纱线间的摩擦阻力有关。图 4－28 表明平纹织物弯曲时,织物内纱线间的位移情况。外力去除后,弯曲变形的回复,要视纱线间摩擦阻力的大小与纤维的弹性回复能力而定。纱线间的摩擦阻力又与纱线种类(长丝还是短纤维)织物组织、经纬纱密度等有关。

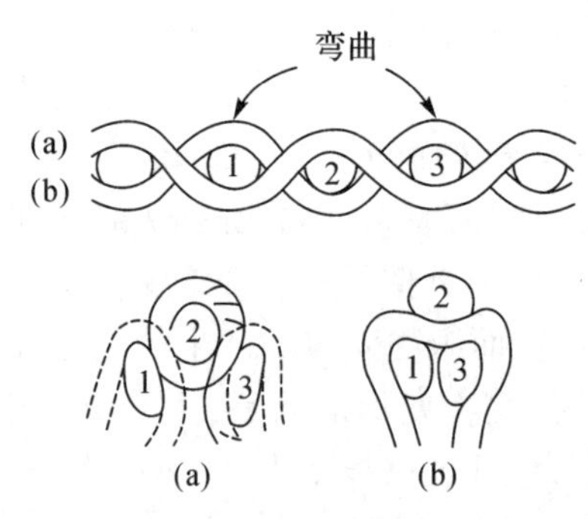

图 4-28　平纹织物弯曲对织物纱线的位移情况

3)剪切变形:图4－29的变形即为剪切变形。在剪切外力作用下,织物产生剪切变形的难易决定于经纬纱线间的交织阻力,也就是纱线间的摩擦阻力。产生剪切变形后,织物内纱线间的交叉角改变了。外力去除后,仅依靠纱线的弹性回复,使剪切变形渐渐回复。剪切变形对面料的造型性能影响较大,做丰满的胸部和背、肩的圆势都需要织物有较好的造型性能,也就是需要较好的剪切变形能力,所以这种变形对服装外观影响较大。

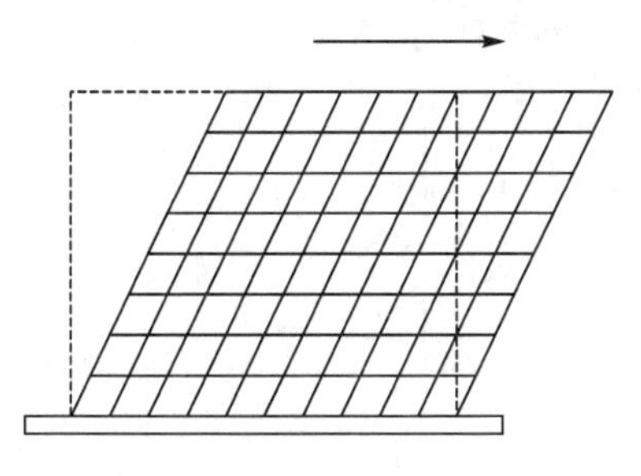

图4-29 织物的剪切变形

4)压缩变形:对一些薄型织物来讲,压缩变形一般不太为人们所注意,而对于如毛毯和绒织物等厚实型织物来讲,压缩变形及其回复率应引起足够的重视。因为纺织制品内包含大量空气,织物愈厚,愈含有较多的空气,所以也易于被压缩。为保持制品原有的外貌,希望压缩外力消失后,压缩变形尽快恢复,这样既可以使织物外观的保形性好,也可以使制品的空气含量不变,保暖性不受影响。压缩变形的回复能力决定于纤维的弹性回复率,图4－30表示织物的压缩变形及其回复情况。图中 D_0 为布的厚度,在压缩力 P(N/cm^2)作用下,为($D_0 - D$)。压缩力去除后,厚度回复到($D_0 - D_p$),D_c 为回复部分。常常用压缩率与 δ(%)来表示织物可压缩的程度,用压缩弹性回复率 R_0(%)来表示压缩变形的回复能力。压缩率和压缩弹性回复率可用下列式子计算:

$$\delta = \frac{D}{D_0} \times 100 \qquad (4-4)$$

$$R_0 = \frac{D_c}{D} \times 100 \qquad (4-5)$$

4.4.1.3 织物的抗皱性

在揉搓织物时,织物发生塑性弯曲变形而形成折皱的性能,称为揉皱性,又称折皱性。织物抵抗由于揉搓而引起的弯曲变形的能力称为抗皱性。实际上，织物的抗皱性大都反映在除去引起织物折皱的外力后，由于织物的弹性而使织物逐渐回复到起始状态的能力，因此也常常称抗皱回复性或折皱回弹性*。由折皱性大的织物做成的衣服，在穿着过程中容易起皱，即使该服装在色彩、款式和大小合体及穿着稳定性方面都较为理想，也无法保持美好的外观。譬如一套高级、精制的西装，如一靠就皱，一坐即皱，就大为不美，而且还会因皱纹处的剧烈磨损而加快服装的损坏。因此在服装设计时挑选衣料，还须对织物的抗皱性给以一定的注意。

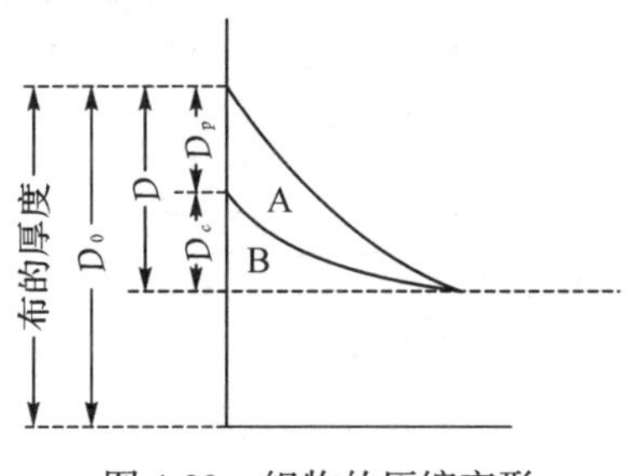

图 4-30　织物的压缩变形

4.4.1.4　织物的悬垂性

织物在自然悬垂下，能形成平滑和曲率均匀曲面的特性，称为织物的悬垂性。常用悬垂系数 $F(\%)$ **来表示，一般讲 F 愈小，悬垂性愈好，反之亦然。某些衣着用织物或生活用织物，特别是裙类织物、舞台帷幕、桌布等，都应具有良好的悬垂性，悬垂性直接与刚柔性有关，抗弯刚度大的织物，悬垂性差。

织物的悬垂性好坏，在经纬两个方向上可以相同，也可以不相同。一般要求机织物的纬向有较好的悬垂性，因为衣服上的折裥一般都沿经向，所以在纬向有良好的悬垂性特别重要。

上述四个方面的织物性能，在使服装具有美感方面有极重要的影响，服装

---

* 织物的抗皱性，常用折皱回弹性来反映，用被折皱并一定压力下（10N），受压一定时间（5min）的织物回复角来表示。回复角愈大，抗皱性愈好。

** 悬垂系数 $F(\%)=\dfrac{A_D-A_d}{A_F-A_d}\times 100\%$

A_F——试样面积（mm^2）

A_D——试样的水平投影面积（mm^2）

A_d——支撑台小圆盘面积（mm^2）

设计者需要注意掌握。

4.4.2　织物的舒适性

服装的舒适性是人们心理、生理和物理因素的综合，不但与服装的款式、色彩和图案有关，而且也与织物的性能有关。与服装舒适性有关的织物性能主要是透气性、透温性、保暖性、织物表面性能及织物风格。

4.4.2.1　织物透气和透汽性

气体、液体以及其他微小质点通过织物的性能，称为织物的透通性。织物透通性包括透气性、透汽性和透水性。透气性是指织物透过空气的性能，夏天衣着用织物需要有较好的透气性，冬季外衣织物的透气性适当地小一些，以保证衣服具有良好的防风性能，减少衣服内热空气与外界冷空气对流，防止人体热量的散失，但是也不能没有透气能力，没有透气能力即使在冬天也会使衣服内气候过于潮温而使人感到不舒服。透气性除对衣着制品重要外，对 国防用及航运用织物更有它的重要意义。如降落伞织物和航运帆篷都需要具有规定的透气性。影响织物透气性的因素很多，主要是织物的紧度、厚度、组织及表面特征，以及与纤维的截面形态、纱线的线密度与体积重量等因素有关，染整加工也会影响透气性。

透气性常以透气率 B_p 表示。它是指织物两边维持一定压力差 P 的条件下，单位时间内通过织物单位面积的空气量，有计算式：

$$B_p = \frac{V}{AT}(\mathrm{ml/cm^2 \cdot s}) \tag{4-6}$$

式中：V——在 T 秒时间内通过织物的空气量(ml)

A——织物试样面积(cm^2)

测量织物透气性的仪器，尽管试样不同，但设计原理都基本相同。

织物的透汽性是指织物透过水蒸气的性能，也即织物对气态水的行为，也常常称为透湿性。当织物处于高水蒸气压与低水蒸气压状态之间时，高水蒸气压的水蒸气要通过织物向低水蒸气压一边移动。水蒸气的移动一方面依靠织物内纤维与纤维间、纱线与纱线间的空隙，作为水蒸气移动的通道；另一方面凭借纤维的吸湿能力，接触高水蒸气压的织物表面纤维吸收了气态水，并向织物内部传递，直到织物的另一面，又向低水蒸气压空间传递，形成另一条传递通道。这两条通道中，又以前者为主，所以织物的透湿性主要与织物的结构有关，与织物的透气性有密切的关系。一般的衣着用织物，即使是用疏水性纤维制成的织物，如果含有 30% ~40% 以下的纤维容积，就可达到与吸湿性很好的棉布相类似的透湿能力。但当要求透湿速率较快的情况下,疏水纤维所制织物的透湿性仍不如由亲水性纤维所制的织物。织物的透湿性对于内衣和运动服来讲很重要,无论冬天还是夏季,人体都在不断散发汗气,透湿好的内衣和运动服,就能及时排除人体散发的水蒸气。

织物透湿性的测定,通常用一透湿杯来进行。测定一定时间内,透湿杯内液体重量的降低率加以评定,称为蒸发法。此外也有吸收法,即杯内放置易吸湿的材料,如硅胶等,杯口用织物封盖,测定一定时间后,以杯内材料的增重率来表示织物的透湿性。

4.4.2.2 吸湿性、吸水性和透水性

吸湿性是织物对气态水分子的行为,织物既能吸收水分子,又能放出水分子的性能。主要决定于组成该织物的纤维的吸湿能力。对亲水性纤维来讲,气态水分子不但能吸附在纤维表面上,而且能进入纤维内部,与纤维的亲水性基团相互吸引而存在。疏水性纤维,气态水分子只能在纤维表面吸附,所以吸温量很小。无论是用何种形式吸湿,都释放能量,以热的形式出现,就是所谓的“吸湿放热”。由于人体不停地进行新陈代谢,也就不停地放出“汗气”,就要求服装,特别是内衣织物吸湿能力比较强,才能使人体与内衣间的空气层不至于过分潮湿,而让人感到不舒服。

织物的吸水性是对液态水的行为。吸水性的好坏,也是服装是否舒适的重要指标之一,特别在大汗淋漓时,制作服装的织物的吸水性显得相当重要。织物吸水的途径主要是两个方面,一是组成织物的纤维吸湿,把水分从织物表面传递到纤维内部;另一个是借织物的纤维间或纱线间的空隙,由毛细管吸水。亲水性纤维两种途径皆有,疏水性纤维所制成的织物仅有第二种途径。第二种途径主要决定于织物的疏松程度。人体出汗时,与身体接触的织物表面吸水,并把水分传递到另一与干燥空气接触的表面,再向空气散发。织物吸水快,散发也快,这才能使人感到舒适。

透水性是指水分子从织物一面渗透到另一面的性能。由于织物的用途不同,有时采用与透水性相反的指标——防水性,来表示织物对水分子透过的阻抗特性。透水性和防水性对于雨衣、鞋布、防水布、篷布及工业用滤布的品质评定有重要意义。

4.4.2.3 保暖性

热传递有传导、对流和辐射三种形式。传导发生在空气中,也能在纤维内存在。材料的导热系数对由传导所致的热损失影响较大,材料导热系数小,保

暖性就好,第二章表 2 - 5 表明,静止空气的导热系数远远小于各种纤维的导热系数。因此服装内包含的静止空气愈多,即体积重量尽可能小一些(维持静止空气条件下)由热传导所致的热损失就愈少。空气对流是存在于空间较大的场所,织物内纤维之间及纤维与空气的接触面上一般不存在对流,因此具有小空隙的细纤维结构是降低导热而无对流的理想结构。辐射也主要在空气中进行,热射线不能透过纤维,只能部分吸收、部分被纤维反射,织物愈厚,热射线被吸收愈多,保暖性愈好,也即从吸收热射线来看,体积重量愈大,吸收愈多,织物的保暖性愈好。因此织物的蓬松程度,或织物的体积重量,在能满足最小热传导的最少纤维含量和防止对流、减少辐射所必需的纤维量之折衷时,保暖性也最好。此外织物的含湿状态对保暖性也有影响,因为水的导热系数比纤维大,且水分进入纤维和纤维间隙,挤走了空气,致使织物的保暖性迅速下降。

4.4.2.4 织物的表面性能和风格

织物风格是一种综合概念。在日本被称为"风合",在英国称之为"handle"、"fell"或"Texture"。织物风格有广义风格和狭义风格之分。广义风格指织物对人体的触觉、视觉和听觉在官能上的综合反映;狭义风格指织物与人手和肤体之间的接触感,而织物手感就是指人手触摸织物时的感觉,一般与狭义风格通用。

长期以来,人们多以手感目测来评定织物风格,因此受主观因素影响较多。如视觉这一项,既有深浅、鲜陈等问题,又有个人爱好的问题。触觉的情况也一样,须凭人手的感觉来断定,这既抽象又主观。为此各国学者对此进行了研究,至今为止,已研制了测定风格仪器,又总结了不同服装所要求的织物风格。如日本学者归纳的基本风格为:挺、滑、丰、爽和伸张性。冬秋季男服要求挺、滑、丰;夏季男服要求挺、爽。我国学者归纳的织物风格为:手感活泼与否、表面滑爽与否、织物丰满与否以及织物弹性如何,是否容易在服用时产生破裂等。总之,不同国家对织物风格的评定标准各不相同。

4.4.3 织物的耐用性

服装用织物的耐用性涉及面很广,不仅指坚牢度方面,而且也包括在外观和舒适性方面的耐久性。这里主要讨论织物坚牢度方面的耐用性。

4.4.3.1 拉伸、撕破和顶破

拉伸强力——是指织物受拉伸至断裂所能承受的最大强力。

撕裂强力——是指织物横向撕裂时所能承受的最大强力。

顶破强力——是指织物在四周固定下,所能承受的最大垂直顶破力。

在服装使用过程中,虽然由拉伸、横撕、直顶而导致破坏的情况是很少的,但是织物拉伸强力、撕裂强力、顶破强力的大小直接影响织物的寿命和服装的寿命。

4.4.3.2　耐摩擦牢度

是抵抗摩擦破坏的耐久性。这种破坏在日常生活中较为常见。穿着衣服的人体不停地运动着,和多种物体相互接触,不断摩擦,使纤维碎屑逐步掉离织物,或从织物中被抽拔,而逐步使织物破坏。如服装两袖、臀部、腿部内侧等处服装的摩擦破坏较为明显。

4.4.3.3　缝纫耐久度与可缝性

服装的耐用与否,除了上述破坏因素外,还与缝纫耐久度有关。缝纫耐久度又与缝合强力、缝合处的伸缩性及缝合处的织物内纱线的滑脱有关。无论是垂直于缝迹的单向作用外力,还是多方向作用力(如顶破),都可引起缝纫线的切断,以及被缝合织物内纱线滑脱而造成缝合处裂缝的出现。

被缝合的两块织物相同时,缝纫强度与缝纫线的性能有关,与所用缝纫针数(也即缝纫密度——针/cm)有关,也与缝纫线的勾接强度有关。一般讲缝纫密度大,即单位长度内的针数多,缝纫强度高。但密度过大,反而会影响缝纫强度。

常把缝纫强力对被缝合织物的强力的百分比称为缝合效率。如缝合效率为 η,则:

$$\text{缝合效率}\ \eta = \frac{\text{缝纫强力}}{\text{织物强力}} \times 100\% \qquad (4-7)$$

一般希望 $\eta = 80\%$ 左右。

织物大多是经过裁剪后,缝制成所需要的制品后再使用,这就遇到缝合是否顺利、缝合效果是否良好等问题,也就是织物的可缝性问题。可见,织物的可缝性是指在一定的缝纫条件下,使用适当的缝纫线、缝纫针,由织物自身结构和特征所决定的缝纫加工的难易程度。

一般从以下三个方面衡量织物可缝性:

(a)是否容易缝纫,是否适于高速缝纫。这主要看针刺入织物时的阻力大小和织物的耐热性。高速缝纫时,有时针温升高会导致被缝化纤织物和所用化纤缝纫线的熔融。

(b)织物被缝合后,是否起皱。一般讲,织物缝制后的起皱有以下三种情况:(1)缝制时因上下层进料速度差异而起皱;(2)缝制时缝纫线过紧引起起皱;(3)由于材料尺寸不稳定,如缩水率不同,缝制后,穿用后都会发生起皱。

(c)缝制时,织物内纱线是否会被切断。

由上可知,织物的可缝性与被缝织物的厚度、组织、覆盖系数、弯曲刚度、可压缩性、尺寸稳定性以及缝纫线的粗细、杨氏模量、伸长性、尺寸稳定性等因素有关,也和缝纫条件,如针数、缝合方法、缝的形式及缝纫机的机械状态有关。因此是一个相当复杂的问题。通常用目测,对照实样进行评定,有的研究者正运用电测法测定缝纫阻力和针温,由此评定织物的可缝性。

4.5 常用机织物

作为服装面料的机织物品种,随着时装产业的发展,可以说五花八门、千变万化,不胜枚举。这里作为教学内容,仅介绍一些基本的、常用的机织物。

4.5.1 棉织物

棉纤维细而柔软,吸湿性好,所制成的棉织物舒适、经济实惠,是我国人民所喜爱的大众服装面料。在市场上常见的棉织物中,大致可分为平纹类、斜纹类、缎纹类、色织类、起绒类、起皱类等六大类。棉织物常用一系列的数字表示它的规格,如 21×19.5×267.5×275. 5×30×137,表示经纱 21tex,纬纱 19.5 tex;经纱密度为 267.5 根/10 cm,纬纱密度为 275.5 根/10cm;匹长为 30m,幅宽为 137cm。下面就典型棉织物给以简略的介绍。

4.5.1.1 平纹类棉布

可分为平布、府绸、罗缎、麻纱。如图 4-31[4] 所示。平布有粗平布、市布(又称中平布)、细布。平布都是平纹组织,主要是纱线的线密度与织物的密度(织物每 10cm 长度中纱线的根数)不同而已。粗平布是用 30 tex 以上(20S 以下)的粗支棉纱织成,价格低廉,适合做被里,也可作短裤、袋布、鞋面、胸衬等。市布用 20~30 tex(30~20S)棉纱织成,布身平整、坚实,布面棉杂较少,有本色、色布之分。市场上的印花布多为市布漂染而成。多用作为被里、衬衫、衬裤之类衣物。细布是用 20tex 以下(30S 以上)细支纱织成,布身细洁柔软、质地轻薄,布面杂质少,通过漂白、染色、印花,常为较细的花布,多用作被里、内衣、外衣等。

府绸也为平纹类,但不同于平布类的特点是:纱支细,密度高,而且经纱密度几乎大于纬纱密度的一倍,因而府绸织物的表面有菱形颗粒,并以此区别于别种织物。在印染后处理中,经过“丝光处理”,布面“薄爽柔软、光滑如绸”,

府绸也以此而得名。市场上常见的有白府绸、色府绸、花府绸,从规格上讲,常有 18.2 ×18.2tex,19.4 ×14.5tex,14.5 ×14.5tex 纱府绸,14 ×2 ×17tex 半线府绸,10 ×2 ×10tex ×2,7.2 ×2 ×7.2tex ×2,5.8 ×2 ×5.8tex ×2 全线精梳府绸,幅宽为 88 ~91cm,多用作男女衬衫布料。

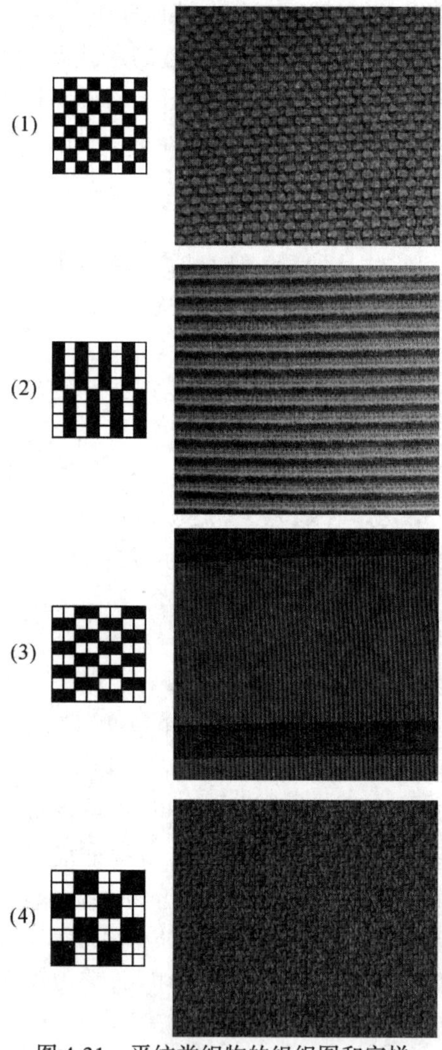

图 4-31 平纹类织物的组织图和实样

(1)平纹 (2)经重平 (3)纬重平 (4)方平

罗缎也是平纹类，主要特征是纬纱粗、经纱细，表面形成粗凸横罗纹似横条，经过漂练、丝光等后处理，布面光洁如“缎”，故称罗缎。

麻纱也属于平纹类，但组织是平纹变化组织，纬重平或变化纬重平组织，由于组织的关系，布面有经向条纹和细小的空隙，质地细洁轻薄，透风凉爽，外观如麻布，是夏季的主要衣料。

4.5.1.2 斜纹类棉布

常有斜纹布、卡其、哔叽、华达呢，如图 4－32[4] 所示。其组织都为斜纹组织。

斜纹布经纬纱密度比平纹布大，布身厚实、柔软，主要品种有 2121 斜纹和 2321 斜纹两种，幅宽为 72～91cm（2121 斜纹指的是经纱 21S，纬纱也是 21S，2321 斜纹也类同）。

卡其是斜纹类中较重要的一个品种，紧密程度相当大，经纱密度差不多为纬纱密度的一倍。目前卡其用 2/2 和 3/1 两种斜纹，前者是双面斜纹，后者为单面斜纹。按经纬纱种类可分为纱卡、半线卡和线卡、普通卡其、半精梳卡其和精梳卡其。目前纱卡的主要规格有 48.6× 58.3tex，36.4×48.6tex，29×42tex，27×27.8tex 等。幅宽 72～91cm；半线卡的主要规格为 16.2×2×24.3tex，14×2×27.8tex 等，幅宽 72～100cm；全线精梳卡其的主要规格有 10×2×10tex×2，7.2×2×7.2tex×2 等，幅宽 90cm。卡其纹路细密而清晰，质地紧密而厚实，挺括耐磨，经久耐穿而深受消费者欢迎，适合于作春秋及冬季外衣料，不足的是由于经纬密 度较高，成衣折边处如领口、袖口、裤脚边等处易被磨损折裂而造成服装损坏。

华达呢也是斜纹类的大路品种，经密比纬密高（低于卡其），仅用 2/2 斜纹组织。华达呢布面光泽较好，手感厚实松软，服装折边处的折裂现象较卡其有所改善，纹路比卡其粗而稀，适用作春秋及冬季各种服装。

哔叽是双面斜纹组织中结构较松软的一种组织，它的经纬纱密度比华达呢小，斜纹纹路比华达呢宽。哔叽可分为纱哔叽、半线哔叽和线哔叽三种。纱哔叽斜纹纹路呈左斜，半线哔叽和线哔叽斜纹纹路呈右斜，目前常见的品种有 27.8×36.4tex，29×29tex，18.2×2×29tex，14 ×2×29tex 及 14×2×25.4tex 等，成品幅宽 76～91cm。哔叽质地稀松，平挺度不及华达呢，耐穿性较卡其、华达呢差。但因其手感柔软，穿着较为舒服，也较受欢迎。哔叽可染成各种杂色，用来制作男女服装。纱哔叽经印花加工后，主要作妇女儿童衣着，亦可作被面、窗帘等用途。

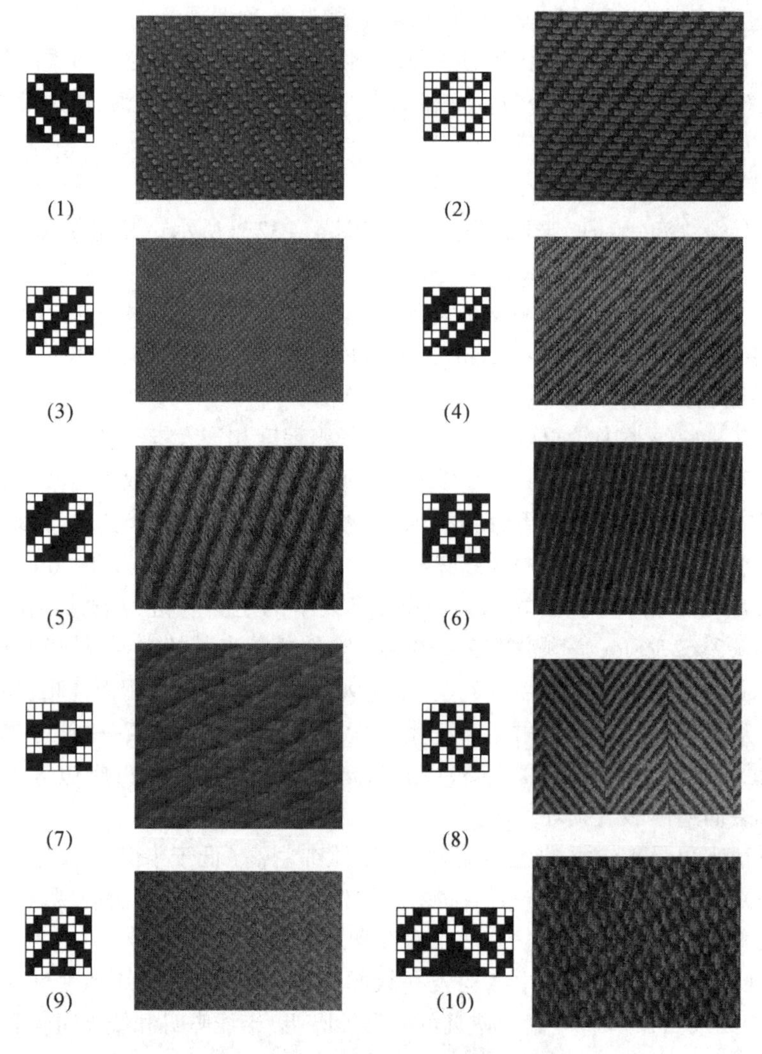

图 4-32　斜纹织物的组织图和实样

(1)$\frac{3}{1}\nwarrow$　(2)$\frac{1}{3}\nearrow$　(3)$\frac{2}{2}\nearrow$　(4)$\frac{3\quad 2}{1\quad 2}\nearrow$　(5)$\frac{4}{4}\nearrow$

(6)急斜纹　(7)缓斜纹　(8)破斜纹　(9)山形斜纹　(10)破斜纹

斜纹布、卡其、哔叽、华达呢组织都为斜纹组织。它们的主要区别在于经纬纱的密度,斜纹布的经密略高于纬密,但较接近,组织多为单面斜纹组织,哔叽的经纬密也接近相等,但是组织为 2/2 斜纹组织,而卡其、华达呢虽然组织与哔叽一样,但两者的经密都要大于纬密一倍左右,卡其与华达呢的区别在于华达呢密度较小。因此这四种斜纹类织物有着各自的手感风格和用途,斜纹布较粗的一类手感比平布厚实、柔软,较细的一类轻薄滑爽。卡其纹路细密、清晰、质地紧密而厚实、挺括耐磨、经久耐穿。华达呢手感厚实而松软,富有光泽。哔叽质地松软、纹路清晰、紧密适中、悬垂性好。

4.5.1.3 缎纹类

常见的横直贡缎,都为缎纹组织,不同的是横贡缎纬密大于经密,组织为纬面缎纹。直贡缎经密远大于纬密,组织为经面缎纹。图 4-33(1)之(1)为直贡缎,(2)为横贡缎。无论是直贡缎还是横贡缎都具有质地紧密、富有光泽的特点,厚的有呢绒的效果,薄者有绸缎的风格。但横贡缎可采用较细的精梳纱作纬纱,光泽和光洁度更为优异,更富有丝绸感。直贡缎特别受北方人的喜爱,常作为冬天的棉袄面子。横贡缎是妇女的高档的衣料和裙料。

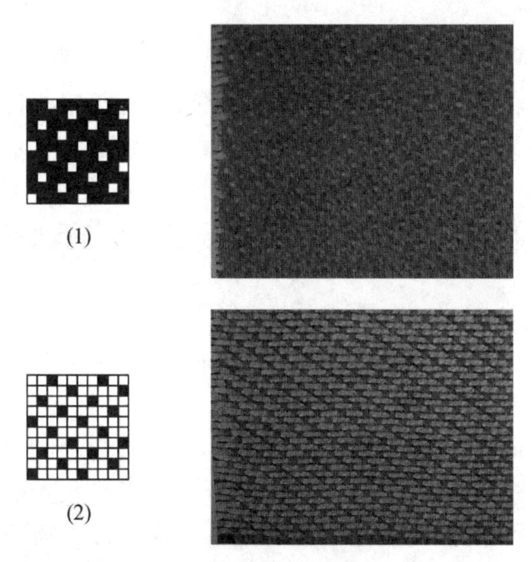

图 4-33 缎纹织物组织图和实样

(1)$\frac{5}{2}$经面缎纹 (2)$\frac{5}{3}$纬面缎纹

4.5.1.4 色织布类

有劳动布、牛津布、青年布、线呢等,它的特点是由染色纱织造而成的。因此它与上面所述的各种漂染、印花花布相比,具有立体感强、染色牢度好的特点。劳动布又称牛仔布，常常用来制作工作服、牛仔裤等。牛津布色泽柔和，布身柔软，穿着舒适，适宜做衬衣、睡衣和运动服。青年布布身柔软、经济实惠，常为青年人衣料。线呢品种最多，目前流行的马裤呢、芝麻呢、大衣呢、人字呢等都属这一类型。线呢手感厚实、质地坚牢，常为男女春秋各式外衣。

4.5.1.5 起绒布类

有平绒、灯芯绒、绒布。平绒的特点是绒毛丰满、手感柔软、光泽柔和、布身厚实，不易起皱，常常用作妇女冬春秋服装、裙子、背心以及其他装饰性的用品，如窗帘、沙发套、电视机套等。灯芯绒表面有灯芯状绒条，手感柔软、穿着舒适、保暖性好，常作为冬季内衣、睡衣及童装。

4.5.1.6 起皱类

织物有泡泡纱、皱布、轧纹布。泡泡纱布面有小泡泡，穿着凉爽、不粘身，洗后也不用熨烫，常作童装、女装及睡衣等。轧纹布表面有热轧花纹，易洗快干，外观挺括，耐穿耐用，常用作女装衣料。

4.5.2 毛织物

毛织物具有弹性好、吸温好、保暖性好、光泽柔和及优异的手感，为公认的中高档衣料。毛织物分成两大类，一类是精纺呢绒，所用原料纤维较长较细，纤维在纱线中排列整齐，纱线结构紧密，经纬纱多为股线，织物表面纹路清晰、光洁。另一类为粗纺呢绒，由粗梳毛纱织制而成，纤维在纱线中排列不甚整齐，结构蓬松，外观多茸毛，粗纺呢绒所用经纬纱多为单股毛纱，织物表面具有一层绒毛覆盖。

4.5.2.1 精纺呢绒

常见的有凡立丁、派立司、啥味呢、华达呢、哔叽、马裤呢、巧克丁、贡呢、花呢、女衣呢。

凡立丁、派立司均为平纹组织制成的轻薄毛织物。所不同的是派立司经线纬纱，而凡立丁经纬纱都为线，派立司纱线的捻度比凡立丁大，故较轻薄柔软，派立司表面有雨丝花纹，凡立丁都为单色。这两种织物都是质地轻薄、手感滑爽、织纹清晰的夏季男女高档衣料。

哔叽、啥味呢这两种都是2/2斜纹中厚型毛织物，都适用于制作春秋冬男女装、套装、中山装、裙料、裤料，它们的主要区别在于哔叽单色，啥味呢为混色；哔叽多为光面，纹路清晰，啥味呢多为毛面，表面有少量绒毛。

华达呢又称轧别丁，是一种紧密的斜纹织物，纹路清晰细致，呢面光洁平整、手感滑挺，是男女套装、春秋大衣的高档面料。

马裤呢是厚重型斜纹毛织物。手感厚实、坚牢耐磨，表面粗犷，有粗壮的凸条。适宜做大衣、猎装、军制服。

巧克丁是紧密型中厚毛织物，呢面平整光滑，表面往往有一粗一细条纹，风格高雅，适宜于制作春秋大衣、男女套装、两用衫等。

贡呢又称礼服呢，是紧密型中厚缎纹毛织物。它与棉织物一样有直贡与横贡呢之分。呢面平整、手感糯滑、光泽极好，是礼服、男女套装的高档面料。

花呢种类极多。有嵌条、隐条、隐格，也有条格、印花。表雨有光面、呢面和绒面，织物组织也有平纹、斜纹、变化组织多种多样。用于套装、男女上衣等。

驼丝锦是细洁紧密中厚型素色毛织物，由于品质精美，被比喻为"母鹿皮"，适宜制作礼服、套装、上衣、猎装等。

女衣呢是一种重量轻、结构松、手感柔软、色彩艳丽、流行入时的春秋外衣、套装和裙子的衣料。

4.5.2.2 粗纺毛织物

常用的有制服呢、海军呢、麦尔登、大衣呢、法兰绒、长毛绒、粗花呢、女式呢八类。

制服呢、海军呢、麦尔登都为斜纹组织，但是它们是低、中、高档的粗纺毛织品。制服呢原料差，海军呢较好，麦尔登最好；所用经纬纱，制服呢最粗，海军呢中等，麦尔登较细；经纬纱的密度也是制服呢稀，海军呢中等，麦尔登最密。因此，毛织物的外观与手感也是麦尔登最好，海军呢次之，制服呢最差。它们都为冬季的男女外衣料，但档次不同。

大衣呢是重厚型粗纺织物，主要有平厚大衣呢（表面平整，富有弹性）、顺毛大衣呢（绒毛平顺，富有膘光）、拷花大衣呢（质地厚实，人字斜纹）、花色大衣呢（略加缩绒，结构松软）等，均为冬季御寒衣料。

法兰绒是优质的呢绒，织物组织为平纹组织。呢面有绒，绒面细腻、丰满、舒适，色彩多为混色，如黑白混色，红白混色，蓝白混色等，为广大妇女所欢迎的女上衣、裤料和高级童装衣料。

长毛绒又称"海虎绒"。呢面有 3 ~ 20 mm 的长毛，保暖性好，绒面平整且富于膘光，可作大衣领、冬帽等。

女式呢手感柔软、质地轻薄、色泽鲜艳、多为浅色，采用组织变换、色纱排列、印花提花等方法，做出各种花型。适宜做女上衣、套装、连衣裙及棉袄等。

4.5.3 丝织物

丝织物具有明亮、悦目、柔和的光泽,绸面光滑细洁,高雅华丽,它吸湿性好,轻盈、柔滑,穿着舒适,享有"纤维皇后"之称。丝织物可分成14大类:纺、绉、绸、缎、锦、罗、纱、绫、绢、绡、呢、绒、绨、葛等。

纺是长丝或长丝与短纤维交织的平纹织物。一般经纬丝都不加捻,绸面平整、轻薄、柔软。常用纺类有杭纺、电力纺、洋纺、尼丝纺、涤丝纺、富春纺、华春纺等。杭纺、电力纺、洋纺都是真丝纺,杭纺厚实,电力纺适中,洋纺最轻。尼丝纺、涤丝纺分别为锦纶长丝、涤纶长丝织成的纺类织物,富春纺是黏胶长丝与人造棉交织而成的,华春纺是涤长丝与涤黏混纺交织而成的。

绉是用织物的组织或工艺条件(如加捻、张力、收缩丝等)织成的有绉效应的丝织物,如双绉、乔其、碧绉、留香绉、涤丝绉等。这些都是夏季的衣料。

绸是用平纹或各种变化组织织成的,质地紧密、厚实的提花织物和素织物。如双宫绸、蓓花绸、领带绸等,常用作上外衣及装饰性衣料。

缎是以缎组织为底的花、素织物。常见的有织锦缎、古香缎、软缎等。织锦缎是以经面缎上起三色以上纬花的中国传统丝织品,花纹多为梅、兰、竹、菊,龙凤吉祥、福寿如意等。表面光亮细腻,手感丰厚,色彩绚丽悦目,是妇女高级服装的衣料。古香缎是织锦缎派生物,质地比织锦缎薄,但结构紧密,花纹都为亭台楼阁、花鸟鱼虫或人物故事,色彩风格也较淳朴,用途与织锦缎相同。软缎是以生丝为经,人丝为纬的缎类丝织物。软缎有花、素之分,花软缎利用真丝与人丝吸色性能的不同,显现花纹。花软缎花纹多为牡丹、月季、菊花。素软缎素净无花,适宜做旗袍、晚礼服、舞台服装及绣花、印花的坯料。

锦是高级多彩提花织物。中国的名锦有四川的蜀锦、南京的云锦、苏州的宋锦。蜀锦具有浓厚地方色彩,云锦富丽豪华,内雅雄浑,宋锦古朴文静,是装饰用高级丝织品,也常用作为高档服装料。

纱是每入一根纬纱,相邻两根经纱扭绞一次的丝织物。这种丝织物薄有透孔、结构稳定、硬爽挺括,宜作夏季服装。

罗类似于纱,是每织入三根或三根以上奇数纬,相邻两根经纱扭绞一次的丝织物,如杭罗,在织物表面形成一条条横向透孔条,是优质夏季服装的衣料。

绫以斜纹组织为地,绸面有明显的斜向纹路,"望之如冰凌",故称为绫,它有花绫与素绫之分。绫织物光滑柔软、质地轻薄,除用作衬衫、睡衣、裙子等服装料外,还可作裱装材料。常用的品种有真丝绫、美丽绸和裱画绫。

绢是用平纹或平纹变化组织为地的色织或半色织的花、素丝织物。质地紧密细洁，光滑平挺，多用作服装材料，塔夫绸就是常见的一种绢。

绡是平纹或假纱组织织成的稀疏、轻薄的丝织物。质地透明、轻薄。有平素绡、条格绡、提花绡、烂花绡、修花绡等品种，可用来制作女式晚礼服、披纱等。

呢是采用多种基本组织或变化组织织成的质地丰厚、光泽柔和、有毛型感的丝织品，可用来制作较厚实的丝绸服装。

绒是起绒的丝织物，表面耸立绒毛或绒圈的花、素丝织物。如天鹅绒，色泽鲜艳光亮，外观类似天鹅绒毛，故称天鹅绒，除了常用作女式外衣外，还用来制作工艺美术用品及装饰用品。

绨是用平纹组织，以长丝为经、棉蜡线为纬，质地粗厚的花、素丝织物。

葛是用平纹及平纹变化组织、斜纹组织织成的丝织物。因它采用了细密经纱和粗稀的纬纱，织物表面有明显的横棱，手感厚实，常作妇女春、秋、冬外衣。

4.5.4 麻织物

麻织物具有透气、凉爽、舒适、出汗不粘身、防霉性好等优点，是良好的夏季服装衣料。衣着用麻织物品种较少，主要有苎麻布和亚麻布两种，大多是平纹组织。近年来与化学纤维、天然纤维的合捻、混纺、交织，由高号数(粗支)发展到低号数(细支)，使麻织物弹性差、易起皱的缺点有所克服，并使其既具有滑爽挺刮、通风透气、凉快舒适、易洗快干的性能，同时也具有强度高、弹性好、免烫等特点。产品由低档到高档，越来越受到国内外消费者的欢迎，根据麻织物的厚薄等性能不同，有的用作西装、裙料，有的用作衬衣、睡衣、绣衣的面料。

4.5.5 黏胶纤维织物

黏胶纤维有人造棉、人造丝之分。黏胶纤维像蚕丝那样柔软、连续不断的称为人造丝，切成像棉花那样长的称为人造棉。人造丝与人造棉在人们生活中被广泛的应用，其主要的原因是黏胶纤维柔软、滑爽、吸湿性好、染色性好，染成的织物色泽特别鲜艳，但是下水会变得粗厚、发硬、强力下降(温态强力要比干态强力减低一半)，洗涤时不能用力揉搓、拉扭、缩水率也高，约在8%～10%，因此为使黏胶纤维扬长补短，与其他纤维混纺较多。黏胶纤维常用的品种有：无光纺、美丽绸、羽纱、黏棉平布、毛黏花呢、毛黏华达呢、毛黏平厚呢、毛黏大众呢、毛黏法兰绒等。

4.5.6 涤纶织物

涤纶及其混纺织物手感滑挺、抗皱性能良好,不皱不缩、强力高、耐磨性好,成衣尺寸稳定性好,不变形,易洗快干,具有优异的洗可穿性能。但涤纶织物染色性差、吸湿性小,穿着时感到不透气且又闷湿,纯涤纶织物易起毛起球,抗污染性能差,因此它多与棉、毛、麻、丝、黏胶纤维混纺、交织,以改善服用性能。主要的涤纶混纺产品有涤棉线卡、涤棉细布、涤棉府绸、涤棉细纺、涤棉纱罗、毛涤花呢、毛涤派力司、涤毛黏花呢、涤黏快巴的确良等。市场上流行的涤棉经热加工的水洗皱纹布和涤纶仿真丝的佳丽丝,柔姿纱,花瑶等都为涤纶面料。

4.5.7 锦纶织物

锦纶纤维织物的特点是强力高、耐磨好、弹性好,但吸湿、透气性差,保形性差,它常与强力差、耐磨差、弹性差而吸湿好、透气好的纤维混纺,可以起到取长补短的功效。因此锦纶纤维除了制作雨衣、雨伞、滑雪衣面料的纯锦纶织物以外,大部分锦纶的衣料都是混纺织,如黏锦华达呢、黏锦凡立丁、黏锦毛花呢(即三合一花呢)等。

4.5.8 腈纶织物

腈纶具有蓬松、卷曲、保暖性好、轻逸柔软等特点。还如羊毛那样富有毛型感,被誉为“合成羊毛”。除了代替羊毛用来制作毛线、膨体开司米、毛毯、长毛绒外,在服装面料上常与涤纶混纺或与黏胶混纺,纺成涤腈、腈黏的混纺织物,以补足它吸湿差、耐磨差的不足。用作针织运动服较多。

4.5.9 维纶织物

维纶是合成纤维中吸湿性最好的一种,外观酷似棉,有“合成棉花”之称,维纶织物及其混纺织物具有棉织物的风格,它的强度和耐磨性均较好,比棉织品坚实耐穿,穿着也无不透气的感觉,耐腐蚀性也比棉花好,不发霉、不腐烂,但不耐热水、染色性差,因此它常与棉、黏胶混纺。产品有棉维平布、棉维细布、棉维华达呢、棉维府绸、维黏华达呢、维黏凡立丁等。

4.5.10 丙纶织物

丙纶比重轻(比水轻)、强度高、耐磨好、弹性也好、尺寸稳定性好、不变形、易洗快干,但吸温性差、耐热性也差,易老化,它常与棉混纺。

4.5.11 氯纶织物

氯纶的特性难燃,对酸、碱稳定性好,保暖性优于棉、毛,弹性也好。但耐热性很差,通常60~70℃时即开始收缩软化,沸水中严重收缩变形。它的静电绝缘性能良好,由于摩擦生电,对关节炎患者有一定疗效作用,因此,它常与黏胶、富纤混纺做成内衣及一般室内装饰物。

第五章　针织物

针织物是最近几十年发展起来的服装面料,目前的用量仅次于机织物。针织物的发展也很快,品种变化多多。本章就针织物的分类、组织以及针织物的服用性能作一简单的介绍。

5.1　针织物的形成和分类

针织物由一个系统纱线制成,是由纱线成圈,并依次串套而成,如图 5-1[5]所示。

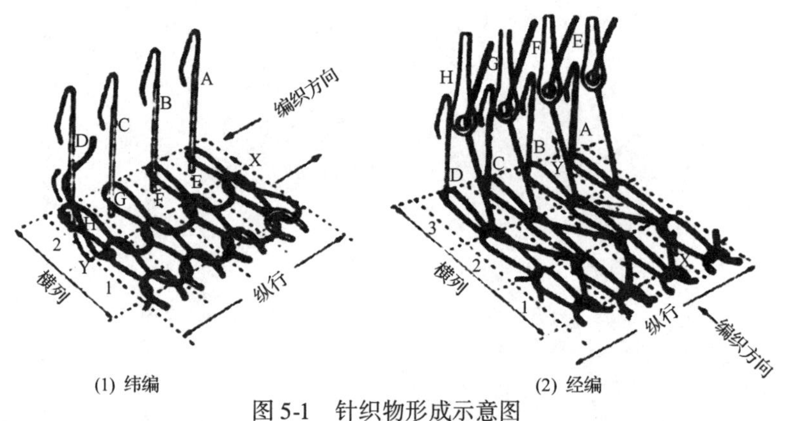

图 5-1　针织物形成示意图

针织物的分类与机织物相似,可按原料种类、加工方法、用途或组织结构进行分类。

按原料种类可分为棉针织物,毛针织物,丝针织物,化纤针织物和混纺针织物等。

按加工方法可分为针织坯布和针织物成形产品。

按用途分类可分为内衣、外衣、袜类及冬季生活手套、围巾、帽子等。

按生产方法可分为纬编和经编两大类。纬编针织物是横向线圈由同一根纱线按顺序弯曲串套成圈形成。经编针织物是横向线圈系列由平行排列的经纱组同时弯曲相互串套而成,而且每根经纱在横向逐次形成一个或多个线圈。如图 5－1 所示。

针织物还可以按组织结构进行分类。

5.2　针织物的线圈结构

组成针织物的基本单元是线圈,线圈的几何形态如图 5－2 所示,成一个三维弯曲的空间曲线。图 5－3 为纬平针织物的线圈结构。线圈由圈干 1－2－3－4－5 和延展线 0～1 和 5～6 组成。圈干的直线部分 1～2 和 4～5 称为圈柱;弧线部分 2－3－4 称为针编弧,5－6－7 称为沉降弧。在针织物中,线圈在横向连接的行列,称为线圈横列;线圈在纵向串套的行列,称为线圈纵行。在线圈横列方向上,两个相邻线圈对应点之间的距离 A,为圈距;在线圈纵行方向中,两个相邻线圈对应点之间的距离 B,为圈高。线圈圈柱覆盖于圆弧的一面,为针织物的正面;线圈圈弧覆盖于圈柱的一面,为针织物的反面。

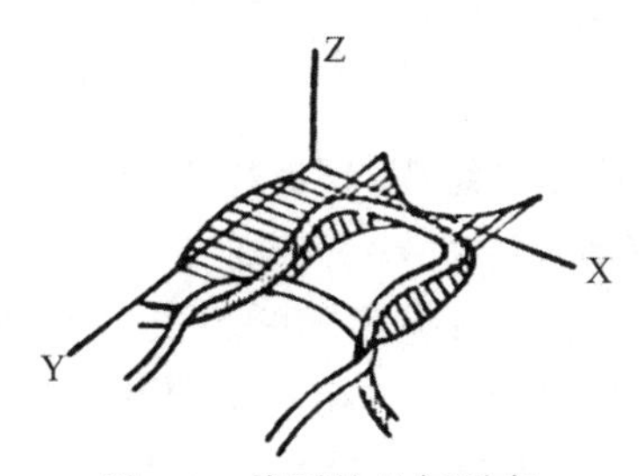

图 5-2　线圈的几何形态

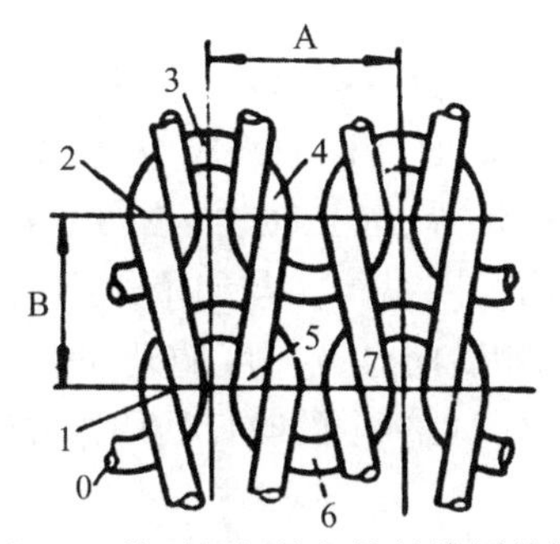

图 5-3　纬平组织针织物的线圈结构

5.3 针织物的组织结构

针织物按其组织结构，一般可分为原组织、变化组织和花色组织三类。

原组织又称基本组织，它是所有针织物的基础。如纬编针织物中，单面的纬平组织，双面的罗纹组织和双反面组织；经编针织物中，单面的经平组织，经缎组织，编链组织，双面的罗纹经平组织，罗纹经缎组织，罗纹编链组织等都是原组织。

变化组织是由两个或两个以上的基本组织复合而成，即在一个基本组织的相邻线圈纵行间，配置着另一个或者另几个基本组织，以改变原有组织的结构与性能。如纬编针织物中，单面的有变化纬平组织，双面的有双罗纹组织；经编针织物中，单面的有变化经平组织，变化经缎组织，双面的有双罗纹经平组织，双罗纹经缎组织等。

花色组织是以上述组织为基础而派生出来的，它是利用线圈结构的改变，或者另外编入一些辅助纱线或其他原料，以形成具有显著花色效应和不同性能的花色针织物。

下面介绍几种常用的基本组织。

5.3.1 纬平组织

又称平针组织，是最简单的组织，广泛用于汗衫、袜子和手套等。纬平组织的结构和实物照片如图 5－4 所示。纬平组织具有高度横向延伸性，比纵向约大两倍。当纵横向密度相等时，纵向的断裂强度比横向的断裂强度大。纬平组织织物具有卷边现象。纬平针织物的主要缺点是沿纵向和横向易于脱散，如果剪开的针织物边缘没缝好，也会产生脱散。

5.3.2 罗纹组织

是由正面线圈纵行和反面线圈纵行以一定组合相间配置而成的。因罗纹组织的两面都有与纬平组织正面一样的线圈纵行，故又称它为双正面组织。按正反面线圈纵行数的不同配置，有 1＋2，2＋2 或 5＋3 罗纹组织。图中纵行 a 为正面线圈纵行，b 为反面线圈纵行。与纬平组织相比，罗纹组织织物不卷边，也不易脱散。罗纹针织物横向具有高度的延伸性和弹性，密度越大，弹性越好，所以常在针织内衣的袖口、袜子的收口处用这种组织。

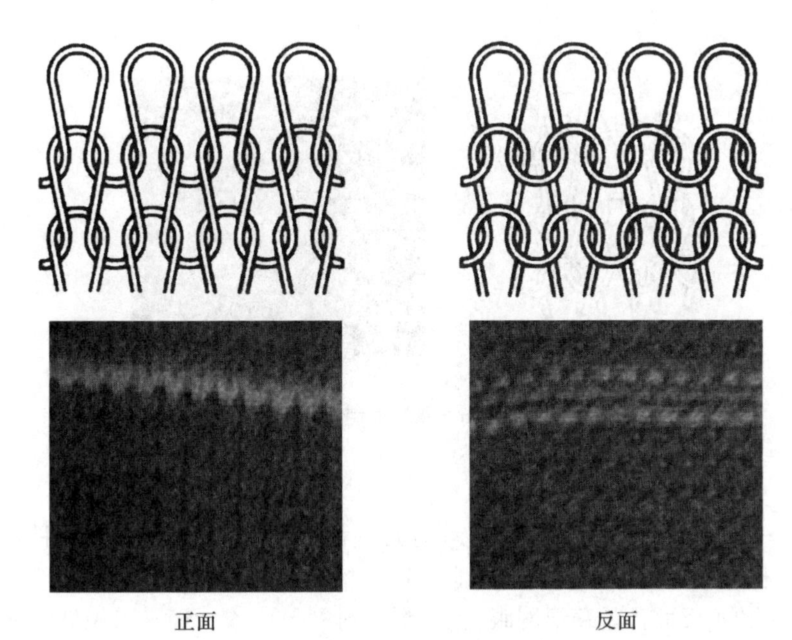

图 5-4　纬平组织

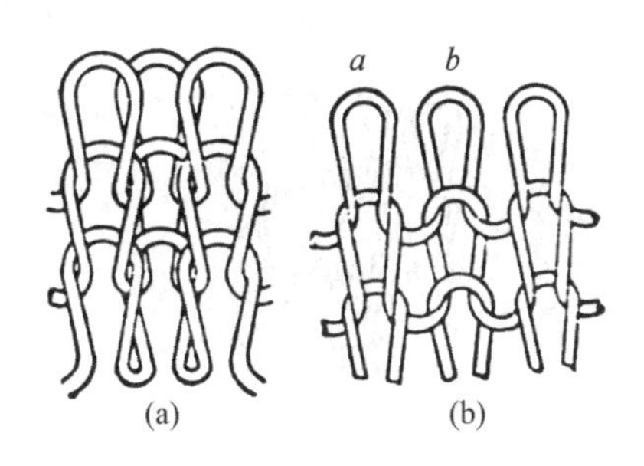

图 5-5　1 +1 罗纹组织

5.3.3　双反面组织

是由正面线圈横列与反面线圈横列相互交替配置而成的，所以它的正面外观与纬平组织的反面相同，见图 5－6，其中（1）为组织图，（2）为实样照片。双反面组织针织物的横向延伸性与纬平组织针织物相同，纵向延伸性约比纬平组织针织物大一倍，即它本身的纵横向延伸性接近。双反面组织针织物具有很大的弹性，其卷边性随正面线圈横列与反面线圈横列的组合的不同而不同。双反面针织物，也具有脱散性。

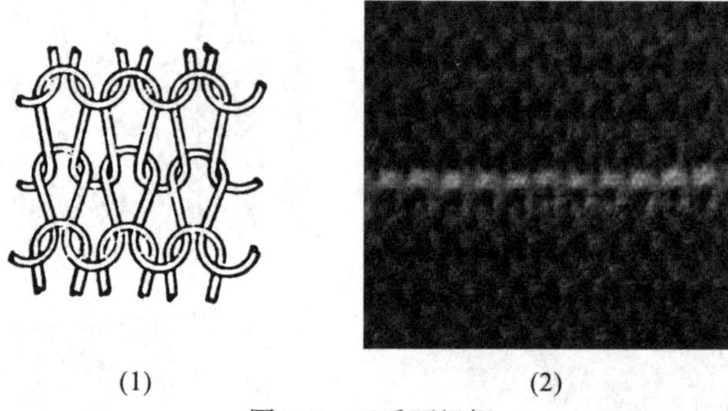
(1) (2)

图 5-6 双反面组织

5.3.4 经平组织

经平组织的结构如图 5 – 7 所示，这是一种经编针织物组织。在这种组织中，同一根纱线所形成的线圈轮流地排列在相邻的两个纵行线圈中。经平组织针织物的正反面都呈菱形网眼，宜作夏季衬衫及内衣。经平组织针织物纵横向都具有一定的延伸性，这种针织物卷边性不显著，但易脱散，有时甚至会因脱散而使针织物分离。

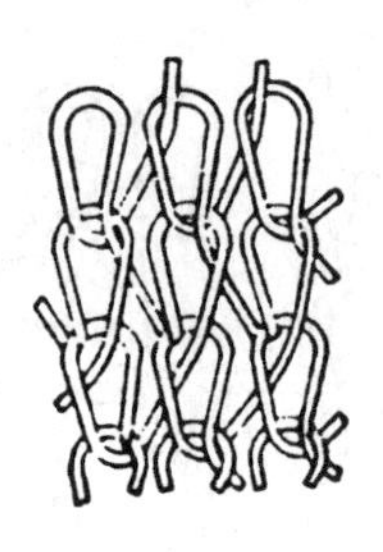

图 5-7 经平组织

5.3.5 经缎组织

经缎组织也是一种经编针织物组织，它的组织中的每根经纱先以一个方向有次序地移动若干针距，再以相反方向移动若干针距，如此循环编织而成，见图 5 – 8。经缎组织针织物卷边性与经平组织针织物相似，也有脱散性，但不会造成织物分离。

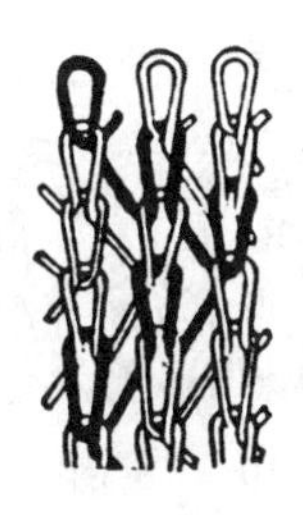

图 5-8　经缎组织

5.3.6　双罗纹组织

是最常见的双面纬编变化组织，结构如图 5－9 所示。双罗纹组织由两个罗纹组织交叉复合而成,即在一个罗纹组织的线圈纵行之间配置着另一个罗纹组织的线圈纵行,因而双罗 纹组织的两面都有紧密覆盖着的线圈纵行。这类针织物较厚实耐用,保暖性较好,线圈不易脱散,宜制成冬季内衣及各种上衣。

图 5-9　双罗纹组织

5.3.7　集圈组织

是纬编针织物的花色组织。它是在针织物的某些线圈上,除套有一个封闭的旧线圈外,还有一个或几个未封闭的悬弧,如图 5－10 所示。集圈组织还有单面集圈组织和双面集圈组织之分。集圈组织的横向延伸比纬平和罗纹组织小。由于悬弧的存在,集圈组织针织物的宽度较相同针数的其他针织物宽,长度较短,强力也较纬平和罗纹针织物小,不卷边,也较纬平组织不易脱散,但易抽丝。

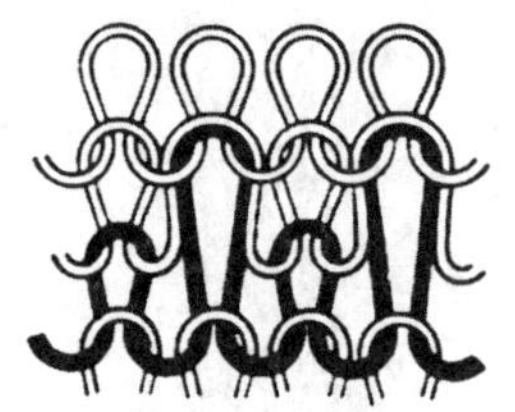

图 5-10　集圈组织

5.3.8　提花组织

是将纱线垫放在按花纹要求所选择的某些针上进行编结成圈而形成的一种组织，如图 5－11。其中(1)为组织图，(2)为实物正面，(3)为实物反面。在那些不垫放新纱线的针上不进行脱圈，这样新纱就呈水平浮线状处于这只不参加编织的针的后面(可从图 5－11 (3)中看到水平浮线)，以连接相邻针上刚形成的线圈。提花组织也有单面和双面提花组织之分。提花组织由于浮线的影响，横向延伸较小。浮线越长，延伸性越小。又由于浮线的存在，穿着时易抽线，浮线又使织物变得厚实，单位面积的重量增大。提花组织针织物不易脱散，这是由于提花组织线圈的横列和纵行由几根纱线构成，即使某一根线断裂，其他纱线承担着外力，也不易脱散。一般用低弹涤丝来编织外衣料。

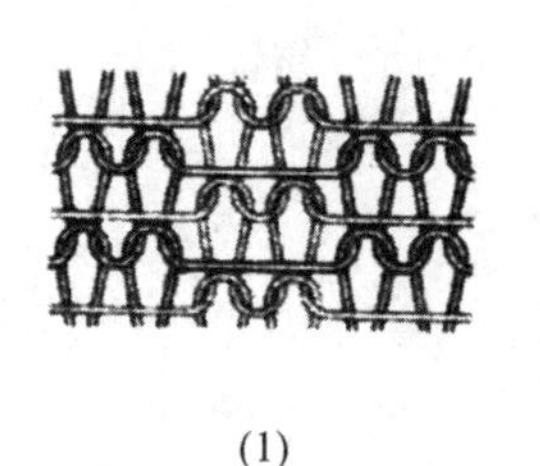

(1)

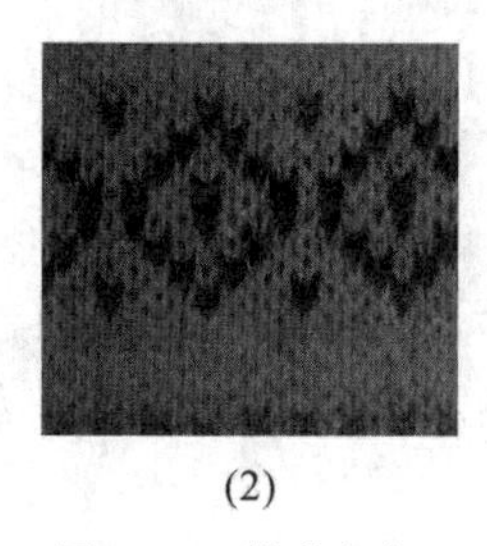

(2)

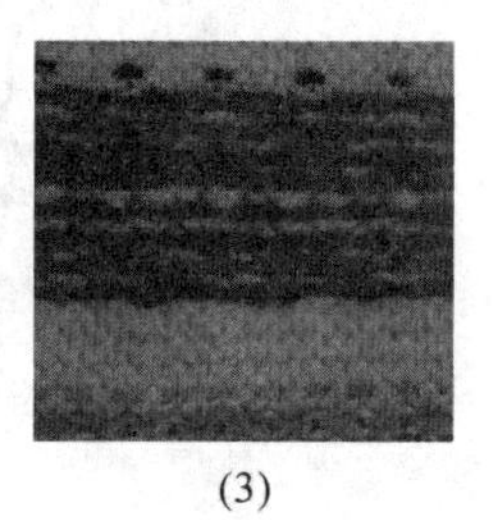

(3)

图 5-11　提花组织

5.3.9　衬垫组织

是以一根或几根衬垫纱线以一定比例在织物的某些线圈上形成不封闭的圈弧，在其余的线圈上呈浮线，停留在织物的反面，如图 5－12 所示。图中 1 为地纱，2 为衬垫纱。为使衬垫纱线不破坏针织物的外观，常用添纱衬垫组织，如图 5－13 所示。织物由面纱 1 和地纱 2 组成地组织，衬垫纱 3 周期性地在织物的某些圈弧上形成不封闭的圈弧，并与地纱交叉，夹在面子纱 1 和地纱 2 之间，这样衬垫纱不易显露在织物的正面，织物外观得以改善。添纱衬垫组织针织物表面平整，保暖性好，横向延伸性小，织物逆编结方向脱散。这种组织适宜做起绒织物，见图 5 – 14。图 5 – 15 是一种添纱衬垫组织所制成的针织物，其(1)为组织图，(2)为实物正面，(3)为实物反面。

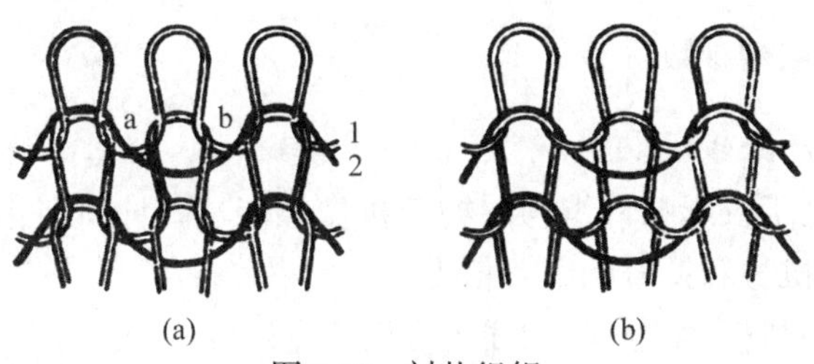

图 5-12　衬垫组织

(a) 正面　(b) 反面

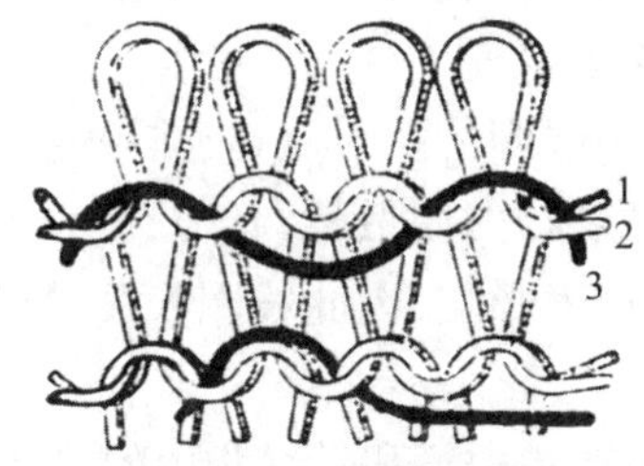

图 5-13　添纱衬垫组织

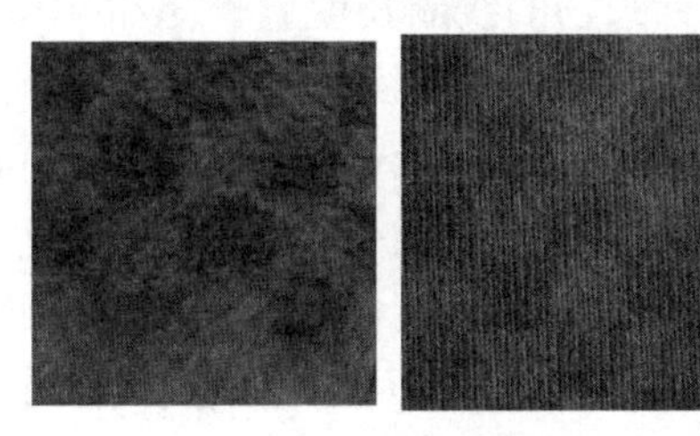

图 5-14　起毛针织物

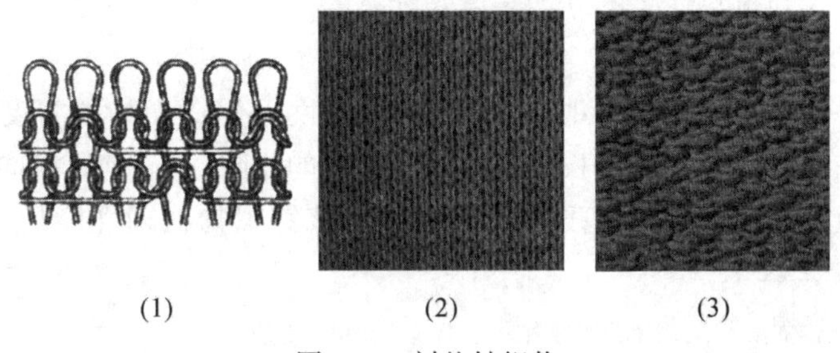

图 5-15　衬垫针织物

针织物的组织变化很多,不一一叙述。组织变化加之纱线色彩变化,织物品种就更加举不胜举了,这给服装设计者提供了更多的选择机会。

5.4 针织物的结构参数

5.4.1 针织物的纱线线密度

纱线线密度不仅影响针织物的物理机械性能,而且是设计针织物组织结构、选择针织机机号和针号的重要依据。

针织用棉纱与棉型化纤纱的线密度用特克斯(tex)表示。*

针织用毛纱与膨体纱的线密度,也用特克斯(tex)表示。**

针织用合纤长丝与变形丝的线密度,一般用分特克斯(tex)表示。***

5.4.2 针织物的线圈长度

针织物的线圈长度l,由线圈的圈干及其延展线组成。线圈长度不仅与针织物的密度有关,而且对针织物的脱散性、延伸性、弹性、耐磨性、强度及抗起毛起球性和勾丝性等都有很大影响,因此线圈长度是针织物的一项重要物理指标。

针织物的线圈长度愈长,单位面积针织物内的线圈越少,即针织物的密度越小,则针织物愈稀薄。针织物的线圈长度愈长,线圈中的曲率半径较大,力图保持纱线弯曲变形的力较小,而且纱线之间接触点较少,纱线之间的摩擦力也较小,因此,针织物容易变形,尺寸稳定性和弹性较差,强度也较差,脱散性较大。线圈长度愈长,针织物耐磨性、抗起毛起球性和勾丝性等都较差。线圈长度愈长,针织物透气性愈好。

针织物各种组织的线圈长度,通常可根据线圈线段在平面上的投影的长度近似地进行计算,亦可用拆散方法,求其实际长度。近年来,也有利用仪器直接测量喂入到每只针上的纱线长度来计算的。

5.4.3 针织物的密度

当原料和纱线支数一定时,针织物的稀密度可用针织物的密度来表示。密度直接反映针织物在单位长度或单位面积内的线圈数,通常用横向密度、纵向密度和总密度来表示。密度是我国目前考核针织物物理性能的一个重要

---

* 过去用英制支数表示,后用公制号数表示,现统一使用特克斯。

** 过去用公制支数表示。

*** 过去用旦尼尔表示。

指标。

横向密度用5cm内线圈横列方向的线圈纵行数 P_A 表示。

纵向密度用5cm内线圈纵行方向的线圈横列数 P_B 表示。

总密度是25cm^2 内的线圈数,等于横向密度与纵向密度的乘积。

针织物在加工过程中容易产生变形,在测量密度前,应先让针织物所产生的变形得到充分恢复,使之达到平衡状态,再进行测量。

针织物横向密度和纵向密度的比值,称为对比系数。它表示针织物在稳定条件下纵横向的尺寸关系,是设计针织物的主要参数。密度对比系数的大小不是常数,它与线圈长度、纱线特(支)数及纱线性质有关。

针织物的密度对针织物的物理机械性能影响很大。密度较大的针织物比较厚实,保暖性较好,透气性较差,强度、弹性、耐磨性及抗起毛起球性和勾丝性也较好。

5.4.4 针织物的未充实系数

当两种织物的密度相同,而纱线粗细不同时,两种针织物的紧密程度是不同的。因此,要真正表示针织物的紧密程度还需要采用另一指标,即未充实系数。

针织物的未充实系数 δ 是线圈长度 l 与纱线直径 d 的比值,可用下式计算:

$$\delta = \frac{l(\text{mm})}{d(\text{mm})} \tag{5-1}$$

纱线的直径 d 可通过理论计算求得。

针织物的未充实系数是根据生产实践经验决定的。目前一般情况下,棉、羊毛纬平组织针织物,$\delta = 20 \sim 21$;锦纶长丝纬平组织针织物,$\delta = 42$;棉1+1罗纹组织针织物,$\delta = 21$;棉双罗纹组织针织物,$\delta = 23 \sim 24$。

根据未充实系数的大小,就可以决定针织物的各项工艺参数,如在给定纱支条件下,选定了未充实系数,线圈长度和针织物密度也就被决定了。

5.4.5 针织物的单位面积重量

国家标准中规定,针织物的单位面积重量用每平方米针织物的干燥重量(g)表示。它是考核针织物质量的重要指标之一。

针织物的每平方米重量 Q',与纱线的特克斯数 N_t、线圈长度 l、横向密度 P_A、纵向密度 P_B 有关。当 N_m、l、P_A、P_B 已知时,可用下式求 Q':

$$Q' = 0.4\frac{l \times P_A \times P_B}{\frac{1000}{N_t}}(g/m^2)$$

$$= \frac{4}{10000} l \times P_A \times P_B \times N_t (g/m^2) \qquad (5-2)$$

上式的推算方法如下：一个线圈的重量(g)等于$\frac{l \times N_t}{1000 \times 1000}$，$l$ 用 mm 表示，而横向 1m 长的线圈数为 $20P_A$，纵向 1m 长的线圈数为 $20P_B$，因此，$1m^2$ 重量 Q为：

$$Q' = \frac{l \times N_t}{1000 \times 1000} \times 20P_A \times 20P_B$$

$$= \frac{4}{10000} l \times P_A \times P_B \times N_t (g/m^2) \qquad (5-3)$$

如果已知针织物的回潮率 W，则 $1m^2$ 干燥重量 Q 为：

$$Q = \frac{Q'}{1 + \frac{W}{100}} = \frac{4 \times l \times P_A \times P_B \times N_t}{10000(1 + \frac{W}{100})}(g/m^2) \qquad (5-4)$$

当计算双面针织物的 $1m^2$ 干燥重量，若其线圈由两种纱线组成，而且线圈长度和支数不同，则可按下式计算：

$$Q = \frac{0.4 \times P_A \times P_B}{1 + \frac{W}{100}}(\frac{l_1 N_{t1}}{1000} + \frac{l_2 N_{t2}}{1000})(g/m^2) \qquad (5-5)$$

当原料种类和纱线特克斯数一定时，单位面积重量间接反映了针织物的厚度、紧密程度。它不仅影响针织物的物理机械性能，而且也是控制针织物重量，进行经济核算的重要依据。

5.5 几项与针织物组织结构有关的特性

5.5.1 针织物的脱散性

当针织物的某根纱线断裂或线圈失去串套联系后，线圈在外力作用下，依次由被串套的线圈中脱出，从而使针织物的线圈结构受到破坏，针织物的这种性质，称为脱散性。

一般针织物均可沿逆编结方向脱散，脱散顺序正好与编织顺序相反。在某种场合下可利用针织物的脱散性为生产服务，例如将针织物线圈脱散成纱线，以达到另行使用的目的。还可利用编织——脱散线圈的方法，制造合纤变形丝。但是另一方面，由于针织物中纱线断裂，使线圈产生脱散，并且这种脱散会越来越大，以致不仅影响针织物的外观，而且大大降低其耐用性。所以从服用性看来，针织物的脱散性是有害的，要求它越小越好。

5.5.2 针织物的卷边性

某些组织的针织物，在自由状态下其边缘发生包卷，这种性质称为卷边性。

针织物的卷边性是由于弯曲的纱线在自由状态下力图伸直所造成的。纱线愈粗，弹性愈好，线圈长度愈短，卷边性也愈显著，具有热塑性的纱线，其针织物经过热定型后，卷边性可大大减少或消除。

5.5.3 针织物线圈的歪斜

某些针织物在自由状态下，其线圈经常发生歪斜现象，从而造成线圈纵行的歪斜，直接影响到针织物的外观与服用。

线圈的歪斜是由于纱线捻度不稳定引起的，线圈圈柱产生的退捻力使线圈的针编弧分别向不同方向扭转，致使整个线圈纵行发生歪斜，这对于强捻纱针织物更为明显。

当纱线的捻度较低且捻度较稳定时，线圈的歪斜较小；针织物的结构较紧密时，线圈歪斜遇到较大的阻力，则线圈的歪斜也较小。

5.6 针织物的基本性能

针织物并不是像机织物那样由两组垂直的纱线交织而戚，而是由一根或一组纱线成圈串套而成的。因此，针织物结构较为疏松，使针织物具有伸缩大、柔软性好、吸湿性好、透气(汽)性好的特点，人体穿着较为舒服。但针织物具有不够挺括、保形性差、不够坚牢结实的缺点。因为针织物的上述特性，所以以往针织物做成内衣较多。但随着化纤工业的发展，流行服装的盛行，人的观念的更新，针织物逐渐由内衣向外衣化发展。与机织物一样，针织物的基本性能从外观、舒适和坚牢三个方面进行讨论。

5.6.1 针织物的外观造型性

针织物的线圈易产生歪斜，所以用针织物制作的服装外观稳定性不好，不够挺括，近年来涤纶等化纤原料在针织上的广泛运用，加之针织物组织的发展，此问题稍有改善，因此用针织物做外衣面料也愈来愈多。

针织物的悬垂性与机织物相同，用悬垂系数表示，要求沿线圈横列的悬垂性好些。

由于针织物结构不如机织物稳定,因此在服装制作造型时,难度较大,常要使用一些专用设备,才能达到要求。

5.6.2 针织物的舒适性

针织物是由一根或一组纱线成圈而成,针织物结构中有较大的空隙,并存在较大的变形能力。所以如上所述,针织物既具有伸缩性好,又具有柔软性好,吸湿性好,透气透湿性好的特点。伸缩性好,能适应人体各部位的伸缩、弯曲的变化,不妨碍人体的活动;吸温、透气(汽)性好,能使人体排出的汗水和汗气尽快地吸收、排出体外、保持衣服内良好的气候状态,使人体穿着舒适。与相同重量的机织物相比,针织物穿着舒适性较好。

5.6.3 针织物的耐用性

针织物的脱散性是影响针织物耐用性,从而影响针织物使用价值的一个问题。针织物结构较松,所以拉伸强度较低,延伸性较大,一般针织物采用顶破强度表示牢度,顶破强度又直接与钩接强度有关,穿着过程中的磨损破坏,常常因固结不紧,纤维易被抽拔而导致针织物解体。针织物在缝制时,常常有“针洞”产生,这既影响了服装外观,而且又会因脱散性而导致脱圈加速破坏,恶化了针织物的耐用性,在合纤针织物的高速缝纫中,还可能因缝针升温而导致熔融破坏,影响针织物的耐用性。

5.7 常用针织物

目前针织衣料主要有两大类:纬编针织物和经编针织物。纬编针织物又有单面和双面纬编针织物之分。市场上较多的纬编针织物主要有:

单面平针织物,如汗衫布,如图 5-4,主要用来做汗背心等内衣,它有漂白、印花、染色之分,彩色横条织物也常用来做 T 恤衫等外衣。这种针织物的原料有纯棉纱、65/35 棉涤混纺纱和腈纶纱等。

单面毛圈织物,如毛巾布和天鹅绒,如图 5-14。起毛针织物主要做外衣、妇女裙料等。这种针织物原料一般用 110 dtex 的低弹涤纶作地纱,用棉纱作毛圈,以改善服用性能。

单面提花织物,以涤纶长丝原料为主,主要做外衣。

衬垫织物如图 5-15,包括细、薄、厚各类绒布,主要用来做便服,使用的原料有纯棉、腈纶及棉腈、涤腈交织物等。

单面集圈织物如图 5-16,由于采用集圈组织和使用不同色彩的纱线,可使织物表面具有不同的图案、闪色、孔眼和凹凸等效应，这种织物主要用来制作外衣，其原料主要有涤棉混纺纱和涤纶长丝。图 5 – 17 为双面集圈针织物，该面料较为厚实、伸缩性好。适合于制作外衣、内衣等。

图 5-16　单面集圈针织物

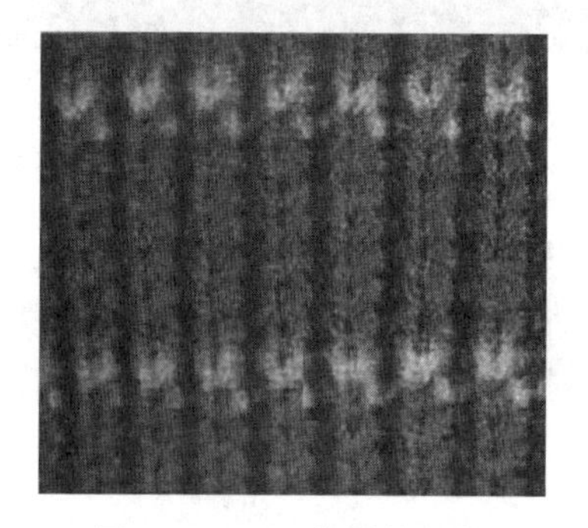

图 5-17　双面集圈针织物

单面涤盖棉织物，市场上较为流行，表面是涤纶，内面为棉，改善了穿着的舒适性。主要用来制作运动衫裤和 T 恤衫等外衣。

双面纬编针织物，有弹力罗纹织物(做弹力内衣罗纹衫裤)、双罗纹织物(做棉毛衫及运动衫)、涤盖棉织物(做运动衫裤及便服)、提花织物(做外衣)。

经编针织物，有单面经编针织物、双面经编针织物和经编装饰针织物。后两者主要用作产业和装饰织物，作为衣料的主要是前者——单面经编针织物。单面经编针织物又有薄型针织物(做纱巾、蚊帐用)、涤纶衬衫针织物、涤纶外衣针织物、毛圈针织物(图 5－18,做睡衣、浴衣用)、氨纶针织物(做运动衣、体操服、游泳衣等)、绒织物(做妇女外套、便服用)。

图 5-18　毛圈针织物

驼绒是一种棉毛交织的起绒针织物,又称骆驼绒。因织物绒面外观与骆驼的绒毛相似而得名。表面绒毛丰满,质地松软,保暖性强,延伸性好,是服装、鞋帽、手套等的良好衬里材料。

第六章　裘皮和皮革

6.1　裘皮

动物的皮毛经加工处理可成为珍贵的服装材料。有裘皮和皮革两类。带毛鞣制而成的动物毛皮称为裘皮；而把经过加工处理成的光面皮板或绒面皮板称为皮革。裘皮是防寒服装理想材料，它的皮板紧密，防风性能相当好，保暖性能优良，因而是冬季服装的优良材料。在服装中既可作面料，又可作里料，还起了絮料的作用。加之裘皮在外观上可保留动物皮毛的原有花纹，如再辅以挖、补、镶、拼工艺，就能获得多种多样绚丽多彩的花纹，极受人们的喜爱。

裘皮的原料是动物皮毛，是直接从动物身上剥下来的(称为生皮)。因为生皮上有血污、油污及多种蛋白质，为获得柔软、防水、不易腐烂、无臭、坚韧的可供服用的裘皮，必须在经过浸水、洗涤、去肉、毛被脱脂、漫酸软化的准备后，对毛皮进行鞣制加工，最后还得进行染色整理，才能获得较为理想的裘皮制品。

动物毛皮由毛被和皮板组成。毛被由三种毛组成，即针毛、粗毛和绒毛。针毛数量少、较长、呈针状、鲜丽而富有光泽，有较好的弹性，毛皮的外观毛色和光泽，靠针毛表现；绒毛的数量较多，短而细密，呈波卷，毛皮即依靠绒毛来保持静止空气，起到防止热量散失和保暖的作用，绒毛的密度、厚度越大，毛皮的防寒性能越好；粗毛数量介于针毛和绒毛之间，粗毛的下半段(接近皮板部分)像绒毛，上半段像针毛，粗毛和针毛一起作为毛皮表现外观毛色和光泽的主要部分。针毛和粗毛还起到区别兽类的作用，不同的动物有不同颜色和光泽的针毛和粗毛。针毛和粗毛一起还起到防水作用，当毛被水淋湿后，粗毛倾倒在针毛上，使水聚集在毛束中而流向针毛尖再滴落，以防止整个毛被和皮板被水浸湿。

毛皮的皮板是由表皮层、真皮层和皮下组织组成。最上一层是表皮层，其次是真皮层和皮下组织。皮板的真皮层和皮下组织之间是一些结缔组织,结构疏松,兽毛皮就在此处开剥。开剥后,在鞣制过程中要除去。真皮层是皮版的主要部分,毛皮层的结实与否,强韧与否,弹性的好坏主要决定于这一部分。皮革就是由真皮层鞣制而成,裘皮在鞣制中保留了毛被和表皮层。决定裘皮价值的是毛被的外观和质量,决定其结实程度的,却是毛在皮板中的固定程度。

毛皮通常是根据毛被的长短、皮板的厚薄及毛皮的价值进行分类,服装用皮毛分为四大类。

毛皮的分类
- 小毛细皮:毛短而珍贵,如紫貂皮、水獭皮、黄狼皮等。
- 大毛细皮:毛长,价值较贵重的毛皮。如狐皮、貉皮、猞猁皮。
- 粗毛皮:主要指各种羊的毛皮,虎狼毛皮,灌、豹类的毛皮。
- 杂毛皮:指各种猺类、猫类及兔类的毛皮。

6.1.1 小毛细皮

属高级毛皮,毛短,细密柔软,用于制作毛皮帽,长短大衣。属小毛细皮的有以下几种。

6.1.1.1 紫貂皮

紫貂又称黑貂,形如黄鼬。紫貂是小型食肉动物,头尖,嘴方耳小,体长约40~50cm,体毛呈黑褐色,头部颜色较浅,下颚有颜色不同的喉斑,多数貂的针毛内夹杂着银白色的枪毛,比其他的针毛粗,而且又长又亮,毛被细而柔软,底绒丰厚,御寒能力特强。皮板鬃眼较粗,底色清晰光亮,坚韧有力,是一种十分珍贵的毛皮。图6-1是紫貂毛皮和紫貂皮大衣。

6.1.1.2 水獭皮

水獭头小而扁,脚短、耳小、趾间有蹼。毛皮的脊背呈深褐色,腹部色较淡,针毛粗糙,少光泽,无明显的斑点和花纹。但底绒却非常美丽,稠密细软,不易被水浸透。水獭皮价值高贵,除上述优点外,还有以下几方面原因:

a)绒毛细软丰厚, 绒毛可向三个方向扑毛;

b)绒毛直立挺拔、耐穿耐磨,寿命为一般毛皮的5~10倍;

c)皮板坚韧,不折不挠,柔软且伸长较好。

6.1.1.3 黄狼皮

黄鼠狼身上的皮,毛呈棕黄色,腹部的毛颜色较浅。同是黄鼠狼的皮,因剥皮的方法不同,有元皮和黄狼皮两种。如用角状剥皮法剥的黄狼皮为元皮,而用片状剥皮法剥的是黄狼皮。但无论用哪种方法,其皮形较小,脂肪多绒毛短而稠密,针毛有极好的光泽,有整齐的毛峰和细绒毛。特别是冬季捕获的黄鼠狼,皮板厚实,毛绒丰满、有光泽,毛的弹性也好,防水又耐磨。

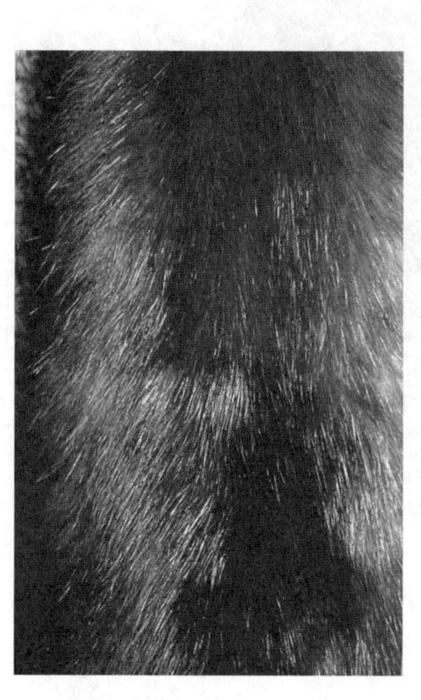

图6-1 紫貂毛皮和大衣

6.1.1.4 海龙皮

海龙是一种水栖毛皮兽。毛皮的背部毛呈黑褐色,绒毛呈青棕色,腹部毛色较浅。针毛和底绒部柔软、油滑明亮,绒毛厚且细密,有很大的拒水性,皮板坚韧,弹性好,是一种昂贵的毛皮。

6. 1. 1. 5 扫雪皮

扫雪又名不貂,极像紫貂。全身针毛呈棕色,中脊黑棕色,绒毛乳白或灰白,皮板的鬃眼比貂皮细,针毛的峰尖长而粗,光泽好,绒毛丰厚光润,在价值上是仅次于貂皮的一种毛皮。

6. 1. 1. 6 黄鼬皮

黄鼬形似紫貂,毛为棕黄色,腹色稍浅,尾毛蓬松,针毛峰尖细软有极好的光泽,绒毛 短而稠密,皮板厚实,防水耐磨,见图 6 – 2。

图6-2　黄鼬毛皮大衣

6. 1. 1. 7　猸子皮

猸子也称“鼬獾”“白猸”。体态较小,全身及四肢的毛全是灰色,微带棕色,针毛较粗,而底绒较细。

6.1.1.8　小灵猫皮

小灵猫又称“笔猫”或“麝香猫”,身体和猫的大小差不多,形似狸子,毛色灰黄带褐,背部有黑纹及斑点,颈部有黑白相间的波状纹,尾部也有黑白相间的环纹。毛被坚挺,有弹性,底绒较细。

6.1 1.9　艾虎皮

艾虎又名“地狗”。艾虎的背部与尾部为淡黄色或淡棕色,腰背有些黑尖长毛,故此处为浅黑色。艾虎面部为棕灰色,眼周为黑色,耳缘近白色,冬天的毛被呈灰色,这种毛皮较为醒目。

6.1 1.10　灰鼠皮

灰鼠又名“松鼠”,其身长23～25cm,尾巴长又大,尾长约比体长大一倍多。体毛呈灰色、暗褐色或赤褐色,腹部呈白色。毛密而蓬松,随着季节变化,毛的质量也有相当大的变化,冬季的毛皮皮板肥壮,毛多绒厚,呈素灰色,毛皮质量较好。

6.1.1.11 银鼠皮

银鼠体态很小,头小嘴尖,耳小扁圆,体长 15 ~ 25cm,尾长 1.7 ~ 2 cm,尾尖有黑针毛,其毛色如雪,滑润光亮,无杂毛,针毛和绒毛几乎近齐,皮板绵软。

6.1.1.12 花鼠皮

花鼠又称“互道眉”“金银鼠”“豹鼠”。体型较小,比松鼠还小,背部有五条纵向条纹,中间的一条最长,一直伸向头部,最外的两条围有白纹,头顶呈棕褐色,眼上、下及耳边呈白色,四肢呈黄色,尾毛基底为棕色,中间为黑色,尖端为白色。色泽丰富,毛绒丰足,形态完整的为上等珍品。

6.1.2 大毛细皮

毛较长且张幅较大的高档毛皮,可用于制作皮帽、长短大衣以及斗篷等。属大毛细皮的有以下几种。

6.1.2.1 狐皮

用狐狸的毛皮制作而成,狐狸分布地很广,随着狐狸生活的地区不同,自然条件不同,狐皮的质量也有很大的区别。以东北地区产的质量最好,皮的张幅大,毛细绒厚,柔软灵活,色泽美丽,多红色,御寒能力强。南方狐狸皮的质量稍差,不但张幅小,而且毛也短,但绒毛还是比较厚的。

狐皮因狐狸的品种不同而有以下几种:

银狐皮:毛皮银白素雅,别具特色。见图 6 - 3[6]。

赤狐皮:毛色棕红,光泽艳丽,毛细绒厚,柔软灵活。见图 6 - 3。

东沙狐皮:毛色棕黄、腹白、毛绒厚、张幅大。

西沙狐皮:毛色棕黄,腹灰蓝,毛粗硬,针毛与绒毛较为均齐。

6.1.2.2 貉皮

貉子俗称狗獾,外形像獾,大小与狐相似。背脊部呈棕灰色,四肢、胸、腹部接近黑色,眼部有一片黑色的斑纹,绒毛细密优雅美丽,皮板厚薄适宜,坚韧耐拉。拔掉针毛后的貉皮称貉绒。东北的貉子针毛细而尖,底绒丰厚稠密,多为黄色或灰色,毛皮的张幅大,质量最好。南方貉子针毛短,毛绒细密,色泽发黄,皮张也较小。

6.1.2.3 猞猁皮

猞猁全身的毛为红棕色,背与两肋、四肢的外侧有黑色的斑点。腹部呈白色或微粉白色。猞猁皮的毛绒较粗长,紧密灵活,御寒性能好,耐穿用,是大毛细皮中的高贵商品之一。

赤狐皮

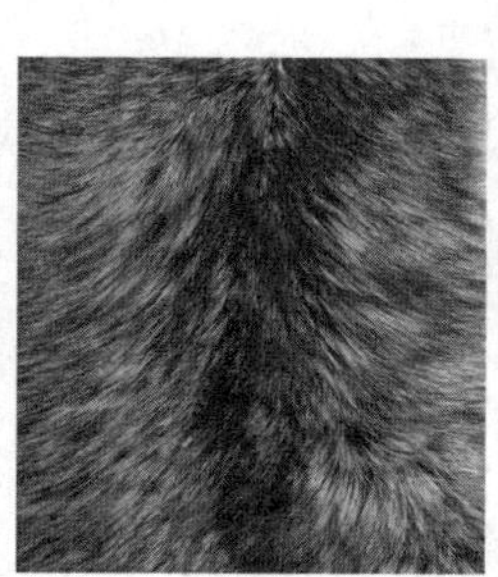
银狐皮

银狐皮大衣

图6-3 狐毛皮大衣

6.1.2.4 水貂皮

水貂是貂的五大家族之一(紫貂、花貂、沙貂、太平貂和水貂)。水貂体为黑褐色,额为白色,腹部有时有白斑,为珍贵毛皮兽。水貂皮毛光滑、柔软、轻便,毛绒丰厚灵活,板质结实耐穿。

6.1.2.5 九江狸子皮

九江狸子又称“灵猫”“九节狸”。毛被为三种颜色:毛基为灰色,中部为白色,尖端为黑色,这种黑色中还带点浅棕色的花斑很像镶嵌的琥珀,绚丽夺目。九江狸子的毛峰过粗,用时须拔掉针毛,只用底绒。

6.1.2.6 麝鼠皮

麝鼠俗称山老鼠。体背呈铁褐色,下腹部颜色较浅。山老鼠的毛峰光亮,底绒丰足,经济价值较高。

6.1.2.7 河狸皮

河狸也叫海狸。河狸全身的毛都是灰褐色,只是腹部颜色淡一点。其毛峰较粗,底绒较细而稠密。河狸的毛皮极为珍贵,用时须拔掉针毛。

6.1.3 粗毛皮

粗毛皮多指的是羊皮,且主要指的是绵羊皮,其他还包括獾、豹、狼、山羊和狗皮等。一般是毛较长,张幅稍大的中档毛皮,可用来做帽子、长短大衣、软肩和褥垫等。常见的粗毛皮有如下几种。

6.1.3.1　羊皮

见图6－4。随着产地的气候、饲料不同，羊皮的质量会有很大差别，羊皮的品种不同，羊皮的质量当然也会有相当大的差别。可用作服装的羊皮大致有以下几种。

图6-4　羊毛皮

a）绵羊皮　绵羊皮根据皮毛的质量，可分为以下三种。

细毛羊皮　细毛羊有新疆细毛羊和东北细毛羊两种。新疆细毛羊皮板大，四季厚薄均匀，质量差不多，不因季节的变化而脱毛变稀，因此毛皮质量较好。东北的细毛羊毛的长度不如新疆的长，且腹部的毛既稀又短。细羊毛毛被为纯白色，毛细又密，且均匀，卷曲多，弹性好，光泽也好。

半细毛羊皮　半细毛羊有寒羊和同羊两种，这两种羊的毛质都较好，细毛占90%。寒羊皮张幅较大，板薄，毛绒丰厚，卷曲多，重量轻，适合做大衣。同羊的张幅较小，其他特点与寒羊相同，只是毛色比寒羊皮白些。

粗毛羊皮　粗毛羊的特点是毛粗皮厚。蒙古羊、西藏羊、哈萨克羊、滩羊都属于粗毛羊。

b）羔皮　羔皮有绵羔皮、湖羊羔皮、三北羔皮、库东羔皮、黑紫羔皮、新疆羊羔皮和寒羊羔皮等。绵羊羔皮又分为象羔皮、小毛羔皮、中毛羔皮和大毛羔皮四种。象羔皮是因受生长条件的影响或自然流产的羔羊的皮,小毛羔皮是初生的羔羊或接近产期而生的羔羊的皮。中毛羔皮是从生长两三个月的羊羔身上剥下来的皮。大毛羊皮是从生长六个月的羊羔身上剥下来的皮。如生长一年而未剪过胎毛的羊皮称为生羊皮。

c)山羊皮　山羊的皮,毛呈半弯毛和半直毛,张幅较大,皮板柔软坚韧,毛皮为白色,针毛粗,绒毛丰厚。长的针毛拔下可制毛笔,或制刷子,拔毛后的绒皮用来制裘,未经拔毛的山羊皮一般用来做衣里或衣领。

6.1.3.2　狗皮

狗皮的特点是毛厚板韧,皮张前宽后窄,针毛毛根贯穿真皮,不易掉毛,御寒能力强。多产于东北、内蒙、青海等地。

6.1.3.3　狼皮

狼形如狗,狼皮张幅较大。狼皮毛色随产地而异,有淡黄、灰白、青灰等色,一般上部色较深,下部较浅。冬季的狼皮毛长绒厚,柔软灵活,有光泽,皮板肥壮,保暖性也好。春秋季的就不如冬季,夏季的皮毛质量较差。

6.1.3.4　豹皮

豹的种类很多,有金钱豹、雪豹、龟纹豹、红青豹、狸豹、墨豹、芝麻豹等,常见的是金钱豹。豹的特点是全身毛被呈棕黄色或棕灰色,背部和两侧颜色较深,腹部颜色较浅,身上布有不同环形、不同大小的黑斑点,尾巴有黑环,故而豹皮相当美丽。

6.1.3.5　獾皮

獾又称"猪獾"。毛色灰黄,头部有三条宽白纹,耳边也是白色的,四肢、胸、腹部全为黑色。冬季的獾皮毛被丰厚,皮板厚实,质量最好,春秋夏季之獾皮远所不及。

6.1.3.6　猾子皮

猾子皮因带有如大部分小山羊皮那样的美丽的花弯,所以又称小山羊皮。不但为国内人们所喜爱,也是外贸出口的畅销货。

6.1.4　杂毛皮

一般指皮质稍差,产量较多的低档皮毛。杂毛皮种类较多,常见的有如下几种。

6.1.4.1　猫皮

猫皮的特点为色彩丰富,斑纹美丽,毛被上时有连续、时有间断的斑纹,针毛细腻润滑,毛色浮有闪光,暗中透亮。猫的品种较多,以东北及内蒙的猫皮为好,张幅大,毛绒密,颜色深,花纹明显,板质肥厚。可做短外衣和童大衣等。

6.1.4.2 兔皮

兔皮的皮色也很丰富,有黑白灰等多种颜色。人工饲养的家兔还可以按人的意愿选配,从而获得皮毛质量更好的新品种。东北和内蒙一带的家兔皮张大、毛绒足,质量最好。四川、华南、西南一带的家兔则较差,皮张小,皮板薄,毛峰细而平齐,但色泽洁白漂亮。除家兔外,还有野生的野兔,野兔的毛背部较深,腹部的毛多为白色,而且野兔的毛色还能随季节而变化。

6.1.4.3 山狸子

又名山猫,形体似家猫,全身浅棕色,且有许多褐色的斑点,从头部至肩部有四条明显的褐棕色条纹,两眼内缘向上各有一条白纹,非常显眼,也极美观。图6-5是山猫毛皮大衣。

6.1.4.4 密狗皮

又名黄猺,头较窄,形状与鼠相近,毛色鲜艳,前背与体侧呈柠檬黄色,后背与四肢均为黑色,腹部较淡,毛尖有柠檬黄色或褐灰色,额部是纯白色的,其余部分苍白色,而尾部却是纯黑的。

毛皮的种类如此之多,但是在选购时,如何断定毛皮质量呢?对于消费者来讲,这是一个极为重要的问题。毛皮的质量与许多因素有关,同一种类的毛皮兽,其生长地区、生活环境、性别、年龄以及捕杀季节不同,毛皮质量也会有所区别的。表6-1表示毛皮四季变化的特征。

表6-1 毛皮四季变化的特征

季节	背部毛绒	皮板	尾巴
冬季	长而密,灵活有光亮	白色,柔韧	毛长、蓬松,有光泽
春季	毛干枯,有勾曲,或有脱绒现象	红色,硬厚	毛枯干,或有脱绒现象
夏季	背部毛绒细短	干燥,薄弱	尾巴细而尖
秋季	毛绒较短、平齐,有新生的短针毛	青色,较厚	毛比较短,或平伏未散

从上表可见,冬季捕获的动物,其毛皮质量较春秋季捕获的好,夏季捕获的最差。

图6-5　山猫毛皮大衣

怎样选择毛皮呢？除了认定毛皮的种类、部位、捕获季节外，主要是凭经验，平时人们常用的方法是一看、二捏、三闻。一看毛皮的颜色，毛花的长短，对于自然毛皮，整体颜色要协调一致，有光泽，毛茬长短要齐，对于染色毛皮，要染得匀整，看上去接近自然色，用嘴一吹看毛的弹性和光泽，恢复快的为弹性好的；二捏皮板要柔软、湿润、手感要好；三闻皮质有否恶臭。毛皮的鉴定方法看起来是很简单，实际掌握也很困难，购买毛皮，须到信得过的商店去买。

6.2 皮革

动物毛皮经过浸水、脱毛、膨胀、片皮、消肿、软化、漫酸等准备工序、鞣制工序，最后经过整理工序制成光面或绒面皮革。

6.2.1 皮革的种类

服装革大多采用猪、牛、羊犊和麂皮革等，具体来讲有下面几种。

6.2.1.1 猪皮革

见图 6－6[4]，猪革表面毛孔圆而粗大，倾斜地伸入革内，明显地三点组成一小撮，具有独特的风格，透气性比牛皮好，较耐折、耐磨，缺点是皮质粗硬、弹性较差。多用来制作绒面革和光面革。

图 6-6 猪皮革

6.2.1.2 牛皮革

见图 6－7，牛皮革分黄牛革与水牛革两种，黄牛革表面毛孔呈圆形，毛孔密而均匀，排列不规则；而水牛革毛孔比黄牛革粗大，毛孔的数量也比黄牛革稀少，皮革的质量较松弛，不如黄牛革丰满细腻。牛皮革因牛身上的部位不同，质量差异较大，脊部中心皮的真皮层厚而均匀，毛孔细密，分布均匀，坚实致密；头颈皮有明显的皱皮，皮层厚度不匀，毛孔大小不一；侧边皮直皮层薄，毛孔稀而大，结构松弛。牛皮革耐磨耐折、吸湿透气较好，磨光后光亮度好，绒面革的绒细而密，是优良的服装材料。

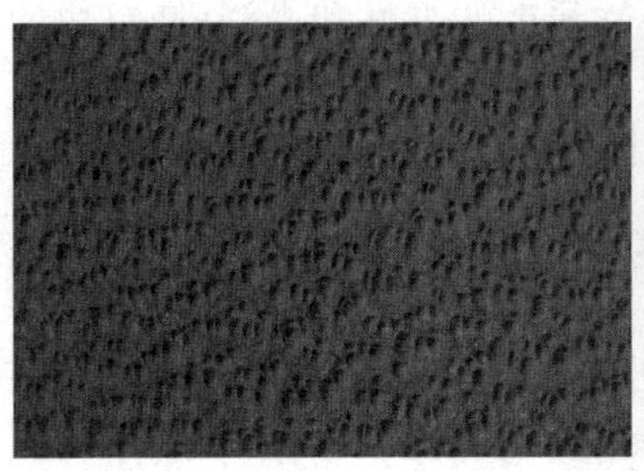 

图 6-7　小牛皮和母牛皮

6.2.1.3　羊皮革

分为山羊皮和绵羊皮两种。见图 6－8，山羊皮皮身较薄、皮面略粗，几个毛孔成一组以鱼鳞状排列，成品革结实、有光泽、透气、坚牢、柔韧；绵羊皮表面薄，成品革延伸性较好，但不耐拉扯。

 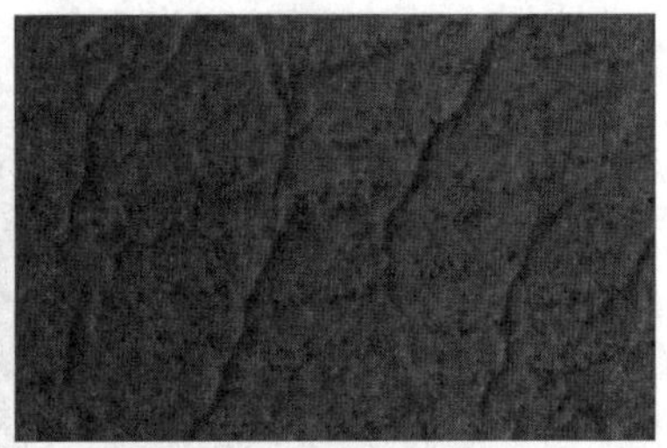

图 6-8　山羊皮革和绵羊皮革

6.2.1.4　驴马皮革

皮面光滑细致、毛孔稍大呈椭圆形。前身皮较薄，结构疏松柔软，透气吸湿性好，可用于服装，后身皮结构紧密坚实，透气透湿均差，不耐折，只用作鞋底革。

6.2.1.5　麂皮革

见图 6－9[4]，麂皮毛粗硬稠密，皮面粗糙，斑疤多，不适于制光面革，但制成绒面革质量最好，皮质厚实、坚韧耐磨、绒面细密、柔软光洁、透气性和吸水性较好。

6.2.2　皮革的质量评定

皮革的质量直接关系到皮革服装的选料、用料、缝制。皮革质量是由外观质量和内在质量综合评定的。

图 6-9　鹿皮革

皮革外观质量主要看:

a)皮革的身骨。如海绵那样丰实而有弹性的称为手感丰满、身骨好。反之则称手感干瘪。

b)软硬度。即手感柔软,不板硬,且各部位均匀。

c)表面细致光滑程度。即表面细洁、光亮而又不失天然革风格。

d) 伤残。即由于外伤或加工过程的不当而引起的伤痕。

内在质量主要看强力、耐磨、延伸性、透气性、酸碱值、含铬量等,一般来说,正规产品内在质量都有保证,尤其是流行服装中,外观质量占主导地位。

6.3　人选毛皮和人造皮革

人造毛皮就是被称为长毛绒的面料,也称"海虎绒"或"海勃龙"。人选毛皮的毛是由腈纶、锦纶、氯纶和黏胶纤维织成的。其中腈纶用量最多。腈纶有人造羊毛的美称,所以人造毛皮具有质地轻巧,光滑柔软,保暖性好,不怕霉菌、虫蛀的优点。用人造毛皮制成的大衣轻软,色彩丰富,结实耐穿,又可水洗、皂洗,比羊毛大衣使用方便,但易产生静电,以致穿着不太舒服。

人造毛皮有用机织工艺生产的,也有用针织工艺生产的。最近又有一种仿绵羊羔皮外观的人造卷毛皮,它是利用化学纤维的热塑性,采用胶黏法或针织法生产的一种新型人造毛皮。

人造毛皮与天然毛皮的区别在于:a)人造毛皮底布是针织或机织物;b)人造毛皮的毛根和毛尖一样粗细,而动物毛皮的毛根粗于毛尖;c)重量上,人造毛皮轻于动物毛皮。当然用火一烧,气味也不相同,因为化学成分不同。

人造皮革主要有三种。一种称为人造革,是用聚氯乙烯涂敷在底布上(机织与针织布)制成的。质轻,柔软,强度、弹性比天然皮革好,且耐热、耐寒、耐油、耐酸碱、耐污、易洗、裁剪缝纫工艺简单,但卫生性能较差,透气透湿性能都不如天然皮革,制成的衣帽穿着舒适性能较差。另一种为合成革,是由聚氨酯涂着在底布上而成的。合成革的强度、耐磨性、透水性都比人造革好,且柔软而有弹性,耐磨,外观更接近天然皮革,缝纫工艺简便,适用性广。第三种是仿羊皮、仿麂皮,这种人造皮革是用棉纤维或超细纤维做成底布用聚氨酯加工而成的,从外观和手感上已达到以假乱真的程度。而且从舒适性上已大大不同于前两种人造革,透气、吸温都比较好。但是掌握了它的内部结构、原料性能,仍然可以用简单的方法,与真的羊皮、麂皮加以区别。

人造皮革与天然皮革的区别方法可以归纳成三步:a)用手一捏,棉制仿羊皮、仿麂皮折痕明显,反弹力差,真皮折痕不明显,反弹力好,涤纶仿皮几乎无折痕、反弹力好;b)用手纵横拉伸,仿皮的纵向横向有差异,有的很大,而天然皮革的差异较小; c)用火一烧,棉的仿皮近火后不熔不缩有烧纸臭味,涤纶仿皮近火后,收缩熔融,灰成球状,有芳香味,真皮近火后渐渐燃烧,有烧毛臭味。

第七章　衬布及其他服装材料

要制作一件满意的,有一定档次的服装,除了需要高质量的面料和完美的制作工艺外,还必须配以合适的里料、衬料及各种能起点缀的拉链扣子等辅料。所谓辅料,就是除面料外的材料,包括服装里料、衬料、絮填料、垫料、缝纫线、纽扣、拉链、绳带、花边、商标、号型尺码和产品示明牌等。

7.1　衬料

衬料是在服装面料和里料之间的材料,可以是一层或几层。衬料是服装的骨骼和支撑,并对服装有加固、保暖、造型、尺寸和结构稳定等作用。在使用某些轻薄面料、柔软面料时,衬料还能起到改善缝制加工等作用。

7.1.1　衬料的分类

衬料的分类方法很多,有按衬的原料分;有按使用方式和部位分;有按衬的厚薄和重量分;也有按衬的底布分。衬料的种类很多,主要可归纳以下几类:

(1)棉、麻衬

棉衬有软衬和硬衬(上浆)两种。

麻衬有纯麻布衬和混纺麻布衬。

(2)毛衬

有马尾衬和黑炭衬。

a)马尾衬是用棉或涤棉混纺纱做经纱,用马尾鬃作为纬纱,织成基布再经定型和树脂加工而成。马尾衬有普通马尾衬(有经树脂整理和未经树脂整理两种)和包芯马尾衬。由于马尾鬃长度较短,所以普通马尾衬的幅宽受到限制,而且生产时较为费工。20 世纪 90 年代开发了棉包芯纱马尾衬,经纱用棉,纬纱用棉纱包芯马尾,可以用机织织造,既解决幅宽问题,又大大提高劳动生产率。

b)黑炭衬也是用棉或棉混纺纱作经,用动物纤维(牦牛毛、山羊毛或人发等)作纬纱加工成的基布,再经特种整理而成,黑炭衬根据加工方法和原料可分为硬挺型、软薄型、夹织布型和类炭型等。

夹织布型的黑炭衬是在织造中夹织进部分马尾包芯纱,能使这类黑炭衬具有更好的弹性。由于黑炭衬所用牦牛毛、人发等并非纯白色,所以对于一些浅色或白色面料之配伍,有不足之处,用化纤长丝代替牦牛毛、山羊毛和人发作纬纱,可制成白色的类炭衬,同样也能制成黑色的类炭衬。

综上所述毛衬的种类归纳如下:

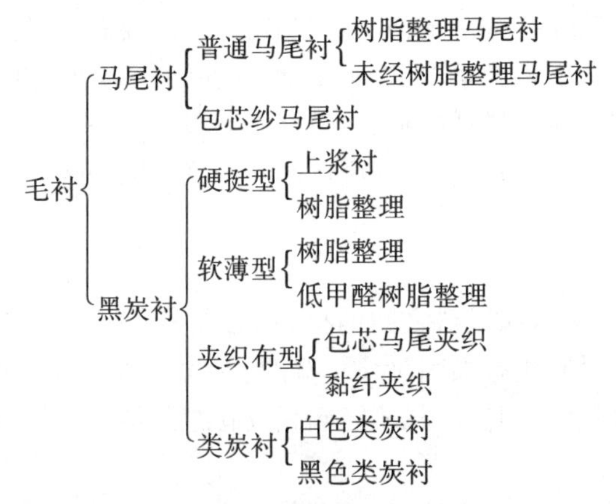

(3)树脂衬布

树脂衬布是一种传统的衬布,以棉、化纤及混纺的机织物或针织物为底布,经漂白或染色等其他整理,并经树脂整理加工制成的衬布。

树脂衬布有纯棉树脂衬布,混纺树脂衬布,纯化纤树脂衬布等。随着加工方式不同还有本白树脂衬布、半漂白树脂衬布、漂白树脂衬布和杂色树脂衬布。

(4)非织造衬布

用非织造布直接作为衬布,现在大部分已被黏合衬所代替,只在针织服装、轻便服装、风雨衣、羽绒服和童装中仍有使用。非织造衬布的种类有以下几种:

- 非织造衬布
  - 一般非织造衬
    - 各向同性型——手感柔软、伸缩性好,有适当的回弹性
    - 稳定型——手感较硬、弹性好,不伸缩,弹性模量较高
  - 水溶性非织造衬
  - 黏合性非织造衬

水溶性非织造衬布用聚乙烯醇纤维制成,它主要用于绣花服装和水溶花边的底衬,故又称绣花衬。

黏合型非织造衬布在后面作专门的介绍,这里不加多述。

(5)领带衬布

领带衬布是由羊毛、化纤、棉、黏胶纤维纯纺或混纺,交织或单织而成基布,再经煮炼,起绒和树脂整理而成。用于领带内层起补强、造型、保形作用。所以要求领带衬布具有手感柔软,富有弹性,水洗后不变形等性能。

(6)腰衬

腰衬是用于裤腰和裙腰部的条状衬布。主要起防滑、硬挺和保形的作用。

(7)黏合衬布

黏合衬布是在底布上涂了具有热塑性的热熔胶而加工制成,故又称为热熔黏合衬布。黏合衬布种类很多,下面再详细介绍。

7.1.2 黏合衬布

黏合衬布是附着具有优良的热塑性高分子化合物的衬布,在一定的压烫条件下,使之与面料形成紧密和谐的结合体,可使服装平整、形体优美并相应提高使用牢度。黏合衬基本上不需要扎缝固定工序,就可提高服装挺括成形性、稳定性和补强性,而且使服装加工工艺简化,服装外观美丽。使用黏合衬的服装,穿着时能保持良好形体、穿着舒适并富于适当的硬挺程度,正因为黏合衬具有这些优点,所以近年来黏合衬获得了迅猛的发展。

7.1.2.1 黏合衬的分类

黏合衬分类方法很多,除部分分类方法与衬布的分类相同外, 还有以下分类方法:按基布种类可分机织黏合衬、针织黏合衬、非织造布黏合衬和黏合黑炭衬等;按热熔胶布种类可分为 LDPE 衬(低密度高压聚乙烯)、HDPE 衬(高密度低压聚乙烯)、PA 衬(聚酰胺)、PET 衬(聚酯)、EVAL 衬和 EVA 衬(经皂化和非皂化乙烯醋酸乙烯)等;按加工方法可分为撒粉、粉点、浆点、双点、热熔转移、喷胶和薄膜复合等;此外也可按黏合涂层形状、使用方法、目数分类。

7.1.2.2 黏合衬的基布

黏合衬基布的材料很多,就纤维种类有棉、麻、毛、涤棉、麻棉、麻毛、毛涤等;就织物的种类有机织物、针织物和非织造布。机织物和针织物的结构性能分别在第四章和第五章已详细叙述,本节主要就非织造布的结构特性作一简单叙述。

非织造布是一种由纤维层构成的纺织品,这种纤维层可以是梳理的纤维网,或是由纺丝方法直接制成的纤维薄网,纤维排列杂乱,也可以稍为定向排列。纤维成网的方式一般有两种,一种是干法制作的,是把纤维原料在纺纱设备上开松、混合、梳理制成纤维网,然后再用针刺法或缝编法或化学黏合剂法或用热黏法制成非织造布。另一种为湿法制作,这种方法类似造纸,纤维网在湿态下形成,然后再用化学黏合剂或热黏法固结。对于应用化纤原料的,最近又有用聚合物挤压成网方法,固结时也采用热黏合或化学黏合。

非织造布的纤维排列较为杂乱,所以具有以下特点:

a)重量轻;

b)裁剪后,切口不脱散;

c)保形性良好;

d)弹性好;

e)洗涤后不收缩;

f)保暖性好;

g)透气性好;

h)与机织物、针织物相比,方向性不明显,使用方便;

i)价格低廉,经济实惠。

与机织物和针织物相比,非织造布具有以下不足之处;表面不平滑;光泽差;厚度、重量的均匀度差;强度低;耐久性差;悬垂性差;如黏合剂含量高,手感较差。所以在选择使用时应充分注意非织造布的规格,以使重量、厚度、手感符合所制服装的要求。此外还要注意的是不同纤维原料制成的非织造布的性能是不同的,表 7 - 1 显示了它们的区别。

由于非织造布工艺流程短,成本低,价格低廉,加之有许多优点,所以发展很快。服装行业用作黏合衬基布,此外还广泛用于医疗业、家庭用、军用,还大量被用作土工布。

7.1.2.3 黏合衬的黏合剂

黏合衬的黏合剂通常称为热熔胶。热熔胶是一种热塑性的高分子化合物,常温下为固体物质,并不具有黏合性,变形能力很小,是处于玻璃态。当温度升高到玻璃化温度以上时,热熔胶变得柔韧而富有弹性,受外力作用易伸长,外力去除又能恢复原状,这时处于高弹态。当温度进一步升高到热熔胶的熔点以上时,热熔胶分子的动能足以克服大分子之间的作用力,整条分子可以自由运动,但运动时的黏性较大,这时热熔胶处于黏流态。当黏合衬上的热熔胶处于黏流态时,与面料接触,热熔胶分子就能流动渗入面料的纤维间隙,冷却后,热熔胶凝固并使黏合衬与面料形成结合体。该结合体的黏结牢度决定热熔胶的分子的聚合度以及其聚集的结晶度高低。

表 7-1 各种纤维制成的非织造布性能

项目		绵纶和醋酯	涤纶	毛纤维	麻纤维
厚度		0.47	0.59	0.49	0.38
比重(d/cm^2)		0.15	0.11	0.50	0.66
绝热率(%)		58	64	39	33
透空率($L/cm^2 \cdot s$)		96	108	31	36
透湿率(%)		40.7	31.3	36.1	49.3
伸长弹性回复率(%)		91	87	93	75
收缩率(%)(经/纬)		0.8/0.5	1.4/0.3	1.1/1.0	2.2/0.4
拉伸强度(N/2cm)(kgf/2cm)	经向	48.02 (4.9)	101.92 (10.4)	110.74 (11.3)	514.5 (52.5)
	45°方向	45.08 (4.6)	84.28 (8.6)	78.4 (8.0)	352.8 (36)
	纬向	40.18 (4.1)	64.68 (6.6)	171.5 (17.5)	624.26 (63.7)
心形法抗弯刚度(mm)		44	48	68	67

热熔胶种类很多,常用的有以下几种。

(1)聚乙烯(PE)是聚烯烃类热熔黏合剂的一种,它的分子结构也是高聚物中最简单的一种。-般耐硫酸,对无机盐类抵抗力较强,常温下对大部分化学药剂有较好的抵抗能力,但易熔于热的含氯有机熔剂中,且会因接触油脂类而膨胀。聚乙烯按密度可分为高密度低压聚乙烯(HDPE)和低密度高压聚乙烯(LDPE)两种。HDPE 密度较高,一般在 0.941~0.945 g/cm^3 之间,分子量为 500~9000 之间,为典型的线型高分子,无极性基团,结晶度高,分子间作用力大,熔点较高,压烫温度一般在 160~175℃,且耐水洗性能良好。LDPE 密度较低,一般在 0.91~0.92 g/cm^3,有支键,所以结构较松,分子间作用力小,结晶度低,熔点也较低,压烫温度一般只需 140℃左右,手感较好,但耐水洗性能差。

(2)聚酰胺(PA)是与聚酰胺纤维同一类的物质,但因结晶度高,熔点高而不宜作热熔黏合剂,20 世纪 80 年代由瑞士伊姆斯 (EMS)公司和德国普莱特波恩公司(PLATE BONN)开发了以锦纶 6/66/12 三元共聚为代表的低熔点共聚酰胺,通常锦纶 12 含量大于 60%。它具有优良的黏合性和耐洗性,为众所公认的优良热熔黏合剂,被广泛地应用于服装黏合衬生产。其特点为:

a)对各种被黏织物均有优良的黏合性,且黏合力强;

b)有极好的耐干洗性能,洗后黏合力下降幅度小,并能耐水洗;

c)用它生产的黏合衬手感好,悬垂性好,弹性也相当好;

d)具有优良的耐热,耐寒及耐老化性能;

e)可以溶解于乙醇。

(3)聚酯类热熔胶(PET)主要用于聚酯纤维为主的面料,如纯涤纶或涤棉混纺织物,应用聚酯类热熔衬时黏接性好,耐水洗性能也较佳,耐干洗性能一般。

(4)乙烯-醋酸乙烯共聚体(EVA)属聚烯烃化合物,优点是透明度好,熔融范围小,易黏合,柔软,耐老化性较好,但对面料的黏接力和耐洗涤性能较差。常见的 EVAL 是 EVA 皂化改性产品,由于在分子结构中引进了羟基-OH,使分子间作用力增加,结晶度提高,熔点也提高。热稳定性和机械性能改善,使黏合衬的耐洗性提高。适用于丝绸、轻薄化纤面料。

选择黏合剂时,须考虑以下几方面:

a)熔点;

b)热流动性;

c)黏合力;

d)耐洗涤性;

e)价格。

7.1.2.4 黏合衬的质量评定

黏合衬虽然用作服装衬里,并不显露在服装表面,但质量要求并不亚于面料,往往因一小块衬布的质量问题,影响了整件服装的档次和使用价值。因此通常对作为黏合衬布的纺织品和非织造布除要做一般的外观质量检查外,还特别重视内在质量和服用性能的要求,以保证制成的服装质量。按服装行业的经验,黏合衬应满足下列要求:

a)衬布与不同面料粘合后,均能达到一定的剥离强度,在使用期限内不脱胶;

b)耐洗涤,要求耐干洗和水洗;

c)衬布的缩水率要与面料一致,穿用过程中保持服装外观平挺,不起皱,黏合衬的热压收缩也要与面料一致,压烫后要具有较好的保形性;

d)黏合衬布能在较低的温度下与面料压烫粘合,压烫粘合时不会损伤面料和影响面料的手感,也不能有面料一侧或衬布一侧的渗料现象;

e)热熔胶涂布均匀一致,涂布量衡定,并能有一定抗老化性能,在黏合衬的储存期内黏合强度不变,无老化泛黄现象;

f)黏合衬应有一定的手感和硬挺度,也要求有一定的弹性,还要求有一定的透气性和穿着舒适性;

g)有良好的可加工性,剪裁时不会玷污刀片,不会粘贴切边,还要求有良好的缝纫性,在缝纫机上移动,不会玷污针眼。

根据上述要求,相应地制订一些评定黏合衬的质量指标,现在服装行业中大致有以下四个方面。

(1)剥离强度　剥离强度是黏合衬的一项主要物理指标,对不同衬布要求也不一样。黏合衬布生产厂家需要测以下几种剥离强度:

a)未经处理的剥离强度;

b)水洗后的剥离强度;

c)干洗后的剥离强度;

d)汽蒸后的剥离强度。

影响剥离强度的因素很多,主要有以下几个方面:

a)热熔胶的物理化学性能,如热熔胶本身的黏合性能,热流动性,胶体的流变性能等;

b)基布的纤维种类,组织规格,预处理等;

c)热熔胶的涂布量,涂层的形式,均匀性;

d)面料的纤维种类,表面光洁程度,表面整理;

e)压烫加工的工艺参数,压烫设备等,特别是压烫温度,压烫压力和压烫时间影响较为明显。

(2)尺寸稳定性　黏合衬的尺寸稳定性明显地影响服装的外观和使用价值。一般用缩水率和热缩率来表示。但在使用过程中也存在受外力作用而发生的伸长变形,收缩或伸长的程度用收缩率或伸长率表示。

$$收缩率(伸长率)(\%)=\frac{试验前样品长度-试验后样品长度}{试验前样品长度}\times 100\% \quad (7-1)$$

上式计算结果为正值,是收缩率,负值为伸长率。

黏合衬的收缩一般有下列几种情况:

a)洗涤收缩。这是由于纤维制品的吸湿膨胀和蠕变而引起的。

b)热压收缩。这是产生于黏合衬压烫过程中,压烫时纤维制品受热,纤维内部结构发生变化而引起的,特别对于玻璃化温度较低的合成纤维,如涤纶、锦纶、腈纶等热压收缩比较明显。

c)缝纫收缩。缝纫过程中因缝纫的起皱也会引起收缩,收缩的程度与缝纫线的种类、缝纫线的张力、针脚大小都有关系。

为防止上述收缩的产生,特别要注意面料和衬布的配伍。因在缝纫加工、压烫或洗涤时,面料也会发生收缩,粘合后的组合体内,黏合衬和面料的收缩会互相影响,如果两者收缩率一致,则可保持黏合形态不变,如两者收缩率不一致,则在加工过程中会发生起皱或卷曲现象,直接影响服装的外观。所以面料和黏合衬收缩率的一致性(称为面料和黏合衬布收缩率的配伍性),在服装生产中极为重要。

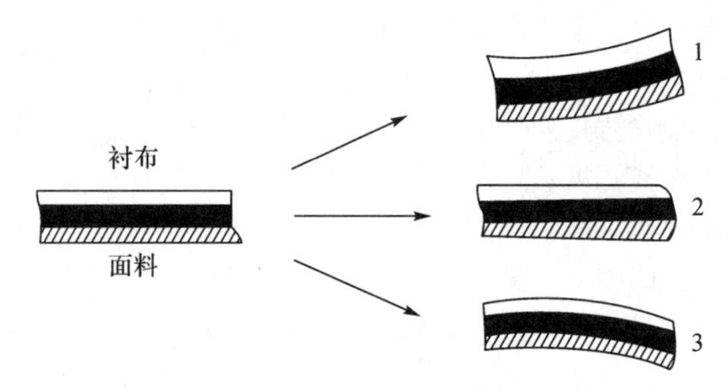

图 7-1　面料和黏合衬的收缩率配伍

1 衬布收缩率 > 面料收缩率　2 衬布收缩率 = 面料收缩率　3 衬布收缩率 < 面料收缩率

(3)耐洗性能　黏合衬的耐洗性能包括耐水洗和耐干洗性能,耐洗性是用黏合组合体洗涤后剥离强度的下降率来评价,也有用洗涤后有无脱胶起泡现象来评定。黏合衬布耐洗性主要决定于热熔胶的吸湿性和耐有机溶剂的性能。

a)耐化学干洗性能。化学干洗是利用有机溶剂去除服装上的油污,是毛料和丝绸服装常用的洗涤方法。常用的干洗剂有四氯乙烯($Cl_2C = Cl_2$),三氯乙烯($ClHC = CCl_2$)、三氯乙烷($Cl_3C - CH_3$),三氯氟基甲烷($C - Cl_3F$)和三氯三氟乙烷($Cl_2FC - CF_2Cl$)。三氯乙烯因具有毒性,正在逐渐被淘汰;四氯乙烯是一种溶解能力较强的有机熔剂,去污效果好,是目前应用最广的干洗剂;氟化烃类毒性小,但去污效果差,有时和氯化烃类混合使用。汽油是一种石油分馏后的混合物,也是一种较好的有机熔剂,但因易燃、易爆,所以不允许作干洗剂,但在手工干洗时,仍用得较多。实际使用中,为提高干洗效果,常在干洗剂中加入适量的水和干洗增强剂,水不溶于干洗剂,但和增强剂形成乳液,提高干洗效果。所以在考虑耐干洗性能时,也要考虑到耐水洗的问题。干洗一般在专门的干洗机中进行,干洗湿度为35℃以下,干洗时间不超过5min,烘干温度为60~70℃。外衣用黏合衬要求耐干洗5次以上。热熔胶是高分子化合物,一般能溶解于有机熔剂,所以不少热熔胶是不耐干洗的,使用时要注意选择。

b)耐水洗性能。这是指常用的家庭洗衣机洗涤。水洗时水分子渗入黏合界面,使热熔胶分子和纤维分子之间距离增大,相互之间作用力减弱,剥离强度降低,加入剧烈的搅拌或揉搓,粘合后组合物会局部脱胶。热熔胶所含极性基团愈多,耐水洗性能就越差。因此需经受多次水洗有服装用黏合衬,最好选用不含极性基团的高结晶度的高密度低压聚乙烯热熔衬。

(4)其他服用性能　这是指服装加工和穿用时的一些性能。一般指手感、渗料、裁剪和缝纫性能、透气性和抗老化等性能。

a)手感。黏合衬的手感是一项重要的质量指标,各类服装对衬布的手感有不同要求,不同民族有不同要求,不同国家和地区有不同的生活习惯,对手感也有不同的要求。

b)渗料性。在粘合压烫加工时,绝对不允许热熔胶渗出面料,也不允许渗出衬布,否则会严重影响服装外观和手感。渗料既和热熔胶的性能有关,也和压烫工艺和压烫方式有关。

c)裁剪和缝纫性能。裁剪和缝纫的工业化生产中速度较高,因机械摩擦而致温度升高,裁剪刀和缝针的温度较高,如金属对热熔胶防黏性较差,就会产生刀片和缝针玷污,给正常生产带来影响。这项性能尚无评价指标,通常靠熟练工人的观察判断。

d)抗老化性能。一般从两个方面来判断:一是经储存后,黏合牢度即剥离强度无明显变化;二是不泛黄。试验表明聚乙烯和聚酰胺热熔胶均有较好的抗老化性能。聚氯乙烯热熔胶的抗老化性能较差。

黏合衬的质量要求,参见服装用衬布标准集锦。表7-2为黏合衬布质量参考要求。

表7-2 黏合衬布质量参考要求

项目		衬衫黏合衬		外衣黏合衬	
		优级品	一级品	优级品	合格品
剥离强度 [N/5cm(kgf/2.5cm)]		≥10.88 (1.1)	≥7.84 (0.8)	≥12.74 (1.3)	≥8.82 (0.9)
缩水率 (%)	经向 纬向	≤1.0 ≤1.0	≤1.5 ≤1.5	≤2.5 ≤1.5	≤3 ≤2
热缩率 (%)	经向 纬向	≤0.4 ≤0.4	≤0.6 ≤0.6	≤0.6 ≤0.6	≤1.0 ≤1.0
耐洗性能 (次数)	水洗 干洗	≥20 -	≥10 -	≥5 ≥5	- ≥5
渗料性能		不渗料	不渗料	不渗料	正面不渗料 背面不渗料
吸氯泛黄(级)		≥4	≥3~4	-	-
抗老化性能		抗老化	抗老化	抗老化	抗老化

7.2 里料

里料是指服装最里层,用来覆盖服装里面的材料。里料在服装中起着十分重要的作用。里料可提高服装的档次,又使服装获得良好的保形性;配伍良好的里料可使服装穿着舒适美观,并穿脱方便;里料还能改善服装的保暖性和耐用性。

7.2.1 里料的分类

里料分类的方法很多,可按里料的组织结构分,也可按里料的后整理来分,较多的是用纤维原料的种类来分。

7.2.1.1 天然纤维里料

(1)棉布里料　棉布里料的吸湿性和透气性较好,不易产生静电,价格也较低,但棉布里料的表面不够光滑。服装穿脱不太方便。

(2)真丝里料　真丝里料光滑，轻薄且美观，价格较高，是高档服装的里料。但真丝里料不够坚牢，丝线易脱散，且服装缝制加工较为困难。

7.2.1.2　再生纤维素里料

(1)黏胶纤维里料　黏胶纤维里料手感柔软，吸湿透气性较好，性能接近棉纤维里料，但容易发生变形，强力较低，牢度差，缩水率也较大。

(2)铜氨纤维里料　铜氨纤维里料在许多方面与黏胶纤维里料相似。但铜氨纤维可以制得非常细的纤维，光泽也较为柔和，更为接近真丝的外观，且湿强力也较黏胶纤维略高。

(3)醋酸纤维里料　这种里料在手感、弹性、光泽和保暖性方面都优于黏胶纤维，但强度较低，吸湿性较差，耐磨性也较差。

7.2.1.3　合成纤维里料

(1)涤纶里料　涤纶里料坚牢挺括，易洗快干，尺寸稳定，不易起皱，不缩水，穿脱滑爽，不虫蛀，不霉烂，易保管，耐热耐光性也好，但涤纶里料吸湿性差，透气性差，易产生静电，穿着不够舒服。

(2)锦纶里料　锦纶里料强力较大，伸长率大，弹性回复率大，耐磨性、透气性优于涤纶，抗皱性能次于涤纶，保形性和耐热性也较差。

7.2.2　里料的选择

里料虽是一种服装辅料，但对于服装的档次、质量都起着重要的作用。因而如何选配里料，选配什么样的里料，也成为较为重要的议题。下面就里料的选配的依据作一简单介绍。

(1)选择里料时，注意其悬垂性，里料不能过于硬挺，里料应轻于、柔软于面料。

(2)选择里料时，注意其服用性能要与面料相配伍。如缩水率，耐热、耐洗性能，强力和厚薄都应与面料的性能相匹配。高级服装的里料还要求具有较好的抗静电性能。

(3)选择里料时，里料的颜色应和面料的颜色相协调。一般讲里料的颜色应与面料颜色相近，且不能深于面料颜色，以防止面料沾色而恶化外观。同时也必须注意里料的色牢度和色差。

(4)选择里料时必须注意表面应较光滑，以保证穿脱方便。

(5)选择里料时还必须注意不能选用那些缝线易豁脱的材料，以免造成过早地降低服装使用价值。

(6)选择里料时还须兼顾考虑服装的成本。

7.3 絮填料和垫料

絮填料是填充于服装面料与里料之间的材料。垫料主要用于保证服装造型并起到修饰人体外形作用。

7.3.1 絮填料

在服装面里料之间填充絮填料的目的是为了给予服装保暖、降温及其他一些特殊功能，如防辐射、卫生保健等。

絮填材料有以下几种：

(1)纤维材料

纤维材料有棉花，动物绒（羊毛和骆驼绒）和化纤絮填料。

(2)天然毛皮和羽绒

(3)泡沫塑料

(4)混合絮填料

现在常以50%的羽绒和50%的0.3～0.5旦的细旦涤纶混合使用，保暖效果好，且成本低。此外亦有用70%的驼绒和30%腈纶混合的絮填料，保暖效果也好。

(5)特殊功能絮填料

据资料介绍宇航服装要求具有防辐射、保温、降温等要求的材料。防辐射常用一些消耗性散热材料（如：α-羟基蒽醌、甲基蒽醌、二氯苯与二氯羟基蒽醌等），也有用一些循环水和炭化氢材料，也有用金属镀膜织物；为了保暖有把电热丝置入潜水员的服装夹层；为了降温有把水和乙二醇的混合物制成的冷却剂装入服装层作为絮填材料，冷却剂循环进行降温。

7.3.2 垫料

垫料主要用于肩部、袖口部和胸部等部位。常见的有肩垫、袖山垫和胸垫等。

7.4 服装的紧固件

服装的紧固件有纽扣、拉链、绳带、钩绊和尼龙搭扣等。

7.4.1 纽扣

纽扣最初是用于服装连结的扣件，但现在又成为具有装饰功能的辅料，且装饰功能还超过其连结功能。纽扣种类很多，有不同结构的，也有不同材料的。

(1)不同结构的有：

a)有眼纽扣

b)有脚纽扣

c)揿扣

d)其他:如编结盘花扣等

(2)不同材料的有：

a)金属扣

b)塑料扣

c)胶木扣

d)电玉扣

e)有机玻璃扣

f)树脂扣

g)包覆和缠结的纽扣

h)贝壳纽扣

i)其他:还有木质扣,骨质扣,玻璃扣及贵金属扣等

选配纽扣时,要充分考虑扣子的大小、颜色和数量,力求与整体服装和谐,使扣子起到画龙点睛的作用。

7.4.2 拉链

由于拉链用于服装紧扣时,操作方便,服装加工工艺也较简单,故应用广泛。拉链的种类很多,一般按拉链的结构形态和构成拉链牙齿的材料分类。

(1)按拉链结构形态可分为：

a)闭尾拉链

b)开尾拉链

c)无形拉链(又称隐形拉链)

(2)按构成拉链牙齿的材料分：

a)金属拉链

b)塑胶拉链

c)尼龙拉链

7.4.3 服装用绳带、钩绊和尼龙搭扣

(1)绳带　既起固紧作用,也起装饰作用,绳带用得恰当,可使服装更为潇洒和富有趣味。

(2)钩绊　钩和绊(环)是一对固紧件的两个部分,多由金属制成。钩绊

大都用在裤腰、裙腰和女胸衣等处。

(3)尼龙搭扣　又称黏扣带。目前使用的唯一材料是尼龙。

7.5　其他辅料

除前面介绍的辅料外,还有以下几种:

(1)花边、缀片和珠子等装饰材料,大都用于女装、童装、夜礼服、婚礼服和舞台服装,有较好的装饰性。

(2)服装号型尺码带和商标。

(3)服装产品示明牌,这是用以说明服装的原料、性能、使用保养方法、洗涤和熨烫标记等的一种标牌。

第八章　衣料的分析、鉴别与选择

在选购纺织品或挑选服装面料时，很想知道放在眼前的这些纤维制品是用什么原料，是具有什么样的组织结构，是否适合自己想制作的服装。本章应用前面已学过的知识，简单地介绍各种织物面料的识别，纤维品种的鉴别以及织物结构的分析等方面实用技能。此外还介绍面料的选择和辅料的选配。

8.1　织物品种的识别

织物是由纱线制成的平面状的纤维制品，根据结构特征可分为机织物、针织物和非织造布三种。

机织物是由两个系统的纱线互相垂直地交错而成，在织物表面也能见到两系统纱线交错的结构。用手拉织物的两个方向，可发现伸长能力很小，不易变形。如用剪刀剪小块织物，能从此织物中撕下一根根纱线。

针织物是由一个系统的纱线互相成圈串套而成，在织物表面可以见到线圈结构，纵横方向的变形能力较大。纬编织物能让线圈抽拉成纱线。不论经编还是纬编织物都不能像机织物那样抽下纱线。

除机织物和针织物两种平面状的纤维制品外，还有不经纺织加工，直接由纤维网制成的非织造布，该布表面可见到纤维网状，织物内没有纱线，只有纤维，凭肉眼就能区分出来。

8.2　织物正反面的识别

识别织物的正反面对于服装生产相当重要。如缝制时不严格分清正反面，会造成色差、织纹错乱、花形混乱和光泽不同等疵病，直接影响服装质量，识别正反面的依据很多，现介绍如下：

a）一般织物正面都较平整、光滑、细致，印花织物正面花纹清晰，色泽醒目；工艺装饰织物正面富丽，充分显示花纹的特征。如是凹凸花纹织物，正面凹凸花纹明显,反面则为浮长线。

b)从组织看,平纹组织没有正反面区别,大多从表面清洁、花纹明显及平整光滑来加以区分。斜纹组织因表面有斜线,正反面斜线的方向成90℃左右。一般织物设计者总设计成正面斜线清晰,纹路饱满,反面斜线的清晰度较差;此外用股线制织的斜纹组织一般正面斜线为右斜,而用单纱制织的斜纹常为左斜。锻纹织物有经面锻纹和纬面锻纹两种,但不论是哪种,锻纹的正面光泽较好,平滑如绸,而反面却无光泽,也不平滑,正反面有明显的区别。重经重纬和双层织物的正面经、纬纱线原料比反面好,且正面经、纬纱线密度也较高。绒织物的正面有绒毛或毛圈。纱罗织物的正面孔眼清晰、平整,反面的外观较为粗糙。针织物的正面,圈柱在圈弧之上。

c)从布边看,一般衣料正面布边较为平整,有时正面布边还向外卷。无梭织机如喷水、剑杆织机的反面布边有纱线的切断形成的纤维。

d)从包装看,每匹布卷装表面为反面,双幅呢绒对折包装的,折在里的为正面。内销产品商标贴在匹头的反面,匹尾反面盖有出厂日期和检验印章,外销产品则正好相反。

8.3 面料经纬向的识别

排料和裁剪时,必须分清经纬向。通常根据以下10个方面加以识别。

a)沿布边的为经向;

b)坯布的经纱一般上过浆,纬纱不上浆;

c)通常经纱密度(10cm中经纱根数)较大,纬纱密度较小;

d)通常经纱较细,纬纱较粗;

e)短纤维纱线织物,通常经纱捻度较大,纬纱捻度较小;

f)交织织物一般经纱原料较好,强力较高,如果股线和单纱交织,一般经纱为股线,纬纱为单纱;

g)绒织物以经起绒较多,而灯芯绒是纬起绒织物;

h)纱罗织物,相互扭绞的是经纱;

i)从织物表面的织疵看,筘路、经柳等为经向疵点,而亮丝、稀弄是纬向疵点;

j)有时也可以从印花的花形、动物的方向来判别织物经纬向。

一般服装制作时,总以经向沿着身长方向排列。所以识别面料的经纬向,对于服装制作是很重要的,特别对于从事服装设计的人,更为重要。

8.4　织物密度分析

如第四章所述,织物密度分为经纱密度和纬纱密度两种。织物密度看起来只表示纱线的稀密程度,实质上它对织物的内在质量也有重要的影响。所以了解所用面料的经纬密度相当重要。

织物密度是以10cm织物内纱线根数表示,所以在作密度分析时,可以直接采用密度镜测数。在没有密度镜时,可以剪单位长度或宽度的织物,直接拆数,然后再折算成10cm内的纱线数。

针织物的密度为纵横向密度,一般也采用密度镜,或直接计数,但其计数标准是5cm内的横列或纵列行数。

8.5　织物组织的分析

如前所述,织物组织是经纬纱互相交错的规律,针织物则为线圈互相串套的规律。在织物密度较低,组织较为简单的情况下,只要用分析镜(照布镜)观察,直接可绘制出组织圈。在组织较为复杂,或密度较大时,需要用拨拆法来分析织物组织。

所谓拨拆法即利用分析镜观察织物被拨松状态下的经纬纱的交织规律。具体方法是把样品的经纬线先沿边拆去1cm左右,留下纱缨,然后在分析镜下,用针把第一根经纱(或纬纱)拨开,使它与第二根纱线稍有间隙,并置于纬纱纱缨中间,以便观察这根经纱与纬纱纱缨的交错规律,并作好记录(直接画入方格纸或意匠纸上)。然后抽去这根经纱,用同样方法观察第二根经纱,直到经纱循环数为止。分析时要注意的是第一根分析的是经纱,则下面仍分析经纱,不可经、纬纱对换分析;要注意的第二点是一旦分析开始,除了记录下的纱可以抽掉外,另一系统的纱和同一系统未分析的纱,均不可随便抽出,否则必须重新开始分析。

如遇到起绒织物,则分析前应先把织物的绒毛剪去或烧去,然后再进行分析。重组织或双层组织分析时,必须逐层进行。

8.6　经纬纱线粗细的分析

经纬纱线粗细的分析比较简单,只要抽取织物内的纱线,量它的长度,称取重量,然后按第三章介绍的线密度计算式计算。目前国际通用的是特克斯制,短纤纱用tex表示,长丝用dtex表示。

8.7 经纬纱的捻度和捻向分析

经纬纱的捻度和捻向能明显地影响面料外观、手感，根据第三章介绍，捻度为单位长度内纱线的捻回数。因而要测得捻度，可以应用捻度测定仪，也可以用手工测定。具体测定方法，都是取一定长度的纱线，一端固定，另一端回转，回转方向与加捻方向相反，使之退捻，计算捻度退完的回转数，这数字即为所取长度内捻回数，按公式(3－1)计算捻度，并折算成相应的单位。

纱线加捻的捻向有两种：Z 捻和 S 捻，在进行捻向分析时，只要用手握住纱线两端，如上端固定，下端顺时针方向旋转能退捻的，则为 S 捻；下端逆时针方向旋转能退捻的，则为 Z 捻。

8.8 纤维原料的鉴别

常见的纺织品中，有的是用一种原料做成的，如纯棉织物、纯毛织物、纯涤纶织物和纯麻织物等。也有的纺织品是用两种或两种以上的纤维混纺或交织而成的，如涤棉、涤毛、涤麻、棉毛、棉黏等。在服装生产中，常常需要对所用的面料的纤维原料种类进行鉴别。

所谓纤维原料的鉴别，就是根据各种纤维原料的外观形态特征和内在性质，应用物理的或化学的方法，来识别各种纤维，既可了解某种纺织品的原料纤维的具体品种，也能弄明白某纺织品的两种或两种以上纤维原料。常用的鉴别方法很多，有感官鉴别法（或称手感目测法）、燃烧法、显微镜法、化学潜解法、药品着色法、熔点法、密度法、双折射法、X 衍射法和红外吸收光谱法等。其中最常用且最方便的是感官鉴别法和燃烧法，它不需要什么设备，但需要有丰富的实际经验。现把有关方法介绍如下。

8.8.1 感官鉴别法

即手感目测法。这种方法是根据各类原料或织物的外观特征和手感来进行的最简单的鉴别方法，但仍有部分纤维不能用此法鉴别。常用纤维的特征如下：

棉纤维：细而柔软，为短纤维，纤维长短不一。

麻纤维：粗硬、手感硬爽、淡黄色，很难区分出单根纤维。

毛纤维：比棉纤维粗而长，长度在 60～120 mm。手感丰满、富有弹性；单根纤维呈天然卷曲，呈乳白色。

蚕丝：呈极淡黄色，光泽柔和，纤维细而长，长度在 600～1200 m。

有光人丝:白色有刺眼的光泽,湿强大大低于干强。

无光人丝:瓷白色,光泽较差,湿强也大大低于干强。

锦纶纤维:有蜡光、强力高,弹性好,较涤纶纤维易变形。

常用织物特征:

丝织物:绸面明亮、柔和,色泽鲜艳,细薄飘逸。

棉织物:具有天然棉的光泽,柔软但不光滑,坯布布面还有棉籽屑等细小杂质。

毛织物:精纺呢绒类呢面光洁平整,织纹清晰,光泽柔和,富有弹性,身骨好,手感滑糯;粗纺呢绒类呢面丰厚,紧密柔软,弹性好,有膘光。

麻织物:硬而爽。

有时候还可利用某些纤维的特殊性能加以鉴别,如黏胶纤维湿强仅干强的40% ~60%,湿强与干强差异比任何纤维都大,所以如果用水沾湿纤维,该纤维的强力明显下降的话,可判断其为黏胶纤维。又如涤纶纤维与锦纶纤维外观十分相似,较难以手感目测鉴别,这时可根据锦纶纤维受力易伸长变形,而涤纶纤维在同样大小的力作用下,不易变形来辨别;又锦纶纤维易被蓝墨水沾污,而涤纶纤维却不易沾污,所以如被蓝墨水染色后,不易洗去的为锦 纶纤维,易洗去的是涤纶纤维。

8.8.2 燃烧法

燃烧法是用一根点燃的火柴,接近纤维把纤维点燃,注意观察纤维接近火焰时的状态、在火焰中燃烧的速度、纤维燃烧的火焰颜色、有没有黑烟、发出的气味、被点燃纤维离开火焰后能否继续延烧以及延烧速度和最后的灰烬,根据这种种特征区别不同的纤维。但燃烧法只能鉴别纯纺产品,混纺产品不能用此法鉴别。

棉、麻、黏胶等纤维素纤维,接触火焰立即燃烧,且燃烧速度较快,并能自动蔓延,有烧纸味,灰烬呈灰白色,且轻飘。蚕丝、羊毛等蛋白质纤维,接触火焰会产生收缩,然后燃烧,离开火焰后仍能继续燃烧,但燃烧速度不如纤维素纤维快,燃烧时发出焦毛羽气味(如烧人头发的臭味),灰烬呈黑色易碎圆球状物体。合成纤维一般接近火焰时先收缩,后熔融,然后燃烧,燃烧时发出各种气味,如锦纶发出芹菜味,涤纶发出芳香味,丙纶有蜡味,醋酯纤维(属再生纤维素纤维,也有人称之为半合成纤维)有醋酸味,表8-1为各种纤维燃烧特征表。

表 8-1　各种纤维燃烧时的特征

纤维名称	燃烧现象					有氯否	有氮否
	靠近火焰	在火焰中	离开火焰	臭味	灰		
棉、麻	即燃	燃烧	继续燃烧燃烧块，有火焰	烧纸臭	软的灰白色	无	无
丝	收缩	先缩后燃	继续燃烧但速度较慢	烧毛发臭	黑球易碎	无	有
羊毛	收缩	先缩后燃	继续燃烧但速度较慢	烧毛发臭	黑球易碎	–	有
黏胶、铜氨	即燃	燃烧	同棉麻	同棉麻	几乎无灰	–	–
醋酯、三醋酯	熔融	熔融燃烧	边熔边燃	醋味	硬脆	–	–
维纶	缩融	熔后燃	边熔边燃	聚乙烯醇特有臭味	硬，焦茶色	–	–
绵纶	熔融	熔后燃	不延燃	聚乙烯醇芹菜味	硬，焦茶色，珠状	–	–
聚偏氯乙烯	收缩	熔融，有烟，根部呈绿色	不延燃	刺激臭味	脆，不规则	有	–
氯纶	收缩	熔融，有大量黑烟	不延燃	比上弱	脆，不规则	有	–
涤纶	缩熔燃	熔融	延燃	芳香味	硬圆黑	–	–
腈纶	收缩	熔黑烟焰	不延燃	燃肥皂味	脆，不规则黑灰	–	有
聚丙烯	收缩	熔烟燃慢	燃烧慢	石蜡味	硬，球状	–	–
聚乙烯	收缩	熔烟燃慢	燃烧慢	石蜡味	硬，球状	–	–
氨纶	缩熔	熔燃	不延燃	特殊臭	有黏性，呈橡胶状	–	有

8.8.3 显微镜鉴别法

各种纤维的横截面和纵向形态都有它们各自的特点。在手感目测、燃烧法鉴别后,还没有把握断定时,可进一步用显微镜进行鉴别,用显微镜来观察横截面形状和纵向的形态。表 8 – 2 是各种纤维的横截面、纵向形态的特征,具体图像见前述各类纤维的形态图(表 2 – 17)。

表 8-2　各种纤维的横截面及纵向形态特征

纤维种类	横向形态特征	纵向形态特征
棉	腰圆有中腔	扁平,有天然转曲
亚麻	多角形,中腔较小	横节,竖纹
苎麻	腰圆形,有中腔裂缝	横节,竖纹
羊毛	圆形或椭圆,有时有毛髓	有鳞片
丝	不规则三角形	平直
黏胶	锯齿形	有沟槽
富纤	圆形呈少数锯齿	平滑
铜氨	圆形	平滑
醋酯	圆形呈哑铃形	有 1 ~ 2 条沟槽
涤、锦、丙、氨纶	圆形或近圆形	平滑
腈纶	圆或哑铃形	平中有 1 ~ 2 条沟槽
维纶	腰圆形,有皮芯结构	有 1 ~ 2 条沟槽

要在显微镜下观察纤维的纵横形态,必须先制备样品。纵向样品的制作较为简单,把整齐平直基本平行的纤维排列到载玻片上,盖上盖玻片就可以在显微镜下观察。横截面的样品制作比较复杂,可以用手摇切片机也可用哈氏切片机,也可以用简易的钢片进行,以下对最简便的钢片法作一介绍。为使横截面样品制作方法易于接受,按图 8 – 1 所示,让一束欲观察横截面的纤维穿过钢片上的小孔,然后用锋利的刀片把钢片两面多余纤维切去,则剩在钢片小眼内纤维就可以在显微镜下进行观察,为确保能清晰地观察到纤维横截面形态,钢片的厚度不能超过 0.8mm,即被切纤维的厚度必须小于 0.8mm。

显微镜观察法不但能鉴别纯纺产品，而且也能鉴别两种或两种以上具有不同横截面形态特征的纤维。但如果遇到如涤纶、锦纶、丙纶之类圆形截面的纤维，还必须辅以其他方法才能确切地进行鉴别。

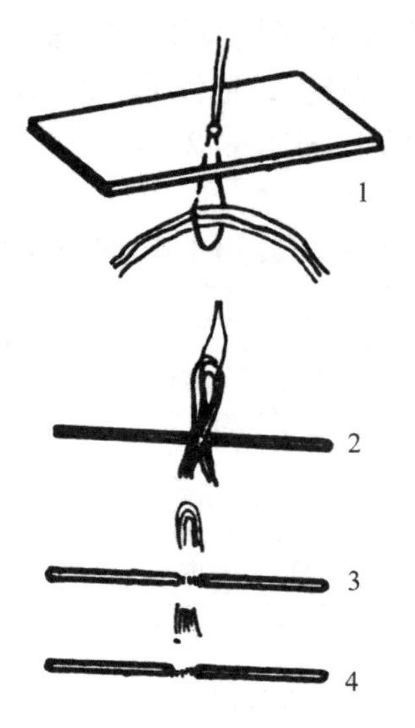

图 8-1　钢片法制作切片示意图

8.8.4　药品着色法

这种方法是根据各种纤维对某种化学药品的不同着色性能来鉴别的。但这种方法只能适用于没有染色的纤维及其产品，或只染浅色的产品。鉴别纤维用的着色剂分专用着色剂和通用着色剂两种。用以鉴别某类特定纤维的是专用着色剂；由几种染料混合可使各种纤维染成各种不同颜色的是通用着色剂。通常采用的是碘－碘化钾溶液和 HI 纤维着色剂，两者都属通用着色剂。碘－碘化钾溶液是把 20g 碘溶解于 100ml 的碘化钾饱和溶液中，鉴别时把纤维浸入溶液，过 0.5～1min，取出后用水冲干净，根据表 8－3 所示的着色结果鉴别纤维。HI 纤维鉴别着色剂是东华大学和上海印染公司共同研制的一种着色剂。鉴别时把试样放人微沸的着色溶液中，沸染 1min，然后用冷水清洗、晾干。为扩大色相差异，羊毛、蚕丝和锦纶则需沸染 3min，染完后与标准样对照，以确定纤维类别。

表 8-3 常见纺织纤维的着色反应

纤维种类	HI 纤维鉴别着色剂着色	碘－碘化钾溶液着色
棉	灰	不染色
麻(苎麻)	青莲	不染色
蚕丝	深紫	淡黄
羊毛	红莲	淡黄
黏胶	绿	黑蓝青
铜氨	-	黑蓝青
醋酯	橘红	黄褐
维纶	玫红	蓝灰
锦纶	酱红	黑褐
腈纶	桃红	褐色
涤纶	红玉	不染色
氯纶	-	不染色
丙纶	鹅黄	不染色
氨纶	姜黄	-

8.8.5 溶解法

溶解法是根据各种纤维在不同的化学溶剂中的溶解性能来鉴别纤维。溶解法可适用于各种纤维,也适用于已染色纤维和混纺产品,并可用此法进行混纺产品的混纺比分析。常用纤维的溶解性能如表 8－4 所示。

应用溶解法鉴别纤维时,要注意溶剂的浓度和溶解时的温度,这两种因素对溶解性能有明显的影响,所以需要严格控制。

8.8.6 其他鉴别方法

纤维的鉴别方法除了上述 5 种外,还有可根据纤维的熔点鉴别可熔融纤维,如表 8－5;可根据纤维的双折射率加以区别,如表 8－6;还可用纤维的比重来鉴别,如表 8－7 所示;还可利用现代测试手段,记录各种纤维的红外吸收光谱和 X 衍射图,以此鉴别纤维。但这些方法要求有一定的仪器设备和分析技术,在一般生产实际中使用较为不便,除非是在重要的研究工作以及纠纷的仲裁中,可以请有关部门代行鉴别。

表 8-4　常用纤维的溶解性能

纤维种类	盐酸（37% 24℃）	硫酸（75% 24℃）	氢氧化钠（5% 煮沸）	甲酸（85% 24℃）	冰醋酸（24℃）	间甲酚（24℃）	二甲基甲酰胺（24℃）	二甲苯（24℃）
棉	I	S	I	I	I	I	I	I
羊毛	I	I	S	I	I	I	I	I
蚕丝	S	S	S	I	I	I	I	I
黏胶	S	S	I	I	I	I	I	I
醋酯	S	S	P	S	S	S	S	I
涤纶	I	I	I	I	I	S（93℃）	I	I
锦纶	S	S	I	S	I	S	I	I
腈纶	I	SS	I	I	I	I	S（93℃）	I
维纶	S	S	I	S	I	S	I	I
丙纶	I	I	I	I	I	I	I	S
氯纶	I	I	I	I	I	I	S（93℃）	I

注：S——溶解　SS——　微溶　P——　部分溶解　I——不溶解

表 8-5　常用化学纤维熔点

纤维种类	熔点（℃）	纤维种类	熔点（℃）
二醋酯	255～260	锦纶 6	215～220
三醋酯	300	锦纶 66	250～260
涤纶	250～260	锦纶 11	180～185
丙纶	160～177	乙纶	130～138
氯纶	200～210	氨纶	220～230
维纶	不明显（软化点 220～230）	腈纶	不明显（软化点 190～240）

表 8-6 常用纤维的折射率和双折射率

纤维种类	$n_{\parallel}$	$n_{\perp}$	$n_{\parallel}-n_{\perp}$
棉	1.578	1.532	0.046
羊毛	1.553	1.543	0.010
蚕丝	1.591	1.538	0.053
苎麻、亚麻	1.596	1.528	0.068
普通黏胶	1.539	1.519	0.020
强力黏胶	1.544	1.505	0.039
二醋酯	1.476	1.470	0.006
三醋酯	1.474	1.479	-0.005
涤纶	1.706	1.546	0.160
锦纶 6	1.575	1.526	0.049
锦纶 66	1.578	1.522	0.056
腈纶	1.520	1.524	-0.004
维纶	1.547	1.522	0.025
丙纶	1.530	1.496	0.034
氯纶	1.541	1.536	0.005
玻璃纤维	1.547	1.547	0.000

表 8-7 常用纤维比重表

纤维名称	比重(g/cm^3)	纤维名称	比重(g/cm^3)
棉	1.54	锦纶	1.14
麻	1.54~1.55	涤纶	1.38
毛	1.32	腈纶	1.14~1.17
蚕丝	1.33~1.45	维纶	1.26~1.30
黏胶	1.50~1.52	氯纶	1.39
醋酯	1.32	氨纶	1.00~1.30
三醋酯	1.30	丙纶	0.90~0.91

纤维鉴别的方法很多,实际鉴别中不能仅用单一方法,须用几种方法结合进行,综合分析鉴别结果,最后才能得出可靠结论。一般鉴别时先确定大类,如利用燃烧法即可确定是纤维素纤维,还是蛋白质纤维或合成纤维;再细分出纤维类别,如纤维素纤维和蛋白质纤维都可用手感目测法区分到小类,而合成纤维须用溶解法逐一鉴别。

8.9 衬布的分析与鉴别

为确保服装质量,服装设计者和生产者除了分析鉴别面料外,还必须对所采用的衬布的组成、结构和性能有充分的了解。在一些场合,还必须自行分析鉴定衬料。对衬布的分析主要项目有基布和涂层。其分析程序如表 8 - 8 所示。

表 8-8 衬布分析程序

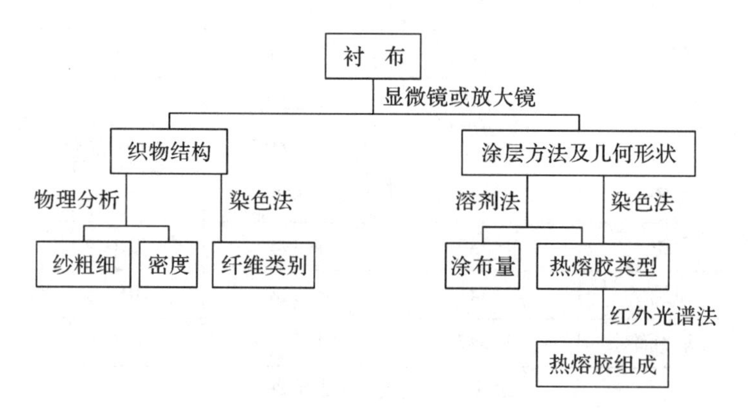

8.9.1 基布分析

基布分析包括确定织物种类(机织物、针织物或非织造布)、织物组织、经纬纱粗细和密度以及纤维种类,分析鉴别方法在前面已叙述,不再重复。

8.9.2 涂层分析

采用显微镜或放大镜,观察并记录点状涂层各胶点间的距离,并确定用哪一种涂层方法。表 8 - 9 是各种涂层形式的特点。

常用分析方法有以下 4 种:

a)燃烧法 利用观察热熔胶燃烧的火焰及残存物来确定热熔胶种类。表 8 - 10 为各热熔胶燃烧特征。

表 8-9 各种涂层特点

涂层形式	涂布特点	平面图	横截面图
撒粉	不规则的颗粒状		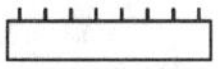
粉点	有规律的点状排列	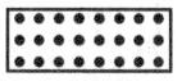	
浆点	有规律的点状排列		
双点	有规律的排列,但有两层涂层	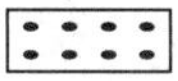	
薄膜	一薄膜热压在基布上		

b)溶解法　利用各种热熔胶在有机溶剂中的不同溶解情况进行鉴别。表 8－11 是热熔胶在不同有机溶剂中的溶解情况。

c)染色法　此法是较准确易行的方法,不需将热熔胶从基布上分离,通常应用着色剂可较便利地进行。鉴别时,把试样投入 70～75℃、浓度为 1% 的着色剂溶液中,染色浴比为 1 ∶ 30,染色 5min,再用冷水冲洗、晾干。对照样卡鉴别颜色,然后参照表 8－12 鉴别热熔胶种类。

表 8-10 各种热熔胶燃烧特征

热熔胶类别	燃 烧 状 态
聚酯	在火焰中很快熔融,火焰呈黄色
聚氯乙烯	有氯化氢气味,火焰呈黄色,火焰上端有绿光
聚乙烯	火焰呈黄色,有蜡味,残渣似脂状
聚酰胺	有类似氨的臭味,火焰呈黄色,熔融体发泡

表 8-11　有机溶剂对热熔胶的溶解情况

热熔胶种类	三氯乙烯	四氢呋喃	氯苯	四氯乙烯	甲醇	间一甲酚	二甲基甲酰胺
聚酯热熔胶	煮沸后溶解	–	–	–	–	–	加热溶解
乙烯－醋酸乙烯热熔胶	煮沸后溶解	–	–	–	–	–	–
低密度高压聚乙烯热熔胶	煮沸后溶解	–	–	–	–	–	–
聚氯乙烯热熔胶	–	煮沸后溶解	煮沸后溶解	–	–	–	溶解
高密度低压聚乙烯热熔胶	–	–	–	煮沸后溶解	–	–	–
聚酰胺热熔胶	–	–	–	–	煮沸后溶解	–	–
聚氨酯热熔胶	–	–	–	–	–	溶解	–

表 8-12　热熔胶着色变色情况

热熔胶种类	着色剂 HI1 号*	着色剂 TA**
聚乙烯	淡黄	黄
聚酯	红玉	黄
聚酰胺	紫色	深蓝
聚氯乙烯	–	紫红
乙烯－醋酯乙烯共聚	密黄	黄
聚氨酯甲酸酯	姜黄	橘黄

注：* HI1 号为东华大学配制的着色剂。

** TA 为德国菲萨哥(Fesago)公司的新胭脂红着色剂。

d)红外吸收光谱法　这种方法可以较精确地确定热熔胶的类别和组成。当各种波长的红外线透过某材料时,材料中的化学基因分别吸收某特定波长红外线,在光谱图上出现明显的吸收峰,所以利用吸收光谱图,就可分析某物质内存在基团的种类,从而推断化合物的种类。图 8 – 2 ~ 图 8 – 5 是常用的热熔胶的红外吸收光谱图。

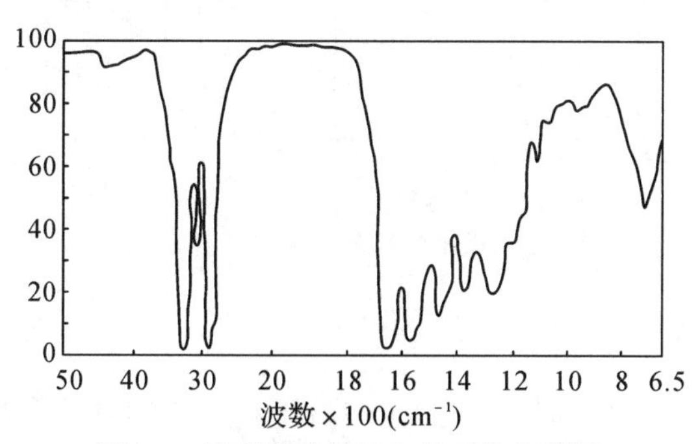

图 8-2　聚酰胺热熔胶红外吸收光谱图

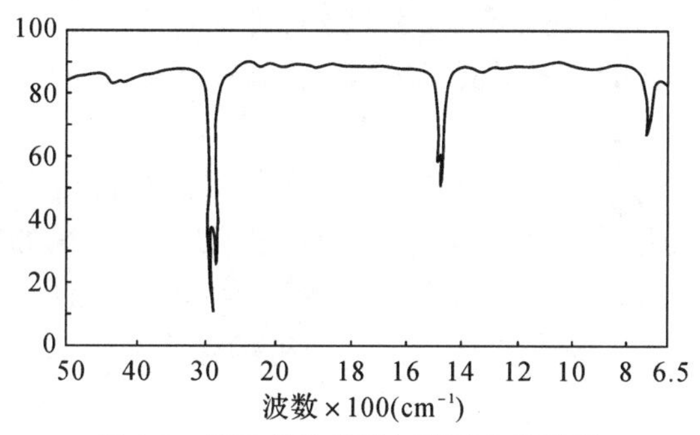

图 8-3　聚乙烯热熔胶红外吸收光谱图

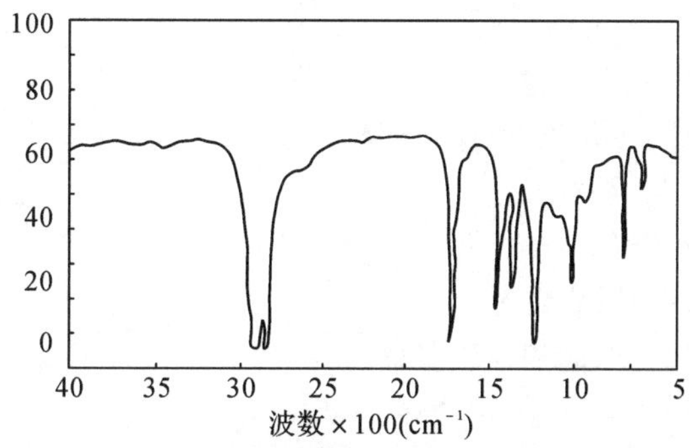

图 8-4　乙烯 – 醋酸乙烯共聚物热熔胶红外吸收光谱图

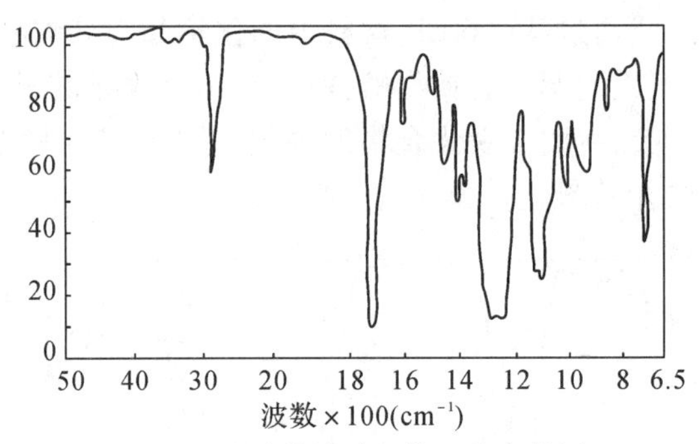

图 8-5　聚酯热熔胶红外吸收光谱图

8.10　衣料的选择

衣料的选择也是人们生活中的一门科学。要想做成一件称心的服装,一定要按照穿着者的要求,也就是做什么样的衣服,是高档的礼服呢还是日常的生活服装,是冬季服装呢还是春、夏服装等等方面来考虑面料的色彩、质地、用料以及与面料相配合的里料、辅料等因素,这就需要这方面的知识和经验。

8.10.1　面料色彩的选择

一件服装给人的第一感觉就是色彩。色彩可以衬托出穿着者的性格、性别、年龄以及体态,并给人以美感。色彩有冷暖和明暗之分,如红、橙给人以暖和的感觉(称暖色),青、蓝给人以寒冷的感觉(称冷色),白色使人有明亮的感觉,黑色使人有黑暗的感觉(明度不同)。有的色彩还给人以明快、深沉、艳丽、素雅、轻盈、庄重的感觉。各种色彩具有各种不同的感觉,它表现为:

红色:具有热情和兴奋,热烈和希望之感;

橙色:具有兴奋和喜欢,活泼和天真之感;

黄色:具有明快、智慧、欢乐、光明和警戒之感;

绿色:具有明快和舒畅,青春和稚嫩之感;

蓝色:具有庄重、素静之感;

青绿:具有坚强和希望之感;

水色:具有凉爽、恬静之感;

暗青:具有理想、深远和神秘之感;

紫色:具有高雅、含蓄、静雅之感;

青紫:具有华贵、优雅、神秘之感;

褐色：具有严肃、淳厚、老成之感；

白色：具有纯洁、神圣、清静、宁静之感；

灰色：具有深沉、平静、稳重之感；

黑色：具有静寂、庄重、肃穆、神秘、悲哀和恐怖之感；

金银色：具有富丽、华贵之感。

色彩还反映个人的爱好和性格。有的人喜欢红色，热情奔放，有的人喜欢白色，淡雅、文静，每个人不知不觉地有着自己服装的色彩特征。当然男女老少更是如此。儿童的个性是天真活泼，色彩艳丽、花型生动活泼并具有热闹、明快感的料子比较合适。如 红、橙、血牙等暖色，或明净、安详的鹅黄、淡黄、绿色，悦目的中间色调以及花型色泽都要给人们热烈、明快、欢乐的直感，才能使儿童的服饰与天真、活泼、好奇的儿童心理和儿童性格相适应。妇女服装最受流行的影响，款式众多，也善变，花色也千变万化。有的喜欢花红柳绿，有的喜欢红装素裹，有时流行浅色调，有时流行中间色调，也有时流行明亮的色调。但不管怎样，妇女的服装还是有一定的特色，如青年妇女的服装特色以鲜艳、明快、淡雅为多；中年妇女的服装特色以宁静、含蓄、沉静、深远，显示静的自然美的中间色、中深色为多；老年妇女的服装以宁静、安详、庄重的中深色和比较柔和的中间色为多。男子服装的色泽就不及妇女服装那样色彩缤纷，一般以素雅大方为主。老年人生活上大都习惯穿着青、蓝、灰、白等素净的颜色，显示老年人的淳厚、朴实、安静、端庄；中年人喜欢朴素、明快、爽朗、稳重的色调，显出壮年人精力充沛，富有生命力和饱满的精神；青年人衣料的色泽，又比中、老年丰富，但因中国的民族特色，衣料颜色局限于中间色、中浅色和深色调，如浅棕、米黄、银灰、鸽灰、栗灰、米灰、绒棕灰，深色如藏青、海蓝、铁灰、咖啡、草绿等颜色。近年来由于流行款式盛行，款式开始创新多变，衣料颜色也增多，特别是中间色调较多，反映了青年人的热烈、活泼、开朗、端庄、大方，富有青年人的朝气。对于不同的季节，也可有所不同。冬秋季可挑选深艳一些的暖色调的颜色，如红、玫红、枣红、酱红、橙、棕色等，也可选择艳蓝、墨绿、雪青等深颜色；炎热的夏天，颜色宜浅不宜深，色彩要明朗，凉快，用白色、湖蓝、淡黄、粉红、浅蓝、果绿、浅雪青等色泽的衣料为宜。又如妇女服装的色彩要有妇女的特色。衣料的颜色选择与体形也有讲究。如瘦小体形的人不宜穿黑、深、棕、驼、紫等深色调的服装，否则更显得体形瘦小，消瘦，缺精神，应以中间色调较为适宜；体形肥胖的人，不宜穿红、橙等艳亮和强烈色调的服装，也不宜穿光泽较强的料子如软缎、横贡缎等衣料，否则会使人感觉更加肥胖、雕肿。衣料的花型对体形也有关系，如体态肥胖或身材矮的人不宜穿花型过大、色彩强烈或呈明显的横条花纹的服装，否则也会使人产生臃肿和体态 更矮的感觉；瘦长体形的人不宜穿明显条形花纹的衣料，否则会显得更瘦长。肤色和衣料的颜色也有关系，如肤色白净的人，衣料颜色的挑选面较宽，一般深、浅、彩、素皆宜，不论热烈、艳丽、明快、素雅等各种色泽都适宜，可按各人喜爱而定；而肤色深色的人，如果穿明亮、浅淡色调的衣料，深黑的肤色和浅谈的服装强烈对比，更显得深黑；肤色偏黄的人，不宜穿与黄色接近的服装，如棕黄、姜黄、米黄、驼色等，不然更会衬托出枯干、苍黄和精神不振。

8.10.2 衣料质地的选择

衣料除了色彩选择之外，另一个重要的方面是质地选择。对于不同款式、不同性别、不同季节的服装的衣料，对质地的要求是不同的。如上衣的料子与裙子的料子要求就不一样，上衣要求挺拔而有弹性，而裙子要求较好的悬垂性和飘逸性能；冬季的服装要求保暖性好、透风性小，而夏季的服装则要求透风、透湿、散热性好。

下面根据不同款式的服装，提出较为适合的衣料供参考。

8.10.2.1 男式中山装料的选择

中山装是我国较为普遍的服装，四季皆宜。款式端庄、朴实、整齐、大方，既可作日常生活服又可作庄重、大方的男式礼服，代替西装。因此，选料面较宽。日常便服的选择：棉布类士林灰布、士林蓝布，凡拉明蓝布、各色斜纹哔叽、各色卡其和华达呢等；化纤织物类的有涤棉卡其、涤棉双纹卡其、中长纤维花呢、中长华达呢、纯涤纶花呢等。

礼服的选择：春秋可选毛哔叽、毛华达呢、啥味呢、板司呢等；夏季可选派立司、凡立丁、凉爽呢、毛涤花呢等；冬季可选麦尔登呢、海军呢等。

8.10.2.2 男式西装料的选择

西装线条优美、雅致大方、端庄潇洒，也是四季皆宜的国际性的服装。

夏季选料：以薄料为宜，如凡立丁、薄花呢、凉爽呢等，色泽以浅色淡雅为好。

春秋选料：如各色花呢、华达呢、哔叽、啥味呢、毛涤花呢、单面花呢等，色泽以中色或深色为宜。

冬季选料：以厚实、丰满、柔软、保暖质地为宜，如中厚花呢、华达呢、直贡呢、法兰绒、粗花呢等，色泽以深色或中深色为好。

比较经济的西装料，也可选纯涤纶花呢、涤黏花呢（快巴）、三合一花呢、经编针织面料等。

8.10.2.3 男式两用衫衣料的选择

男式两用衫是一种轻便服装，款式多样，穿着季节长，如夹克衫、拉链衫、轻骑衫等，既适合于青年人，又适合于中老年人，轻便实用，可做成短袖，适合于夏季，也可做成长袖，春、秋、冬季都适用。

夏季选料：纯棉的可选细支府绸、各色麻纱、各色纱罗、皱布等；化纤织物的可选涤棉麻纱、涤棉细布、涤棉府绸、涤棉纱罗、涤棉网眼布、涤棉提花布等薄型织物。

春秋季选料：可选涤棉卡其，涤棉人字卡其和各色中长花呢等。

冬秋季选料：高档的可选毛料华达呢、哔叽、各种花呢；经济实惠的可选三合一花呢、纯涤纶华达呢、哔叽、纯涤纶花呢及针织涤纶面料；要求丰厚一些的可挑选粗纺呢绒中的麦尔登呢、海军呢、法兰绒、粗花呢等中厚型毛料，也可用各种皮革和人造皮等。

8.10.2.4 青年装、学生装料的选择

青年装、学生装都具有中山装的特点，选料面也比较广。

日常便服的选料：纯棉的有卡其、华达呢、哔叽等；化纤织物的中长花呢、中长华达呢、中长哔叽、中长啥味呢、中长派立司、涤棉双纹卡其等；高档的有毛华达呢、毛哔叽、啥味呢、全毛花呢、毛涤花呢以及化纤织物涤纶华达呢、哔叽、涤黏(快巴)花呢、涤纶针织布等。

8.10.2.5 男式大衣料的选择

男式大衣的款式很多，按季节不同，可分春秋大衣、冬大衣、风雪大衣、防风大衣等。由于款式多，选料面广，必须结合实际用途，挑选合适的衣料。

春秋大衣的选料。春秋大衣可做单层或配有衣里的夹大衣。单层春秋大衣与流行的风衣和晴雨两用大衣相似，适宜初春深秋天气时节穿着，一般选用经防水处理过的毛哔叽和华达呢，也可以用防雨涤卡和棉卡其。夹大衣如做客穿，常与西装或中山装配套穿用，因此选择衣料要求比风衣高，主要挑选身骨较紧密厚实的毛料，如华达呢、马裤呢、巧克丁、毛哔叽、驼丝锦、花色大衣呢、粗花呢中的海力斯、钢花呢等。

冬大衣的选料。冬大衣要选择丰厚轻暖的衣料。如粗纺呢绒大衣呢类的平厚大衣呢、立绒大衣呢、顺毛大衣呢、拷花大衣呢和花式大衣呢等。

平厚大衣呢。是冬大衣中最普遍选用的品种，呢面丰满柔软、不硬不板、不易起球，价格在大衣呢中较为适中，成衣后外观端庄大方。以黑灰色最流

行，其他颜色有黑、咖啡、深藏青等，可凭喜爱挑选。

立绒大衣呢。比平厚大衣呢质量要高，织物绒毛密立平齐，而且丰满均匀、手感柔软、富有弹性、光泽油润柔和，是冬大衣料中较好的一种面料。

顺毛大衣呢。系高档品种，原料复杂，有混用羊绒、兔毛、驼毛、马海毛等，质地轻暖，手感柔软，不松不烂，除做男式冬大衣面料外，做女式冬大衣更为理想。

拷花大衣呢。是大衣料中的佳品。分立绒拷花大衣呢和顺毛拷花大衣呢。在选购高档大衣呢时要注意织物质量，如立绒拷花大衣呢，要选择纹路清晰均匀、富有立体感、手感柔软、呢身丰满厚实、弹性好的织物；顺毛拷花大衣呢，要挑选毛略长且排列整齐而紧密，纹路隐晦而不模糊，富有立体感，手感丰满厚实，弹性好的织物。

花式大衣呢。有花式纹面大衣呢和花式绒面大衣呢两种。选料时的质量要求：织物纹路均匀，花纹清晰，色泽调和，手感不燥不硬，富有弹性。其中绒面大衣呢，绒面要丰满平整，绒毛整齐，手感丰厚柔软，不松烂。按织物的花色花型，除做男式冬大衣或春秋大衣外，也可做女式冬春秋三季大衣。

风雪大衣的选料。风雪大衣是一种轻便、保暖性好的御寒大衣。里料一般用驼绒、长毛绒、裘皮等，也有用驼毛、弹力絮棉等做絮层。在选择衣料时，要挑选组织紧密、厚实挺括的织物。一般日常穿着的棉风雪大衣、驼绒风雪大衣、长毛绒风雪大衣，可选择涤棉卡其、涤棉人字卡其、纯棉卡其、中长华达呢等，价格便宜，经济实用。毛皮风雪大衣，一般可用涤卡做面料，高档毛皮则可挑选毛料作面料，如用全毛华达呢、全毛哔叽、马裤呢、驼丝锦等高档呢绒与之相配。

8.10.2.6 女式衬衫的选择

衬衫要求穿着舒适、柔软、轻盈、凉爽、色调柔和、文雅大方。可做衬衫衣料的面料很多，可根据不同季节的要求来挑选合适的料子。

夏季穿着的衬衫料：棉布中的府绸、麻纱细薄平整、透气吸湿性好；泡泡纱、凹凸轧纹布、绉布质地细薄凉爽，吸汗不粘身；化纤织物有涤棉细布、涤棉府绸、涤棉麻纱，质地轻薄挺爽，易洗快干；丝绸的真丝双绉，质地轻柔，坚韧耐穿，凉爽舒适；还有绢丝纺、杭纺等。

春秋穿着的衬衫料：棉布有花平布、提花布、色织女花呢、条格布、罗缎、杂色和印花贡缎；化纤织物有薄型中长花布、薄型针织涤纶面料等，这些布料坚实耐穿、价格适中、经济实用。但化纤料的透气吸湿性不十分理想。

8.10.2.7 女式两用衫衣料的选择

两用衫俗称春秋衫,常作为外套便服。因此要求质地比内衣衬衫粗厚,花纹与色彩上也最好与内衣相呼应,一般要求内浅外深、内花外素,使外衣与内衣厚薄相称,深浅相配,素花相称,层次分明,以取得悦目、协调、和谐的效果,增加美感。由于两用衫使用面广,因此选料也很广。

棉布中有各色卡其、克罗丁、双纹卡、灯芯绒、女线呢等,是经济实惠、舒适的面料。

化纤织物有涤棉卡其、涤棉双纹卡、中长女花呢、纬编涤纶布等,是挺括、耐用、品种多样的常用面料。

丝绸有织锦缎、古香缎、金玉缎等。

呢绒有各色粗花呢、女衣呢、法兰绒、各色花呢、毛涤花呢、麦尔登呢、制服呢、华达呢等,轻暖、实用,特别适用做中老年妇女的秋冬季两用衫。

8.10.2.8 女式西装衣料的选择

女式西装近来比较流行,款式也较多。它要求成衣平挺、庄重、手感丰满、富有弹性、褶裥保持性好。面料要求比一般服装高,以毛料或毛的混纺产品为好。

套装面料可选全毛华达呢、哔叽、啥味呢、花呢。也可选毛涤混纺华达呢、哔叽、啥味呢、花呢等品种。混纺产品虽没有全毛产品那样的高贵感,但挺括、实用、洗后不用熨烫。简易女西装可选中长华达呢、中长啥昧呢、中长花呢的化纤、毛混纺产品,这些面料比较经济实惠、富有毛型感、平挺美观。目前市场上还流行针织涤纶面料,也是比较实用美观的女式西装衣料。

8.10.2.9 旗袍料的选择

旗袍是中国民族传统女装,线条优美,造型别致。它既可作礼服又可作日常服,穿着季节长,四季皆宜。按季节不同,可以做单旗袍,也可以做夹旗袍和衬绒旗袍。夏天穿着旗袍更是轻便凉爽、宽畅舒适,配上华丽、高贵的面料做成的礼服更有高雅、端庄、华丽之感。

旗袍款式变化多,缝制工艺有简有繁,适用场合较广,因此选料也较广。

日常服旗袍选料:棉布类有印花细纺、印花府绸、印花横贡缎、印花麻纱、各色府绸、纱罗、提花布、杂色绉布等,比较轻盈、凉爽、美观实用;化纤织物类有涤棉色布和花布、色织涤棉府绸、涤棉麻纱等,具有挺括、滑爽、易洗、快干的特色;呢绒类有派力司、凡立丁等薄型毛料,可作夏季面料,春秋季面料可选用各种粗纺花呢、各色女衣呢等。

礼服性旗袍的选料:夏季的可选真丝双绉、绢绸、电力纺、杭罗等,它们质地轻盈、飘逸、爽滑、凉快;春秋季的可选织锦缎、古香缎、金玉缎、克利缎、绉缎、乔其立绒、平绒等。

8.10.2.10 风衣料的选择

风衣一般适宜于早春天气和秋凉季节穿着,既防风又防寒,也是带有装饰性的穿着。要求衣料手感厚实柔软,富有弹性,抗皱性好,富有毛型感、挺括、新颖、美观,一般以选用厚型衣料为宜。

棉布类有各色卡其,阔条、粗条、仿色织提花灯芯绒等。

化纤织物类有中长华达呢、中长板司呢、中长花呢、涤棉双纹卡、涤棉克罗丁、针织涤纶面料等。

毛料类有华达呢、毛哔叽等。

8.10.2.11 女式大衣衣料的选择

女式大衣的种类很多,有春秋大衣、冬大衣和风雪大衣。按长度分,又分长大衣、中长大衣和短大衣等。款式变化也多样,因此选料面也广。春秋大衣要求厚实、柔软、富有弹性。冬大衣料,要求丰厚柔软、富有弹性、色泽好、膘光足,成衣后穿着轻暖贴身、平挺丰满。

春秋大衣的衣料有法兰绒、钢花呢、海力斯、花式大衣呢等;冬大衣的衣料有平厚大衣呢、银枪大衣呢、拷花大衣呢、长毛绒、立绒大衣呢、顺毛大衣呢和华达呢、马裤呢、巧克丁等精纺呢绒,以及裘皮和人造毛皮。

8.10.2.12 裙子料的选择

裙子的款式丰富、式样多变。常见的有喇叭裙、抽裥裙、斜裙、百裥裙、组裥裙、旗袍裙、直筒裙、西装裙、凹裥裙、凸裥裙、开襟裙和节裙等。各种款式的裙子有不同的特点和独特的风格,因此也有不同的选料要求。

a)喇叭裙、抽裥裙、斜裙。款式自然活泼、富有朝气,适合中小学生穿着,因此选料也较简朴、实惠。如棉布中的各色花布、色布,彩格线呢等,化纤织物中的涤棉花布、印花富春纺、黏纤花布等。

b)百裥裙、组裥裙。裙裥线条挺拔、轻盈飘逸,因此裙料选择也要求细薄平挺、褶裥保持性好。如涤棉细布、涤棉纱府绸、涤棉麻纱、涤棉纱罗、提花涤棉布、针织涤纶面料等常被采用。

c)旗袍裙。款式清秀、窈窕、富有民族特色。穿着方便、凉爽、舒适,因此对面料也要求轻盈、柔软、平挺、悬垂性好。如丝绸中的双绉、电力纺、庐山纱等,毛织物中的派力司、凡立丁等,化纤织物中的薄型中长花呢、薄型针织涤纶面料。

d)西装裙、直筒裙、凹裥裙、凸裥裙、开襟裙。款式雅致大方、挺括端庄，因此裙料要求身骨优良、富有弹性。如各种薄型毛料，涤毛混纺料、中长花呢、纯涤纶花呢针织涤纶面料、罗缎、灯芯绒、劳动布等根据身价不同可选用各种档次的面料。

e)节裙。裙身上下分几节，有时下边也配有荷叶边，节间有嵌绒、花边，款式富丽华贵、绚丽多彩，因此面料可选用丝绒、乔其立绒、烂花乔其绒、各式花布、丝绸等。

8.10.2.13 连衫裙的选料

连衫裙款式多样、造型优美、风格轻快、穿着舒适，是夏季年轻姑娘较喜爱的服装之一。因此选料也要求凉爽、飘逸、柔和，花型也可素雅大方，也可花团锦簇，随年龄、爱好而异。如丝绸中的各种杂色的或印花的双绉、电力纺、碧绉、绢丝纺、乔其纱等；棉布中的各种单色或印花的细布、细纺、麻纱、罗布、府绸、绉布、横贡缎、泡泡纱、女线呢等；化纤织物中的特纶绉、涤爽绸、凉爽绸、涤棉绸、涤棉细布、涤棉府绸、涤棉烂花布、凹凸轧纹布、涤棉麻纱、涤棉纱罗、针织涤纶薄型面料等。

8.10.2.14 中式棉袄料的选择

中式棉袄轻便保暖，为中老年所喜爱的冬装。中式棉袄面料较多，须根据棉袄的种类而定。

如日常穿的中式棉袄可选用经济实惠的棉色府绸、四罗缎、哔叽、直贡等和花色丰富、经久耐用的化纤织物，如涤棉花呢、中长花呢、涤纶绸、涤盈绸、弹涤绸、棉丙色布、棉黏色布、维棉色布等。切线紧身棉袄可选棉士林蓝布、草绿布、斜纹布等。丝棉袄、驼毛棉袄、羊毛绒棉袄面料要求紧密、柔软、滑爽，防止棉絮毛绒钻出，可选丝绸中的文尚葛、大伟呢。女式棉袄还可选织锦缎、古香缎等使成衣更为富丽、高贵、柔软舒适，呢绒中也可选薄花呢、毛涤花呢、三合一花呢等。丝棉袄、驼毛棉袄、羊毛绒棉袄，为防止棉絮毛绒钻出，最好用柔软的布料做成胆罩。

8.10.2.15 棉袄罩衫衣料的选择

棉袄罩衫经常洗涤，以“牢”为宜，为保护棉袄面料磨损和外套脱卸方便，以“滑”为宜，为不使絮棉压实，以“轻”为宜，因此“牢、滑、轻”成为选择棉袄罩衫的三要点。女式棉袄罩衫衣料常用棉的花布、印花府绸、印花贡缎、杂色府绸、杂色提花布等，化纤织物中的杂色和印花的涤棉细布、涤棉府绸、涤棉花呢,杂色薄型中长花呢和印花中长花呢等。男式棉罩衫衣料可选纯棉府绸、涤棉府绸、丙棉色布、中长花呢,高档的可选三合一花呢等。

8.10.2.16　滑雪衫衣料的选择

滑雪衫有轻、软、暖的特点,为男女老少常用的冬装,款式有夹克衫、紧身短大衣、中长大衣、轻骑装等不断出新。滑雪衫为了保暖、防风、防止絮料如鸭绒、羽绒、丝绵、驼毛之类外钻,常用涂层尼丝纺。

8.10.2.17　儿童服装衣料的选择

儿童服装必须适合儿童的特点,要求色彩鲜艳、花形活泼、价格便宜,可以选整料,也可选购零料,用镶、嵌、配、拼技术变换花式。儿童夏季面料常用的有各种杂色和印花细平布、府绸、麻纱、罗布、绉布、涤棉细布、纱罗等轻薄、透凉、耐洗、耐穿织物。春秋季面料常用的有各种色织花线呢、罗缎、灯芯绒、平绒和化纤织物、针织涤纶织物等。冬季面料用彩色骆驼绒、人造毛皮、长毛绒、格子绒等拼制冬大衣,也有用各色尼丝纺镶配成花式多样的滑雪衫、风雪衣等。

总之,要制作一件满意的服装,并不一定在于选用价格昂贵的高档材料,而在于根据该服装的穿着对象、穿着季节、穿着场合等因素合理选配面辅料,也可达到价廉物美的效果。

附　录

附录 1　棉织物的编号规定

棉织物的编号按 GB406－78 标准和 GB411－78 标准规定。所以从产品编号就可大致识别该产品组织和规格。编号规定四位数字表示，第一位数字表示印染加工类别；第二位数字表示本色棉布的品种类别，具体见表 1；第三、四位是棉织物的顺序号。

表 1　棉布编号的有关规定

代号	印染加工类别	代号	织物品种类别
1	漂白布类	1	平布
2	卷染染色布类	2	府绸
3	轧染染色布类	3	斜纹
4	精元染色布类	4	哔叽
5	硫化元染色布类	5	华达呢
6	印花布类	6	卡其
7	精元底色印花布类	7	直贡、横贡
8	精元花印花布类	8	麻纱
9	本光漂色布类	9	绒布坯

附录2　毛织物(呢绒)的编号规定

毛织物的编号,国家也有统一规定,所以只要知道产品的编号,就可以识别这一织物的品种、名称、产地和生产厂等具体内容。

表2　全国精纺、粗纺毛纺织厂代号

生产地区	厂　名	代号	生产地区	厂　名	代号
上海	上海第一毛纺厂	SL	天津	天津仁立毛纺织厂	TA
上海	上海第二毛纺厂	SA	天津	天津克勤毛纺织厂	TE
上海	上海第三毛纺厂	SB	辽宁	沈阳第一毛纺织厂	LA
上海	章华毛纺厂(上海第四毛纺织厂)	SP	辽宁	沈阳第二毛纺织厂	LB
上海	裕华毛纺厂(上海第五毛纺织厂)	SC	江苏	无锡协新毛纺织厂	JV
上海	建华毛纺厂(上海第六毛纺织厂)	SJ	江苏	南京毛纺厂	JN
上海	裕民毛纺厂(上海第七毛纺织厂)	SK	内蒙	内蒙第二毛纺织厂	MA
上海	协新毛纺厂(上海第八毛纺织厂)	SE	内蒙	呼市毛纺厂	MB
上海	元丰毛纺厂(上海第九毛纺织厂)	SH	甘肃	兰州第一毛纺厂	GA
上海	寅丰毛纺厂(上海第十毛纺织厂)	SF	甘肃	兰州第二毛纺厂	GB
上海	新华纶(上海第十一毛纺织厂)	SG	新疆	八一毛纺厂	XA
上海	信和毛纺厂(上海第十二毛纺织厂)	SQ	吉林	洮安毛纺厂	V
上海	汇通毛纺厂(上海第十三毛纺织厂)	SN	陕西	陕西第一毛纺厂	Z
上海	海龙毛纺厂(上海第十四毛纺织厂)	M	新疆	伊犁毛纺厂	XB
上海	华贸毛纺厂(上海第十五毛纺织厂)	R	安徽	蚌埠毛纺厂	A
上海	上海第十六毛纺织厂	M	黑龙江	哈尔滨毛纺厂	H
上海	上海维纶毛纺织厂	SM	山西	太原毛纺厂	C
北京	北京毛纺厂	PA	浙江	嘉兴毛纺厂	Y
北京	北京清河毛纺厂	PB	四川	重庆毛纺厂	KA
北京	北京第三毛纺织厂	PD	四川	川康毛纺厂	KB
北京	北京绒线厂	PE	宁夏	银川毛纺厂	N

表 3　毛织物产品统一编号

类别	品种	品号			备注
		纯　毛	混　纺	纯化纤	
精纺	哔叽类	21001～21500	31001～31500	41001～41500	中厚花呢类包括中厚凉爽呢，凡立丁类包括派立司，直贡呢类包括直横贡、马裤呢、巧克丁，薄花呢类包括薄型凉爽呢
	啥味呢类	21501～21999	31501～31999	41501～41999	
	华达呢类	22001～22999	32001～32999	42001～42999	
	中厚花呢类	23001～24999	33001～34999	43001～44999	
	凡立丁类	25001～25999	35001～35999	45001～45999	
	女衣呢类	26001～26999	36001～36999	46001～46999	
	直贡呢类	27001～27999	37001～37999	47001～47999	
	薄花呢类	28001～29500	38001～39500	48001～49500	
	其他类	29501～29999	39501～39999	49501～49999	
旗纱	旗纱	88001～88999	89001～89999		
粗纺	麦尔登类	01001～01999	11001～11999	71001～71999	大衣呢类包括平厚、立绒、顺毛，制服呢类包括海军呢，女式呢类包括平素、立绒、顺毛、松结构，粗花呢类包括纹面、绒面，大众呢类包括学生呢
	大衣呢类	02001～02999	12001～12999	72001～72999	
	制服呢类	03001～03999	13001～13999	73001～73999	
	海力司类	04001～04999	14001～14999	74001～74999	
	女式呢类	05001～05999	15001～15999	75001～75999	
	法兰绒	06001～06999	16001～16999	76001～76999	
	粗花呢类	07001～07999	17001～17999	77001～77999	
	大众呢类	08001～08999	18001～18999	78001～78999	
	其他类	09001～09999	19001～19999	79001～79999	
长毛绒	服装用长毛绒	51001～51099	51401～51499	51701～51799	
	衣里绒	52001～52099	52401～52499	52701～52799	
	工业用	53001～53099	53401～53499	53701～53799	
	家具用	54001～54099	54401～54499	54701～54799	
驼绒	花素	9101～9199	9401～9499	9701～9799	
	美素	9201～9299	9501～9599	9801～9899	
	条子	9301～9399	9601～9699	9901～9999	

上述表中精纺、粗纺产品的编号是由五位数组成，具体意义如下：

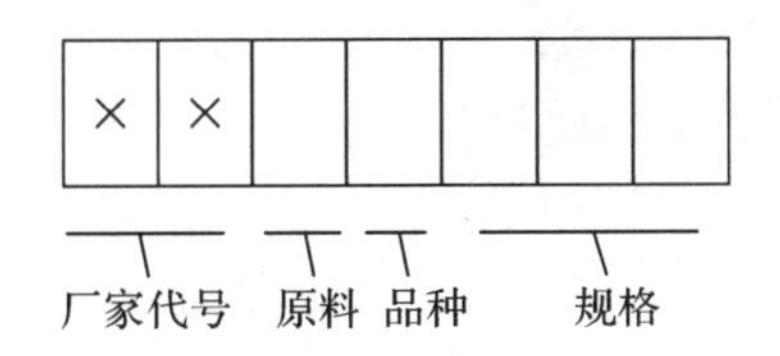

例如SB22602,SB是上海第三毛纺织厂,“2”是代表纯毛原料,第2位“2”是华达呢品种,“602”是规格代号。

表3中长毛绒织物的编号是由五位数字组成,第一位“5”表示长毛绒产品;第二位表示用途:“1”——服装面料用,“2”——衣里用,“3”——工业用,“4”——家具用;第三位数字表示原料:“0”——纯毛,“4”——混纺,“7”——化纤;第四、五位表示产品顺序号。

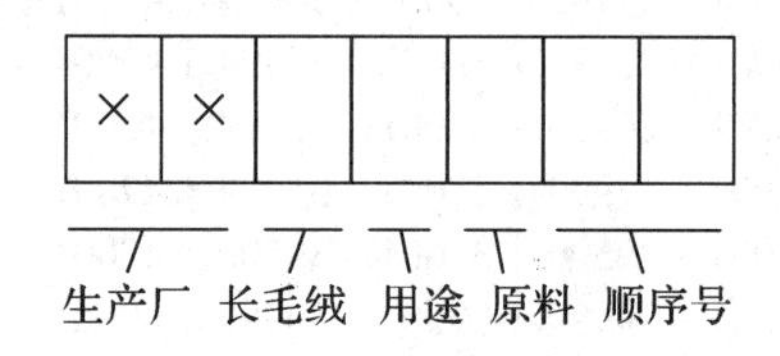

附录3　丝织物的编号规定

丝绸产品的商品编号,国家也有统一规定,从编号中也可以知道产品的原料类别、品类及规格。

丝织物的编号有十位,分成五对,每对分别表示一定的内容,例如"5403010101",其中:

第一对数"54"是代表"纺织品";

第二对数"03"是代表"绸缎";

第三对数"01"是代表"真丝绸";

第四对数"01"是代表具体品种"乔其纱";

第五对数"01"是代表具体品种的规格"四磅乔其纱"。

实际上,前面的五位数"54030"表示"纺织品中的绸缎"的意思。而后五位数字表示绸缎的大类、品类和规格。如"10101"表示:真丝绸、乔其纱、四磅。一般均省略前面的五位数字,只用后五位数字。五位数的具体意义为:

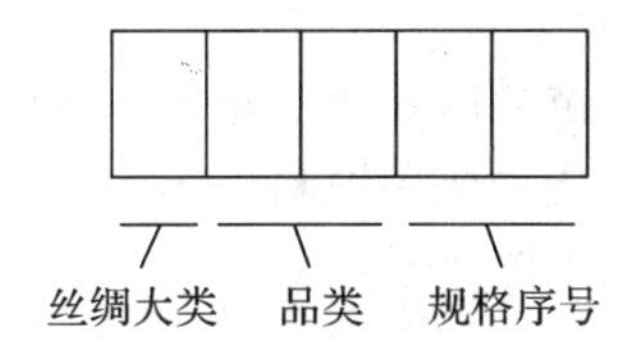

外销丝绸编号的第一位数代表绸缎的大类,共分七类:

"1"代表桑蚕丝绸(包括桑蚕丝含量50%以上的桑柞交织物);

"2"代表合纤绸;

"3"代表绢丝绸;

"4"代表柞丝绸;

"5"代表人造丝绸;

"6"代表交织绸;

"7"代表被面。

编号的第二位数字(0、1、2、3、8、9)或第二、三位数字(40~49、50~59、60~69、70~79)分别表示丝织物所属大类的类别,具体规定如下:

"0"——绡类;

"1"——纺类;

"2"——绉类;

"3"——绸类；

"40～47"——缎类；

"48～49"——锦类；

"50～54"——绢类；

"55～59"——绫类；

"60～64"——罗类；

"65～69"——纱类；

"70～74"——葛类；

"75～79"——绨类；

"8"——绒类；

"9"——呢类。

编号的第三、四、五位数字表示品种规格序号。其中如"40～79"所列第三位数字有双重含义，既表示所属大类的类别，又表示品种规格序号。

如12105外销丝绸，1——丝绸大类中的桑蚕丝绸，2——绉，105——规格序号，为真丝双绉产品顺序号。

内销丝绸的编号的第一位数以8或9开头。"8"表示内销衣着用绸，"9"代表装饰用绸。第二位数字代表所用原料。第三位数代表组织结构。第四、第五位数代表规格序号。如下图所示：

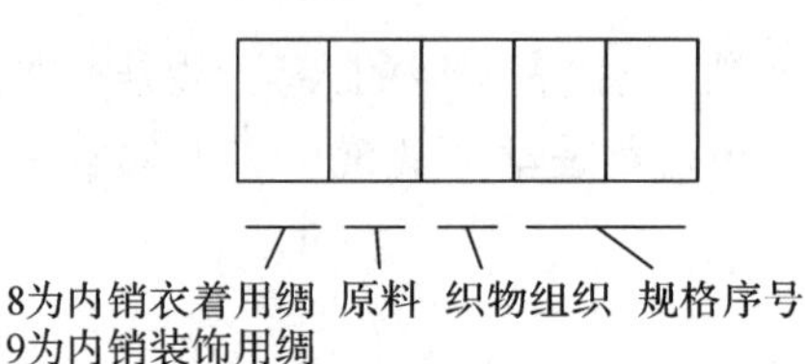

内销绸缎在编号前加上地区代号，地区代号如下："C"——四川；"D"——辽宁；"E"——湖北；"G"——广东；"H"——浙江；"B"——北京；"J"——江西；"K"——江苏；"L"——山东；"M"——福建；"N"——广西；"Q"——陕西；"S"——上海；"T"——天津；"W"——安徽；"Y"——河南；"CC"——重庆；"X"——湖南。

表 4　丝绸内销产品编号

第一位数		第二位数(原料性质)			第三位数(组织结构)				第四位数(规格)
序号	属性	序号	原料属性		平纹	变化	斜纹	缎纹	
8	衣着用绸	4	黏胶丝纯织		0~2	3~5	6~7	8~9	55~99
		5	黏胶丝交织		0~2	3~5	6~7	8~9	55~99
		7	蚕丝	纯织	0	1~2	3	4	01~99
				交织	5	6~7	8	9	01~99
		9	合纤	纯织	0	1~2	3	4	01~99
				交织	5	6~7	8	9	01~99
9	装饰用绸	1	被面			0~9			01~09
		2	黏胶丝交织被面			0~9			01~09
		2	黏胶丝纯织被面			0~9			01~09
		7	蚕丝纯织被面			0~9			01~09
		7	蚕丝交织被面			0~9			01~09
		7	装饰绸、广播绸			0~9			01~09
		7	印花被面			0~9			01~09

附录4 绒线的编号规定

绒线的名称是由产品分类代号、原料类别名称、花式类别或产品特征以及按股数、支数区分的产品类别名称组成。混纺产品中有动物纤维和化纤时，则以动物纤维和比例大的原料放在前面。

品号是四位数组成：

首位数——表示产品类别(表5)；

第二位数——表示使用的原料(表6)；

第三位数——表示单纱的公支支数。

细绒线(合股支数为2.5~6公支内)和针织绒线(合股支数为6公支及6公支以上)：第三位数为单纱公支支数的十位数，第四位数为单纱公支支数的个位数；粗绒线(合股支数在2.5及2.5公支以下)：第三位数是单纱公支支数的个位数，第四位数是公支支数的小数。

除粗绒线为四股、细绒线为四股及针织绒线为两股外，特殊股数都有标明。

如"275纯毛中粗绒线"，因最前面的一位"0"已省略，其实为"0275"，表示精梳绒线、进口纯毛、单纱支数为7.5公支、中级羊毛纺成的粗绒线。又如"2626毛腈混纺针织绒线"表示精梳针织、进口毛与腈纶混纺、单纱公支支数为26公支，2股合并而成的针织物绒线。又如"3016山羊绒针织绒线"，表示粗梳针织、山羊绒、单股16公支纱的绒线。

表5 产品分类代号

产品分类	代 号	备 注
精梳绒线	0	通常可省略
粗梳绒线	1	
精梳针织绒线	2	
粗梳针织绒线	3	
试制品	5	
花式绒线	H	

表 6　原料代号

原料类别	代　号	备　注
山羊绒、山羊绒与其他纤维混纺	0	
纯国毛	1	
纯外毛	2	
外毛与黏胶混纺	3	
黏纤	4	
国毛与黏胶混纺	5	
外毛与腈纶纤维混纺	6	
国毛与腈纶纤维混纺	7	
腈纶纯纺及与其他化纤混纺	8	
其他动物纤维的纯纺或混纺	9	驼毛、兔毛、牦牛毛等

市售的毛绒中,从色号中可了解到绒线的原料类别、颜色类别及深浅。色号以四位数表示:

首位数——表示原料类别(表 6);

第二位数字——表示颜色类别(表 7);

第三、四位数字——表示颜色的深浅(表 8)。

表 7　色谱分类代号

色谱类别	代　号
漂白类	0
黄色、橙色类	1
红色、青莲色类	2
蓝色、藏青色类	3
绿色类	4
棕色、驼色类	5
黑色、灰黑色类	6

表 8　色号与颜色对照表

色号	颜色	色号	颜色	色号	颜色	色号	颜色
001	漂白	223	大红	406	湖蓝	511	褚石
101	浅鹅黄	225	枣红	407	深湖蓝	512	豆沙
102	鹅黄	230	紫红	413	艳绿	518	浅驼
107	浅黄	241	浅玫红	415	浅果绿	519	棕色
111	淡金色	242	玫红	416	果绿	520	驼色
115	黄金	243	玫枣红	420	翠绿	521	深米色
117	橘黄	245	深玫红	422	蓝绿	524	铁锈
119	橘红	248	紫酱	426	墨绿	528	浅棕
126	香黄	302	淡蓝	427	深墨绿	531	深棕
127	淡香黄	304	淡天蓝	438	浅草绿	601	浅灰
129	姜黄	309	深天蓝	439	草绿	611	铁灰
210	粉红	312	艳蓝	445	军绿	612	深灰
211	浅粉红	313	品蓝	502	玉色	615	青灰
212	浅红	319	青	506	浅米	618	灰色
217	血红	328	淡藏青	507	米色	620	墨色
222	珠红	330	深藏青	509	深米	622	黑色

例如绒线的色号 2313 代表进口毛品蓝颜色。又例如 8223 代表膨体腈纶大红颜色绒线。

在现行色版中，色号前加 M、Q、H 等分别表示纯毛、腈纶、毛腈纺等产品的色版。

附录 5　各种衣料的缩水率

衣料的缩水率，是指一块新的衣料下水后收缩量与原长的百分率。用公式表示：

$$缩水率 = \frac{L_0 - L'}{L_0} \times 100(\%)$$

L_0——表示下水前衣料长

L'——表示下水干燥后衣料长

在选购衣料时必须注意该衣料的缩水率。选购衣料时没有考虑缩水率，则会发生所购衣料因加工前的预缩而造成短缺。成衣批量生产时，如果没有考虑面料的缩水率，会造成消费者的损失。消费者购买了合身的衣服，但经洗涤以后，就不合身了。

表 9　印染棉布的缩水率

门类	棉布品种	缩水率(%)	
		经向(长度方向)	纬向(门幅方向)
丝光布	平布(粗、中细布)	3.5	3.5
	斜纹、哔叽、贡呢	4	3
	府绸	4.5	2
	纱卡其、纱华达呢	5	2
	线卡其、线华达呢	5.5	2
本光布	平布(粗、中、细布)	6	2.5
	纱卡其、纱华达呢、纱斜纹	6.5	2
防缩整理各类印染布		1～2	1～2

缩水率与衣料的纤维性能、织物的结构和生产加工工艺过程有密切的关系。各种不同的纤维都有不同的吸湿性和缩水率。一般吸湿性好的纤维缩水率也大，吸湿性差的，缩水率也 小，如黏胶、棉、维纶等吸湿性好，缩水率也大，涤纶、丙纶等吸湿性很差，织物缩水率也小，甚至不缩水。织物结构的松紧不一样，缩水率也不一样，一般松结构的衣料要比紧密结构的缩水率大，如缎纹、呢地组织的织物的缩水率要比斜纹组织大，而斜纹组织的缩水率要比平纹组织大。在生产加工过程中，受到拉伸张力越大，织成织物后缩水率也越大，如经纱与纬纱，织造中经纱受到拉伸张力要大于纬纱，因此，经向的缩水率要大

于纬向的缩水率。丝光处理过的要比普通的织物缩水率小。防缩处理过的要比未经预缩处理过的缩水率小。

各种衣料的缩水率,按产品质量标准,国家有统一的规定,但也有上下偏差。这些表格是各种纺织品的缩水率,供选购衣料时参考。

表 10　色织棉布缩水率

棉布品种	缩水率(%)	
	经向(长度方向)	纬向(门幅方向)
男女线呢	8	8
条格府绸	5	2
被单布	9	5
劳动布(预缩)	5	5
二六元贡(元密呢)	11	5

表 11　呢绒缩水率

<table>
<tr><th colspan="3" rowspan="2">呢绒品种</th><th colspan="2">缩水率(%)</th></tr>
<tr><th>经向</th><th>纬向</th></tr>
<tr><td rowspan="2">精纺呢绒</td><td colspan="2">纯毛或含毛量在 70% 以上</td><td>3.5</td><td>3</td></tr>
<tr><td colspan="2">一般织品</td><td>4</td><td>3.5</td></tr>
<tr><td rowspan="5">粗纺呢绒</td><td rowspan="2">呢面或紧密的露纹织物</td><td>含毛量在 60% 以上</td><td>3.5</td><td>3.5</td></tr>
<tr><td>含毛量在 60% 以下及交织品</td><td>4</td><td>4</td></tr>
<tr><td rowspan="2">绒面织物</td><td>含毛量在 60% 以上</td><td>4.5</td><td>4.5</td></tr>
<tr><td>含毛量在 60% 以下</td><td>5</td><td>5</td></tr>
<tr><td colspan="2">组织结构比较稀松的织物</td><td>5 以上</td><td>5 以上</td></tr>
</table>

表 12　丝绸的缩水率

丝绸品种	缩水率(%)	
	经向	纬向
桑蚕丝织物(真丝)	5	2
桑蚕丝与其他纤维交织物	5	3
绉线织物和绞纱织物	10	3

表 13　化纤织物缩水率

<table>
<tr><th colspan="2" rowspan="2">化纤品种</th><th colspan="2">缩水率(%)</th></tr>
<tr><th>经向</th><th>纬向</th></tr>
<tr><td colspan="2">黏胶纤维织物</td><td>10</td><td>8</td></tr>
<tr><td rowspan="2">涤棉混纺织物</td><td>平布、细纺、府绸</td><td>1</td><td>1</td></tr>
<tr><td>卡其、华达呢</td><td>1.5</td><td>1.2</td></tr>
<tr><td colspan="2">涤/黏、涤/富混纺织物(涤纶含量 65%)</td><td>2.5</td><td>2.5</td></tr>
<tr><td colspan="2">富/涤混纺织物(富纤含量 65%)</td><td>3</td><td>3</td></tr>
<tr><td rowspan="3">棉/维混纺织物(维纶含量 50%)</td><td>卡其、华达呢</td><td>5.5</td><td>2</td></tr>
<tr><td>府绸</td><td>4.5</td><td>2</td></tr>
<tr><td>平布</td><td>3.5</td><td>3.5</td></tr>
<tr><td colspan="2">涤/腈混纺织物(中长化纤织物、涤纶含量 50%)</td><td>1</td><td>1</td></tr>
<tr><td colspan="2">涤/黏混纺织物(中长化纤织物、涤纶含量 65%)</td><td>3</td><td>3</td></tr>
<tr><td colspan="2">棉/丙混纺织物(丙纶含量 50%)</td><td>3</td><td>3</td></tr>
<tr><td rowspan="2">粗纺羊毛化纤混纺呢绒</td><td>化纤含量在 40% 以上</td><td>3.5</td><td>4.5</td></tr>
<tr><td>化纤含量在 40% 以下</td><td>4</td><td>5</td></tr>
<tr><td colspan="2">精纺羊毛化纤混纺呢绒(涤纶含量在 45% 以上)</td><td>1</td><td>1</td></tr>
<tr><td rowspan="3">精纺化纤织物</td><td>涤纶含量在 40% 以上</td><td>2</td><td>1.5</td></tr>
<tr><td>锦纶含量在 40% 以上或腈纶含量在 50% 以上或涤、棉、腈混合含量在 50% 以上</td><td>3.5</td><td>3</td></tr>
<tr><td>其他织物</td><td>4.5</td><td>4</td></tr>
<tr><td rowspan="4">化纤丝绸织物</td><td>醋纤织品</td><td>5</td><td>3</td></tr>
<tr><td>纯人造丝织品及各种交织品</td><td>8</td><td>3</td></tr>
<tr><td>涤纶长丝织品</td><td>2</td><td>2</td></tr>
<tr><td>涤/黏/绢混纺织品(涤 65%、黏 25%、绢 10%)</td><td>3</td><td>3</td></tr>
</table>

附录6 各种衣料的熨烫温度

掌握各种织物的熨烫温度是整理成衣的关键问题。熨烫温度过低达不到熨烫效果;熨烫温度过高会把衣服熨坏造成损失。

各种纤维的熨烫温度,与接触时间、移动速度、熨烫压力、有否熨烫布、熨烫布的厚度、水分有关,表14是熨烫各种纤维的参考温度,表15表示了用水滴法检验熨斗表面的温度,供熨烫时参考。

表14 各种纤维的熨烫温度

纤 维	熨烫温度(℃)	备 注
麻、棉	160~200	给水时可适当提高温度
毛织物	120~160	反面熨烫
丝织物	120~140	反面熨烫,不能喷水
黏胶	120~150	
锦纶、维纶、涤纶、腈纶、丙纶	110~130	维纶料不能用湿的熨烫布,也不能喷水熨烫,丙纶必须用湿熨烫布
氯纶	不能熨烫	

表15 熨斗温度的水滴试验

温度(℃)	声音	水滴状态
100以下	无声	水滴不散开
100~120	哧声	向四周扩散,起较大的水泡
130~140	叽由	立即向四周扩散成小水滴,熨斗不太沾湿
140~170	扑叽	出现滚动小水滴,向四周飞溅,逐渐减少
180~210	扑哧	一经滴上,立即蒸发掉,很少留小水泡,熨斗不沾湿

附录7　混纺织物的命名

在市场上为了使各种纤维相互取长补短，充分发挥各种纤维的特点，天然纤维与化学纤维（合成纤维与人造纤维）混纺的产品层出不穷，种类也不胜枚举。但是它的命名也有一定的规定，了解它的规定，也可以从命名中大致了解织物的混纺情况。通常混纺织物的命名有如下的规定：

a）混纺比高的纤维名在先，混纺比低的纤维名在后。如65%的涤纶与35%的棉混纺的涤棉布，就称为65/35涤棉布，反之若为35%的涤纶，65%的棉混纺涤棉布，则称为65/35的棉涤布。

b）当混纺比相同时，则依天然纤维、合成纤维、人造纤维顺序命名。如50%涤纶、50%毛的混纺花呢，称为毛涤花呢，而不叫涤毛花呢，又如40%涤纶、30%毛、30%黏胶纤维的混纺花呢，称涤毛黏三合一花呢。

附录8　常用特数－英制支数、特数－旦尼尔、特数－公制支数对照表

表16　英制支数－特数对照表

英支支数	Nec	120	115	110	105	100	90	86	82
特数	tex	5	5.1	5.3	5.6	5.9	6.6	6.9	7.1
英支支数	Nec	60	57	50	42	40	36	34	32
特数	tex	10	10.5	12	14	14.5	16.5	17.5	18.5
英支支数	Nec	30	28	24	21	20	18	14	10
特数	tex	20	21	25	28	30	33	42	59
英支支数	Nec	8	6	5	2	1			
特数	tex	74	100	120	300	590			

表17　旦尼尔－分特数对照表

旦尼尔	Td	1	3	5	7	10	12	15	18	
分特数	dtex	1.1	3.3	5.5	7.8	11	13	17	20	
旦尼尔	Td	20	28	30	35	40	50	56	70	100
分特数	dtex	22	31	33	39	44	56	62	78	110

表18　公制支数－特数换算表

公制支数	Nm	200	180	140	125	120	100	90
特数	tex	5	5.6	7.1	8	8.4	10	11
公制支数	Nm	84	77	72	69	61	54	48
特数	tex	12	13	14	14.5	16.5	18.5	21
公制支数	Nm	36	30	20	13	10	5	2
特数	tex	28	33	50	77	100	200	300

附录9　衣物污迹去除方法

酱油——新迹可立即用冷水搓洗，再用肥皂等洗涤剂洗去。陈迹可在温热的洗涤剂溶液中，加少量氨水（约2%）或硼砂洗涤。

茶、咖啡——新迹可用洗涤剂溶液洗除。陈迹可在水中加几滴氨水和甘油配成的混合液洗。羊毛混纺织物不用氨水而用10%的甘油溶液揉搓后，再用洗涤液洗，并用水漂清。

酒、啤酒——新迹可用水洗去。陈迹可用加入2%氨水的硼砂水溶液洗除。

果汁——用冲淡20倍氨水洗，再用洗涤剂洗。新迹可以先撒上些食盐，滴上水使其溶解，过些时间再浸在肥皂水中即可洗掉。

墨汁——先用清水洗，再用洗涤剂和饭粒一起揉搓，然后用纱布或脱脂棉一点一点粘吸。残迹可用氨水洗涤，污迹也可用牙膏、肥皂搓洗。

红墨水——先用洗涤剂洗，然后用10%的酒精洗涤，清水漂净，也可用0.25%的高锰酸钾溶液洗除。

圆珠笔油——尽快将污迹用冷水浸湿后，用苯、丙酮或四氯化碳轻轻擦去，再用洗涤液、清水洗净。不能用汽油洗。也可涂些牙膏加少量退色剂轻轻揉搓，如有残痕，可用酒精洗除。

蓝墨水——新迹在冷水中泡些时间，然后用肥皂搓洗掉。陈迹则要放在2%的草酸溶液中浸几分钟，然后再用洗涤剂洗除。

汗——白色的用次氯酸钠洗，有色的用草酸洗。

血迹、皮鞋油——用冷水、肥皂洗或用次氯酸钠洗，可用汽油、松节油或酒精擦除，再用肥皂洗涤。如果白色织物上沾上鞋油，可以先用汽油沾润，用10%的氨水拭洗，最后用酒精擦洗。

番茄酱——刮去干污迹，先用温热的洗涤剂溶液洗，然后用汽油与酒精交替洗拭，或用葡萄酒加些盐一起揉搓。

食油、牛奶、黄油——先用汽油或四氯化碳洗除，颜色可用酒精洗去。然后再用洗涤剂、氨水洗。如仍有残迹，可用酶制剂处理。

发油、发膏——用汽油或四氯化碳可洗除，陈迹可在水蒸气上蒸软后再洗除。遇白色织物，可先用10%的氨水润湿，然后用4%的草酸擦拭，最后用洗涤剂洗除。

蛋白——用洗涤剂或氨水洗。洗前如果放上些鲜萝卜汁效果更好。亦可用稍浓的茶水洗。

蛋黄——可先用汽油将脂肪洗除,再同洗蛋白一样处理。

附录 10　日、美、欧市场服装使用标志

在服装穿用过程中，正确的洗涤、熨烫，对保持服装的优良性能，延长寿命有着密切的关系。为了指导消费者正确使用和保养，厂家在生产服装时往往在商品的商标上或包装上用某些标记符号，简明地用图解说明洗涤、熨烫、漂白、干洗、干燥方式等。这类标记在国际上并没有统一，但在各国已广泛使用，我国也逐渐起用，现将日本、美国及欧洲的纺织品使用标记收集于下，以供参考。

一、日本纺织品使用标志

记　号	意　义	记　号	意　义
水洗			
95	可以用 95℃ 以下的水、洗衣机洗涤	弱 30	可以用 30℃ 以下的水、弱流或手轻微揉搓
60	可以用 60℃ 以下的水、洗衣机洗涤		
40	可以用 40℃ 以下的水、洗衣机洗涤	手洗イ 30	可以用 30℃ 以下的水洗、不可用洗衣机洗
弱 40	可以用 40℃ 以下的水、弱流或手轻微揉搓		不可水洗

记　号	意　义	记　号	意　义
漂白			
エンソ サラシ	可以用漂白粉漂白	エンソ サラシ（×）	不可用漂白粉漂白
熨烫			
高	可用 180 ~ 210℃高温熨烫	低	可用 80 ~ 120℃低温熨烫
中	可用 140 ~ 160℃中温熨烫	（×）	不可熨烫
干洗			
ドライ	可干洗，溶剂用四氯乙烯或石油溶剂	ドライ（×）	不可干洗
ドライ セキユ系	可干洗，溶剂用石油溶剂		
绞干			
ヨワク	不耐绞，可用短时间的离心脱水机	（×）	不可绞

记　号	意　义	记　号	意　义
干燥			
	挂干		平摊干燥
	阴干		阴、平摊干燥

二、美国纺织品使用标志

记　号	意　义	记　号	意　义
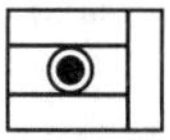	可用手搓和洗衣机		
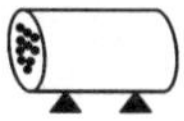	可干洗		不可干洗
	可熨烫		不可熨烫
	可手搓		不可手搓
B	可漂白	B	不可漂白

二、欧洲纺织品使用标志

记 号	意 义	记 号	意 义
 95°	可在指定温度下洗涤		
	不可熨烫		
	不能洗涤	A	可用任何溶剂干洗
Cl	可漂白	P	可用四氯乙烯石油溶剂干洗
	不可漂白	F	仅可用石油溶剂干洗
	可在标定温度下熨烫		不可干洗

记 号	意 义
 TD 150°B H	可用肥皂、洗涤剂、热水中手搓，洗衣机洗，可漂白，转笼干燥，不可干洗，可高温熨烫
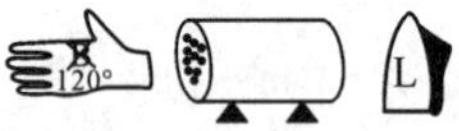 120° L	用肥皂、洗涤剂、温水中手洗，不可漂白，可干洗，尽量低温熨烫
 DR 105°	用弱碱弱洗涤剂、微温水中手搓，不可漂白，可干洗，不可熨烫

参考文献

1. 日下部信幸. 生活のための被服材料学. 家政教育社,1992.
2. 田中道一,熨斗秀夫. 被服材料学. 朝仓书店,1981.
3. 北田统雄. 被服材料要论. コロナ社,1970.
4. Hannelore Eberle et al. Clothing Technology. 欧洲教材出版社,1996.
5. 袁观洛等. 纺织商品学. 中国纺织大学出版社,1998.
6. 中村喜代次など. 毛皮の本. 文化出版社,1986.
7. 朱松文等. 服装材料学. 中国纺织出版社,1994.
8. 古里考吉,角田幸雄,日下部信幸. 新编被服材料学,5 版. 明文书房,1981.
9. 石川欣造. 被服材料实验书,3 版. 同文书院,1987.
10. 成濑信子. 基础被服材料学. 文化出版局,1985.
11. 浙江丝绸工学院,苏州丝绸工学院. 织物组织与纹织学. 纺织工出版社,1981.
12.《怎样选择衣料》编写组. 怎样选择衣料. 纺织工业出版社,1984.
13. 田中道一など. 被服学ハンドブシク,2 版. 日本纤维机械学会,1966.
14.《服装生产工艺》编写组. 服装生产工艺. 上海科学技术出版社,1986.
15. 姚穆,周锦芳,黄淑珍等. 纺织材料学,2 版. 纺织工业出版社,1990.
16. 天津纺织工学院主编. 针织学. 纺织工业出版社,1986.
17. 朱松文,吕逸华,杨伯民. 毛织物设计与织造概论. 纺织工业出版社,1982.
18. 袁观洛,吴月. 家庭服装知识手册. 浙江人民出版社,1990.
19. 日本文化服装学院. アパレル素材论. 文化出版局,2015.

代表性织物彩色照片

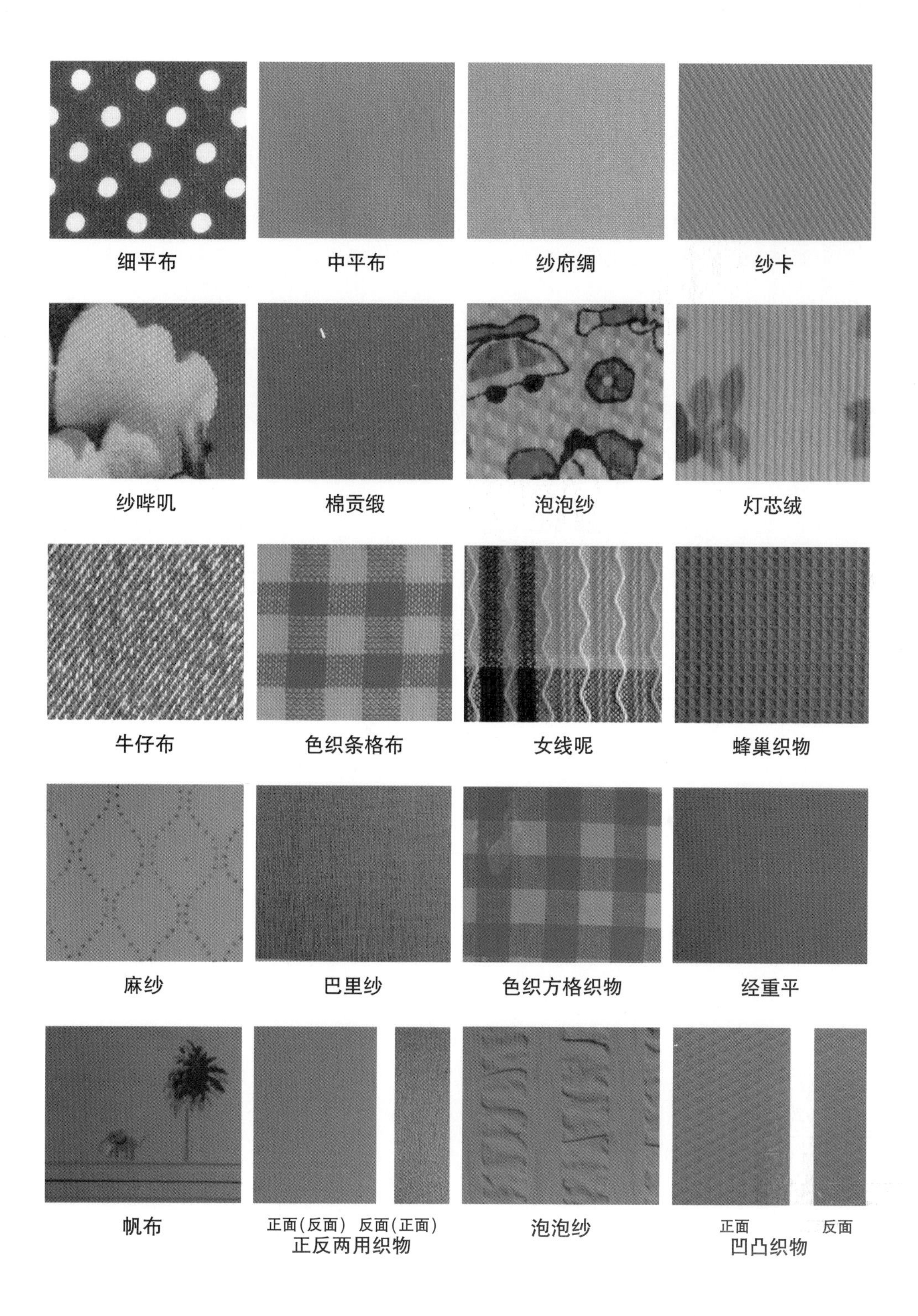
细平布
中平布
纱府绸
纱卡
纱哔叽
棉贡缎
泡泡纱
灯芯绒
牛仔布
色织条格布
女线呢
蜂巢织物
麻纱
巴里纱
色织方格织物
经重平
帆布
正面(反面) 反面(正面)
正反两用织物
泡泡纱
正面
反面
凹凸织物

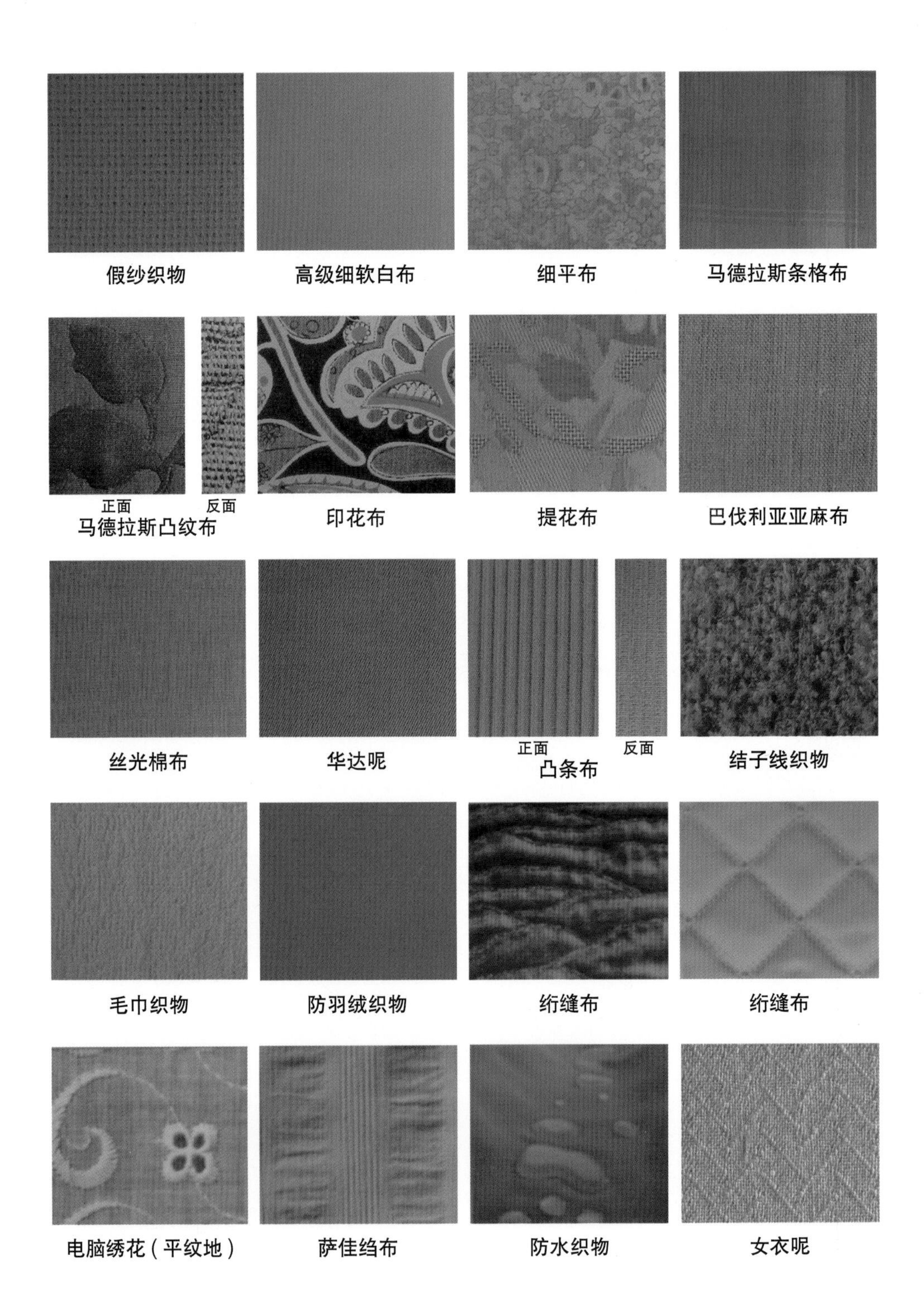
假纱织物
高级细软白布
细平布
马德拉斯条格布
正面
反面
马德拉斯凸纹布
印花布
提花布
巴伐利亚亚麻布
丝光棉布
华达呢
正面
反面
凸条布
结子线织物
毛巾织物
防羽绒织物
绗缝布
绗缝布
电脑绣花（平纹地）
萨佳绉布
防水织物
女衣呢

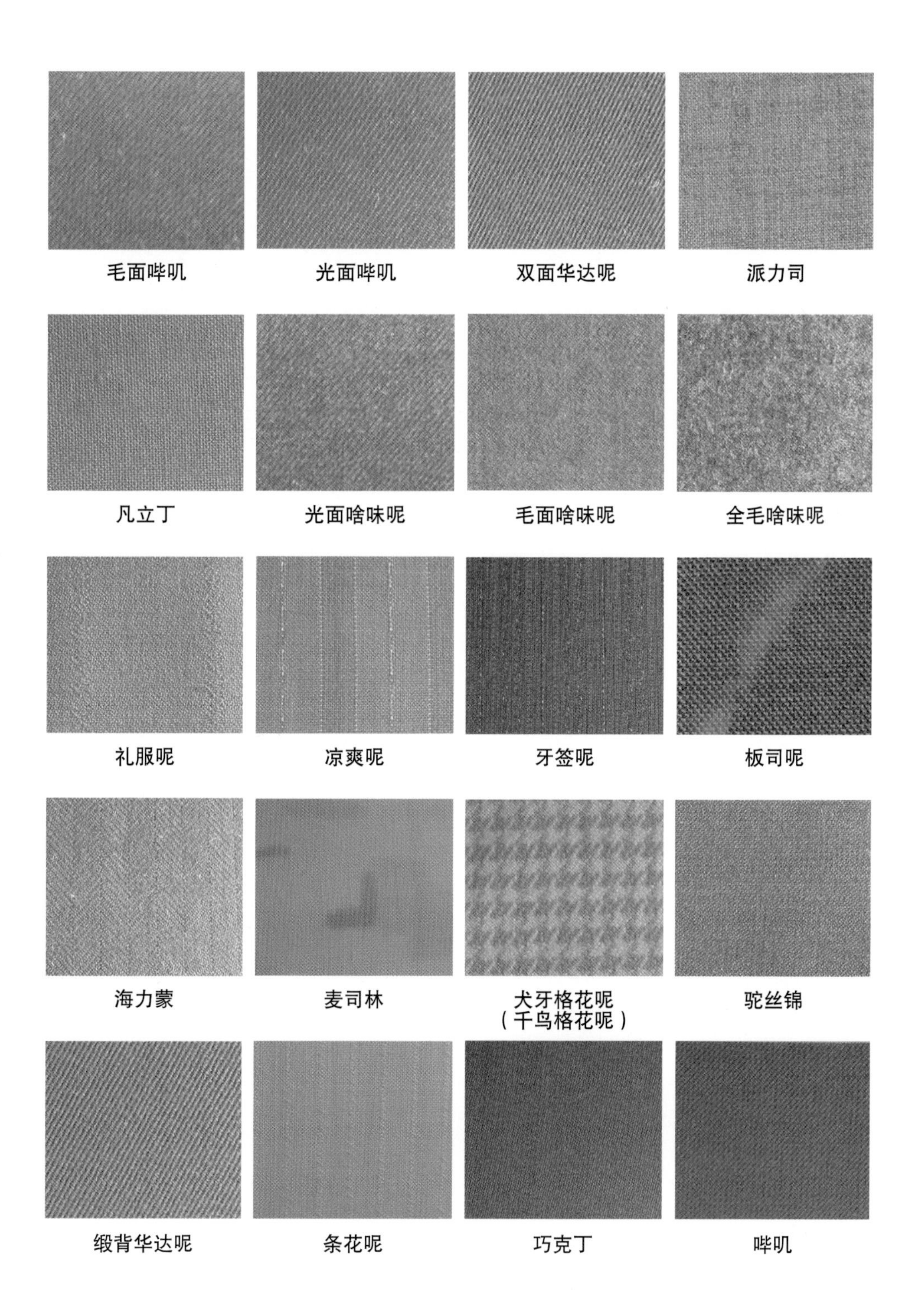
毛面哔叽
光面哔叽
双面华达呢
派力司
凡立丁
光面啥味呢
毛面啥味呢
全毛啥味呢
礼服呢
凉爽呢
牙签呢
板司呢
海力蒙
麦司林
犬牙格花呢
（千鸟格花呢）
驼丝锦
缎背华达呢
条花呢
巧克丁
哔叽

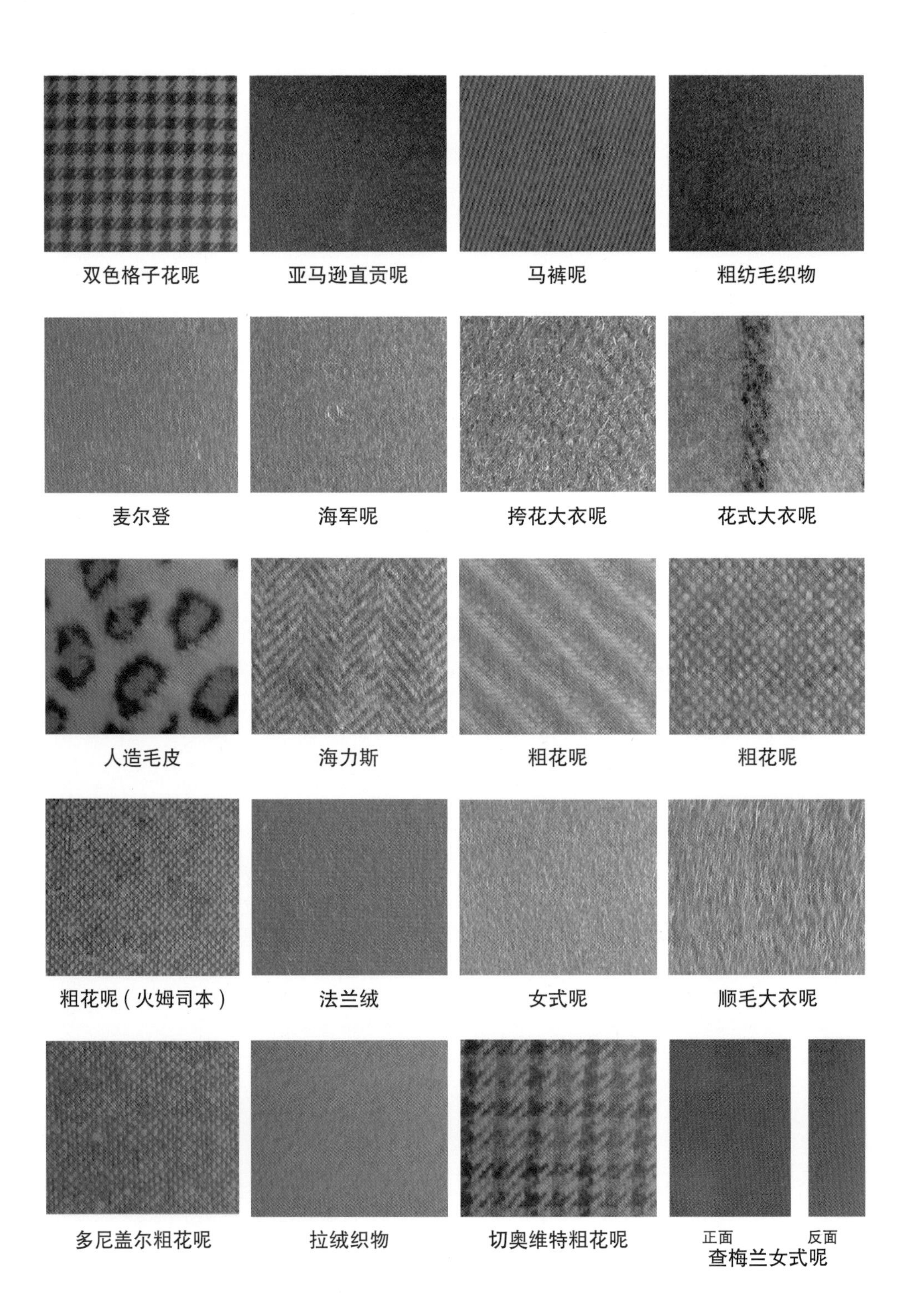
双色格子花呢
亚马逊直贡呢
马裤呢
粗纺毛织物
麦尔登
海军呢
挎花大衣呢
花式大衣呢
人造毛皮
海力斯
粗花呢
粗花呢
粗花呢（火姆司本）
法兰绒
女式呢
顺毛大衣呢
多尼盖尔粗花呢
拉绒织物
切奥维特粗花呢
正面
反面
查梅兰女式呢

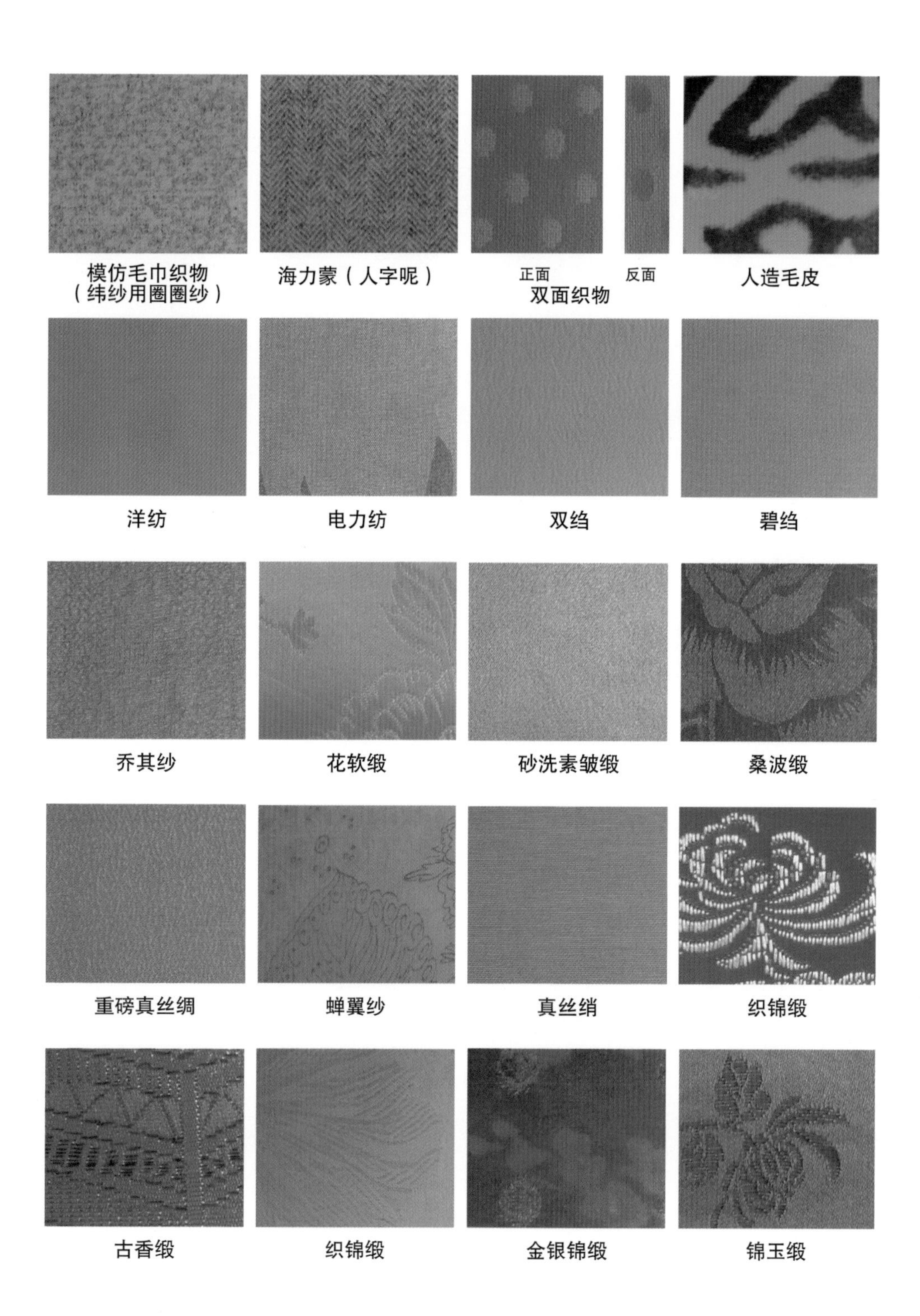
模仿毛巾织物
（纬纱用圈圈纱）
海力蒙（人字呢）
正面
反面
双面织物
人造毛皮
洋纺
电力纺
双绉
碧绉
乔其纱
花软缎
砂洗素皱缎
桑波缎
重磅真丝绸
蝉翼纱
真丝绡
织锦缎
古香缎
织锦缎
金银锦缎
锦玉缎

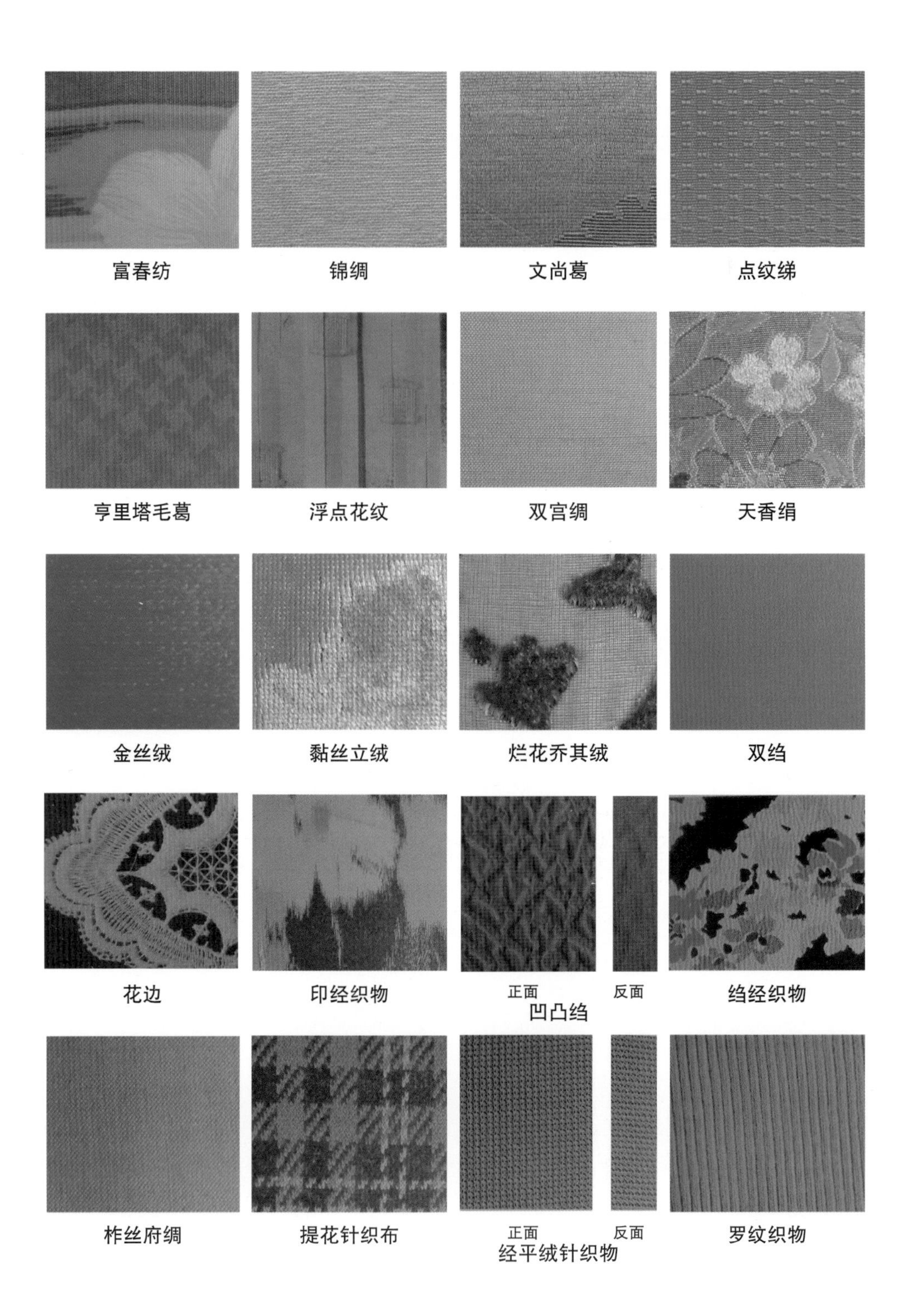

富春纺　锦绸　文尚葛　点纹绨

亨里塔毛葛　浮点花纹　双宫绸　天香绢

金丝绒　黏丝立绒　烂花乔其绒　双绉

花边　印经织物　正面　反面　凹凸绉　绉经织物

柞丝府绸　提花针织布　正面　反面　经平绒针织物　罗纹织物

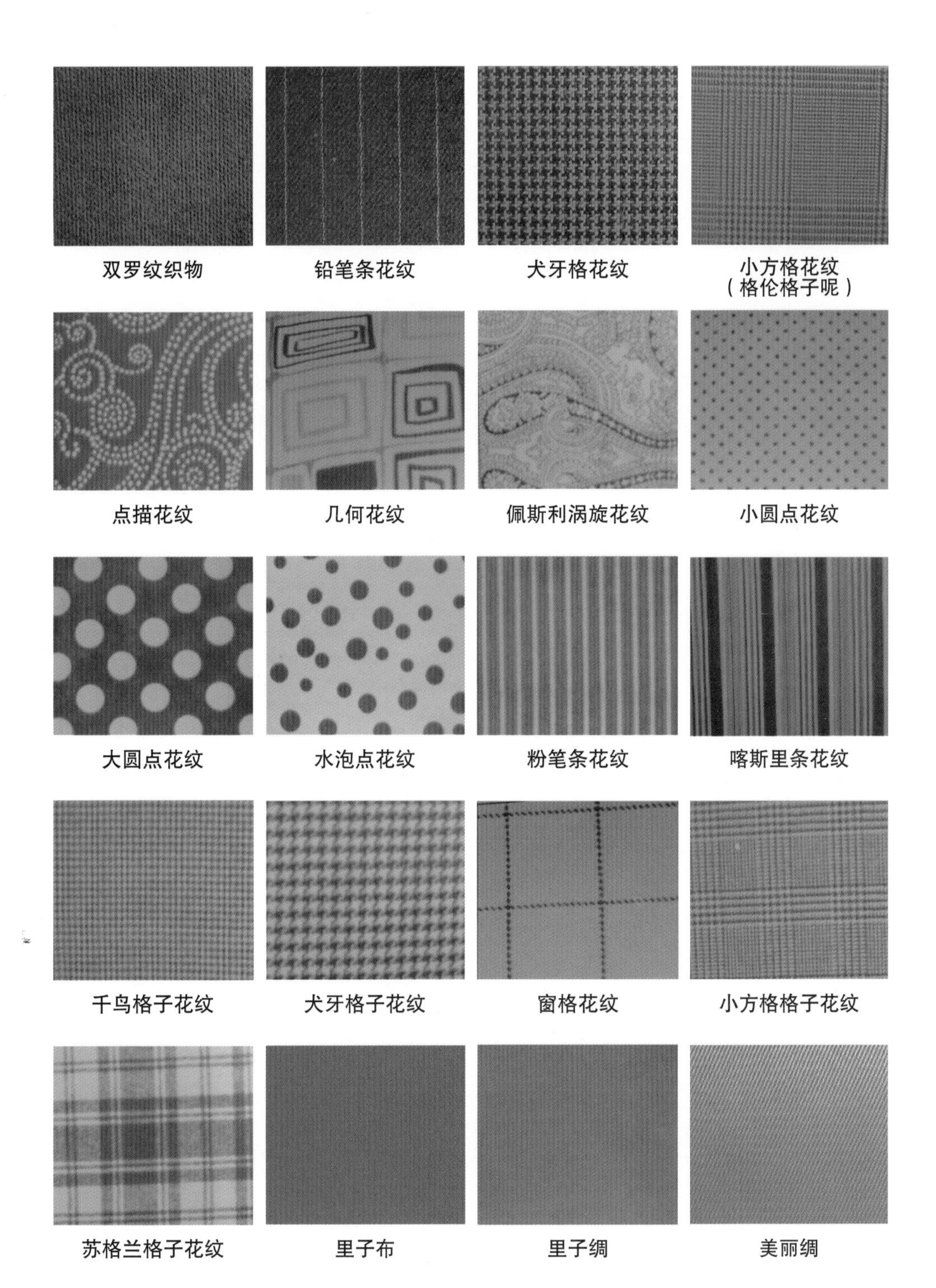

双罗纹织物　铅笔条花纹　犬牙格花纹　小方格花纹（格伦格子呢）

点描花纹　几何花纹　佩斯利涡旋花纹　小圆点花纹

大圆点花纹　水泡点花纹　粉笔条花纹　喀斯里条花纹

千鸟格子花纹　犬牙格子花纹　窗格花纹　小方格格子花纹

苏格兰格子花纹　里子布　里子绸　美丽绸

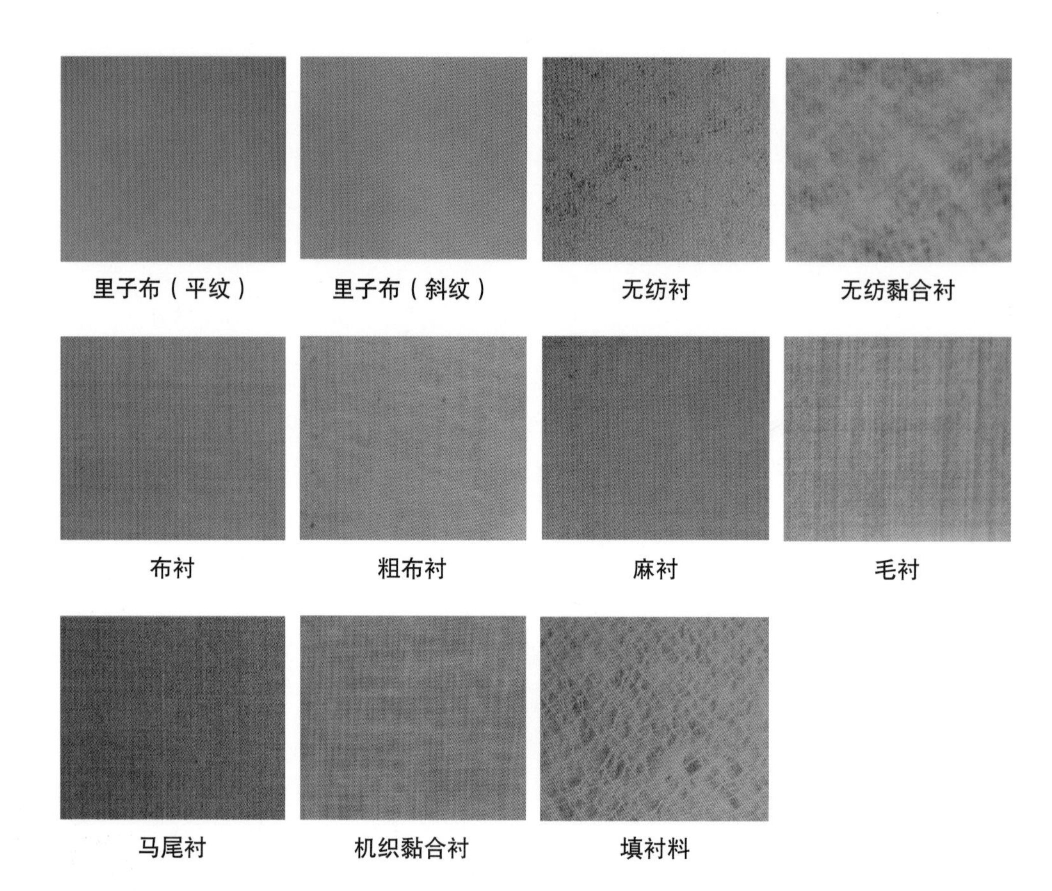
里子布（平纹）
里子布（斜纹）
无纺衬
无纺黏合衬
布衬
粗布衬
麻衬
毛衬
马尾衬
机织黏合衬
填衬料